30分で達人になる ツイッター

津田大介

青春出版社

はじめに

つぶやいた先にもう一つの世界が広がる！

「ツイッター」ブームは、いよいよ本物になろうとしている。

全世界で１億人近くが利用し、２０１０年１月、日本でもユーザー登録者数が５００万人を超えた。だが、わずか１４０字をネット上に投稿し、他人の投稿を読むだけというシンプルなサービスが、なぜこれほど注目を集めているのか。

発言を追いたいと思う人間をフォロー（登録）することで、自分専用のページ（タイムライン）に彼らの発言が流れてくる。「今、この瞬間につぶやかれた」という速度感を大量に感じることで、自分にも何かを発言する動機ができ、そこから新しいコミュニケーションやつながりが生まれる。一般ユーザーであれ、政治家であれ、芸能人であれ、知識人であれ、この一連のプロセスに魅せられた人たちが日常的につぶやくことでツイッターのコンテンツが豊かになり、現在のブームが支えられている。

とはいえ、誰でもすぐにその世界を楽しめるというわけではない。一番の問題は、フォローする人間を自分で選んでタイムラインを構築する必要があるため、初心者は登録直後に何をすればいいのかわからないということだ。実際、筆者の周りにも「登録したものの何が面白いのかわからず、二言三言つぶやいただけでやめてしまった」という人が数多くいる。

そこで本書では、まったくツイッターのことを知らない初心者がユーザー登録を行い、その後どのような方法でフォローしたいユーザーを探せばいいのか、フォローする数はどのくらいが適当か、フォローした相手とどのようにコミュニケーションすればいいのかといった、ツイッターの基礎中の基礎から解説している。さらに、飽きずに続けるコツ、自分のフォロワーを増やす方法、よりツイッターを楽しむための高機能なサービスまで、できるだけわかりやすく具体的に紹介することを目指した。

本書をマニュアルとして活用することでツイッターの世界にハマる人が増えれば、「一ツイッター好き」の筆者として、これ以上の幸いはない。

津田大介

30分で達人になるツイッター　――もくじ

Part 2 ……ツイッターがどんどん楽しくなる極意

執筆協力／成松　哲

Part 1

まずはツイッターの世界を体験しよう！

01 みんなの〝今〟がつながる仕組みを知ろう

06年の開設以来、あっという間に人気を集め、10年1月の時点で世界8200万人、国内でも500万人ものユーザーを抱えているというネットサービス「ツイッター」。ユーザー登録するとユーザー専用のページが与えられ、そこに書かれた「いまどうしてる？」の質問に140字以内で答えると、タイムラインと呼ばれるエリアにその投稿が掲載される。また、「フォロー」という機能（P30）があり、友人や面白い投稿をする人をフォローしておくと、自分のタイムラインに自分の投稿とフォローした人の投稿が時系列で並べられる。さらに、他のユーザーの投稿の返信・引用もできる。

　こう書くと、極端に情報量の少ないブログやソーシャルネットワークのようだが、ツイッターに投稿されるのは基本的に「いまどうしてるか」。**多くの人の今の様子や、刻一刻と変化する社会の様子**を知ることができる。また、その情報は返信・引用によって世界中の人と共有可能。この**同時性や速報性**こそ、多くのユーザーを魅了してやまない理由だ。

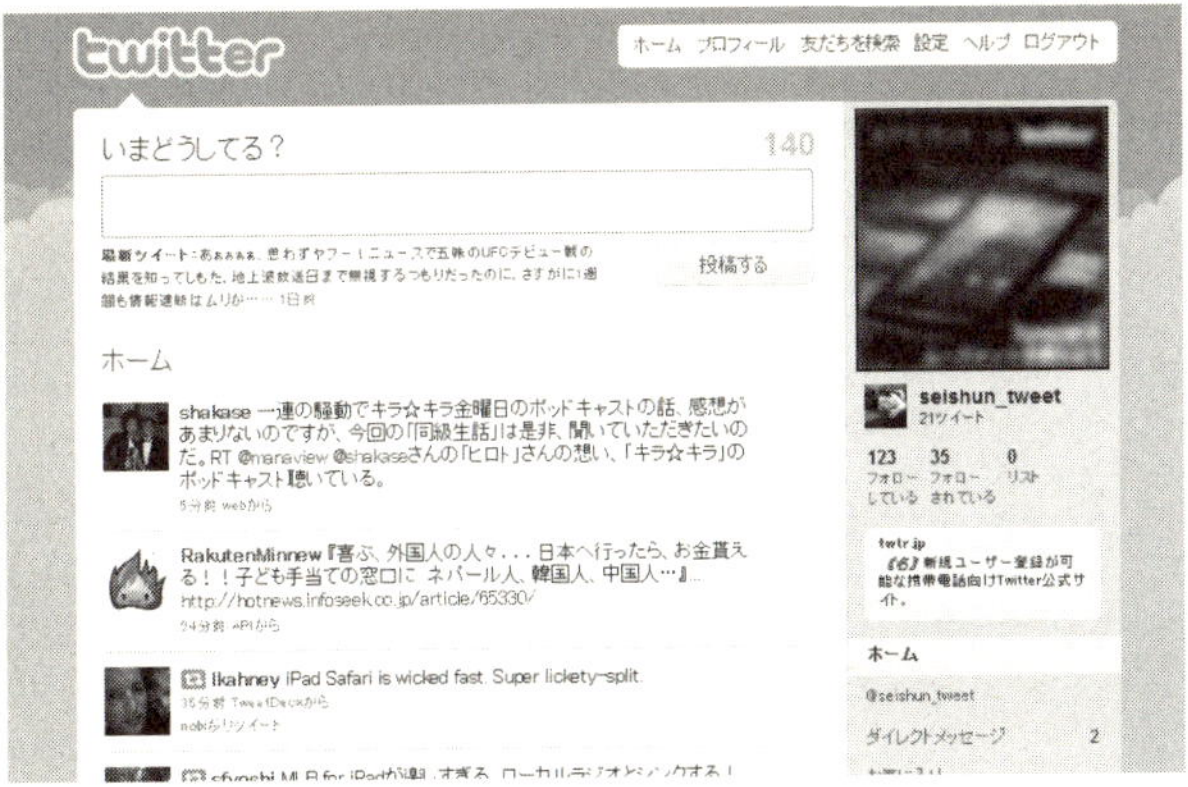
twitter
ホーム プロフィール 友だちを検索 設定 ヘルプ ログアウト
いまどうしてる？
140
投稿する
ホーム
shakase 一連の騒動でキラ☆キラ金曜日のポッドキャストの話、感想があまりないのですが、今回の「同級生話」は是非、聞いていただきたいのだ。RT @maraview @shakaseさんの「ヒロト」さんの想い、「キラ☆キラ」のポッドキャスト聴いている。
5分前 webから
RakutenMinnew『喜ぶ、外国人の人々．．．日本へ行ったら、お金貰える！！子ども手当ての窓口に ネパール人、韓国人、中国人…』...
http://hotnews.infoseek.co.jp/article/65330/
lkahney iPad Safari is wicked fast. Super lickety-split.
seishun_tweet
21ツイート
123 フォローしている
35 フォローされている
0 リスト
twtr.jp
ホーム
@seishun_tweet
ダイレクトメッセージ 2

シンプルなツイッターのメイン画面。しかし、そこでは世界の“今”とつながることができ、また、多種多様な会話、ムーブメントが繰り広げられている

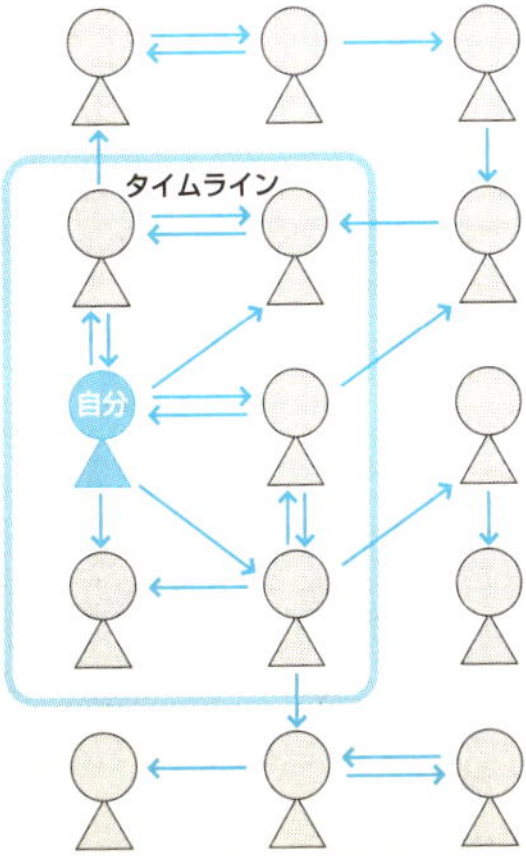
タイムライン
自分

フォローや返信・引用を通じて、友人・知人はもちろん政治家や芸能人など、全世界のユーザーとリアルタイム感あふれるコミュニティを形成できる

02 ツイッターでできること——画期的な4つの特徴

　ツイッターで〝すること〟は、今している、考えていることを投稿し、他のユーザーの今の姿を知ることだけ。しかし、ツイッターで〝できること〟は画期的だ。

　ブログの場合、たとえ日記を書いても、そこに書かれているのは数時間以上前の〝過去〟のできごと。メールでも、送った直後に返事があるとは限らない。

　ところが、１４０字しか書けない＝書かなくてよく、携帯電話やｉＰｈｏｎｅからもアクセスできるツイッターでは、ユーザーが「いまどうしてる」かを日に何度も投稿するのは当たり前。結果、ユーザーは**全世界の人々や実際の社会の様子とリアルタイム、かつ、強力に結びつけられることになる**。しかも、ユーザーの目に飛びこんでくるのは、基本的にフォローした人の投稿、つまり、自分が「ほしい」「面白い」と思える情報が中心だ。

　人々の今の姿を知りたいだけなら、街に出てみればいい。しかし、ツイッターなら、その街の風景・現実社会から**「必要としている情報」のみを切り取ることができる**というわけだ。

ツイッターでできること

❶ みんなが“今”でつながれる

「いまどうしてる？」の質問に答えることで、自分とフォローしているユーザーの“今”の様子を知ることができる。単に、みんなが何をしているかわかるだけでなく、テレビより早く最新のニュースを知ることもできる。また、フォローしているユーザーから「今飲んでいるんだけど、誰か来ない？」なんてお誘いを受けたりと、ユーザーの現実の生活での何らかのアクションを促す情報が飛びこんでることも多い。この「現実とネットの結節点」としての機能こそ、ツイッターの最大の魅力だ。

❷ みんなの“今”をリアルタイムで検索できる

ツイッターにはキーワード検索機能が搭載されている。地震が起きた直後に「地震」「揺れた」といったキーワードで検索すると、「結構大きいかも」「そんなに揺れた？」といったユーザーの投稿から、各地のおおよその震度がわかる。今起きていることに対する世間の反応、世の中の動向を即座に知ることができるのだ。

❸ ユルいコミュニティを形成できる

ブログや一般的なホームページの場合、情報発信できるのはそのサイトの管理人だけで、読者はあくまで情報の受け手だった。ミクシィなどのソーシャルネットワークなら相互に情報発信できるが、相手の情報（日記など）を閲覧するには、その人の承認を受ける必要がある。しかし、ツイッターの場合、フォロー（P30）は自由。気になるユーザーをフォローしさえすれば、相手の承認なしに、その人の投稿を自身のタイムライン（P26）上に表示させられる。お互いが相手の顔色をうかがうことなく、自由に投稿でき、またそれをチェックできるユルさも従来のネットサービスにはない魅力だ。

❹ より速く、より遠くに情報を伝達できる

投稿は、即座にフォローされているユーザーのタイムラインの最上段に表示される。つまり、ツイッターを見ていると、最新の情報が常に飛びこんでくることになる。しかも、投稿の引用・返信をワンクリックで行えるので、今見た情報を他のユーザーに今すぐ伝えることができる。有名人や企業がツイッターの積極利用に乗り出しているのには、この告知能力の高さに期待している側面が大きい。

03 ツイッターの歴史——急成長にはワケがある

サービス開始後、あっという間に全世界で人気を集めるサービスとなったツイッターだが、何がそれを後押ししたのか。当然、その画期的なシステムは開設当初からネット界で注目を集めていたが、現実をリアルタイムで伝えるサービスだけに、**その歴史は実際の社会的イベント、事件と密接に結びついている。**

ツイッターが有効な情報発信源として注目を集めた象徴的な〝事件〟は、08年の米大統領選。マケイン陣営が公約・施策を伝えるメディアとしてネットを使っていたのに対し、オバマ陣営はツイッターやソーシャルネットワークサービス、動画配信サービスを有権者との対話ツールとして活用。これが米国初の黒人大統領誕生の原動力になったといわれている。

また、08年5月の中国・四川省大地震、同11月のインド・ムンバイのテロ攻撃、09年1月の米ハドソン川での旅客機不時着事故の際には、現地の人々が報道機関に先駆け、その様子をツイッターで配信。既存メディアや一般の人にも、その**速報性の高さ**が知れ渡った。

ツイッターの歴史

2006年　7月	・米Obvious社（現Twitter社）、ツイッター、オープン
2008年　4月	・デジタル・ガレージ、日本版ツイッターをオープン
8月	・オバマ陣営のユーザー名「BarackObama」が世界一のフォロワー数を獲得
10月	・ブリトニー・スピアーズ、ツイッターを利用開始
11月	・10億投稿達成 ・インド・ムンバイからのテロ速報が注目を集める
2009年　1月	・米ハドソン川で旅客機不時着事故発生。第一報はツイッター。その後も乗客らがその模様をツイッターで中継する
3月	・ツイッターの共同ファウンダー、エヴァン・ウィリアムスが「ツイッターは5年のうちに普通の人々が使うものになる」と宣言 ・NHK BS『きょうの世界』でツイッターが紹介される
5月	・NASAの宇宙飛行士が宇宙からツイッターに投稿 ・国内ツイッターユーザー、50万人突破（ネットレイティングス調べ）
6月	・イラン大統領選を巡る抗議活動がツイッター上で大々的に展開 ・朝日新聞、ツイッター開始。サッカー日本代表 vs カタール代表戦をツイッター上で中継
7月	・広瀬香美、ツイッターのロゴが「ヒウィッヒヒー」に見えると投稿。一躍流行語化し、広瀬がテーマソングも作曲
8月	・テレビ東京系『ワールド・ビジネス・サテライト』がツイッターを紹介
10月	・日本版ツイッター、有名人ユーザーの認証開始
11月	・日本版ツイッター、携帯電話からユーザー登録可能に
2010年　1月	・鳩山由紀夫首相、ツイッター利用を開始する ・日本テレビ、ツイッターのつぶやきをもとに構成されるバラエティ番組『電波少年2010　人はツブヤキだけで生きていけるか？有吉vsＴプロデューサー　～日本縦断 四角系男子を探せ～』のインターネット配信開始
3月	・東京・原宿での有名人出没デマ騒動発生。その模様をツイッターで実況するユーザー多数との報道も

04

最初の一歩！自分のアカウントを取得しよう

ツイッターを利用するには、ユーザー登録が必要。とはいえ、その方法はいたって簡単だ。パソコンや携帯電話など、**インターネットを利用できる環境とメールアドレス**があれば登録できる。

まずはグーグルやヤフー！などの検索サイトで「twitter」や「ツイッター」を検索語にサイトを見つける。その後「今すぐ登録」をクリックしよう。

登録画面には、自分のプロフィールに表示される「名前」と、ツイッター上で使われる「ユーザー名」、ログインのための「パスワード」、「メールアドレス」を入力する。「名前」は漢字、カタカナ、ひらがな、英数字のいずれでも問題なく、また本名でなくても構わない。一方「ユーザー名」に使えるのは英数字と「_」（アンダーバー）のみ。国内だけでも500万人が利用しているともいわれるサービスだけに「yoshida」「taro」など、**一般的な姓名だけのユーザー名はすでに使われている可能性が高い。**「daisuke1973」というように、英数字を組み合わせてみよう。

グーグルにアクセスして、検索窓に「twitter」「ツイッター」といったキーワードを入力。検索結果最上位に直接アクセスする、「I'm Feeling Lucky」をクリック

ツイッターのトップ画面。「今すぐ登録」をクリックする

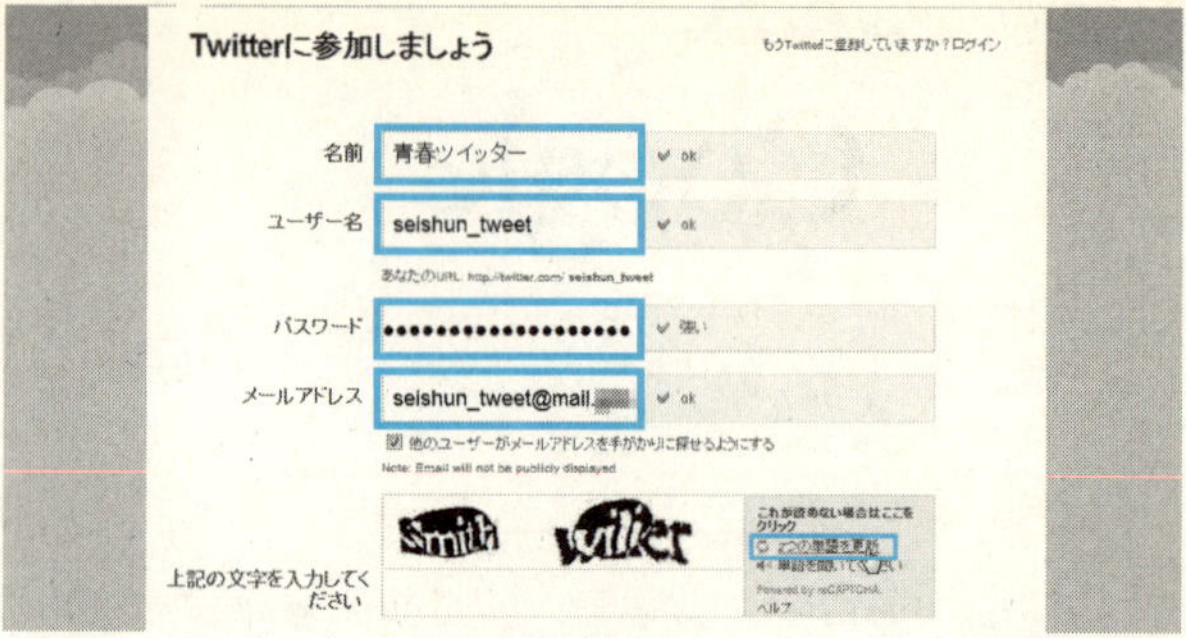

「名前」「ユーザー名」「パスワード」「メールアドレス」を入力。「ユーザー名」を入力すると自動的にチェックされ、すでに使用中の場合は「ユーザー名はもう使われています」と表示される。別のユーザー名を入力しよう。
また不正利用防止のため、「上記の文字を入力してください」に書かれた、波打った2単語を入力する。しかしまるで読めない場合があり、そんなときは「2つの単語を更新」をクリック

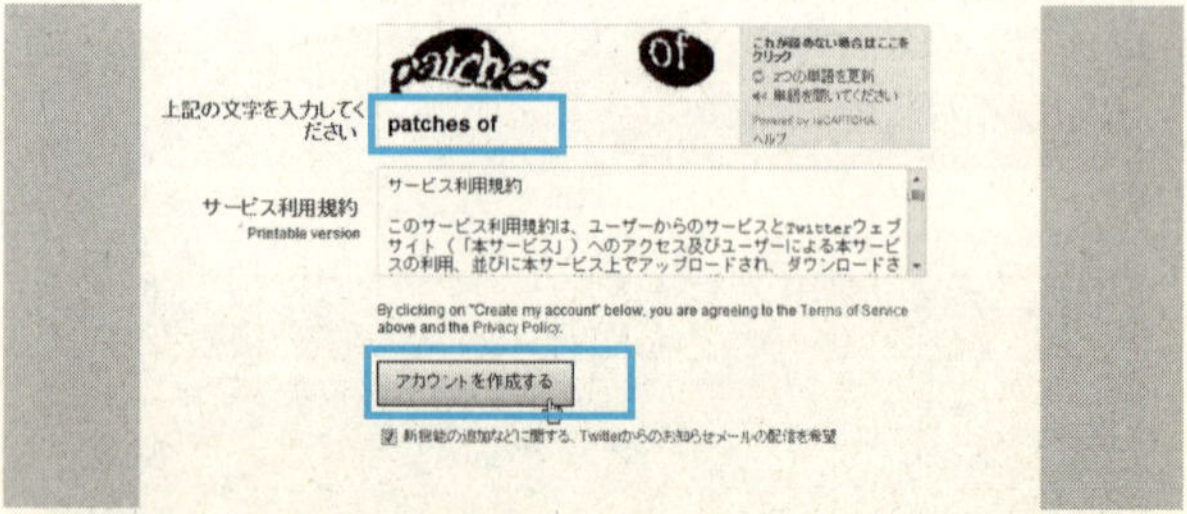

読める文字が表示されたら、フォームにその文字を入力して「アカウントを作成する」をクリックする

ツイッター社がオススメするユーザーを検索・フォローしたり、メールアドレスから友だちや知人を探すための画面が表示されるが、ひとまず「次：その他」をクリック

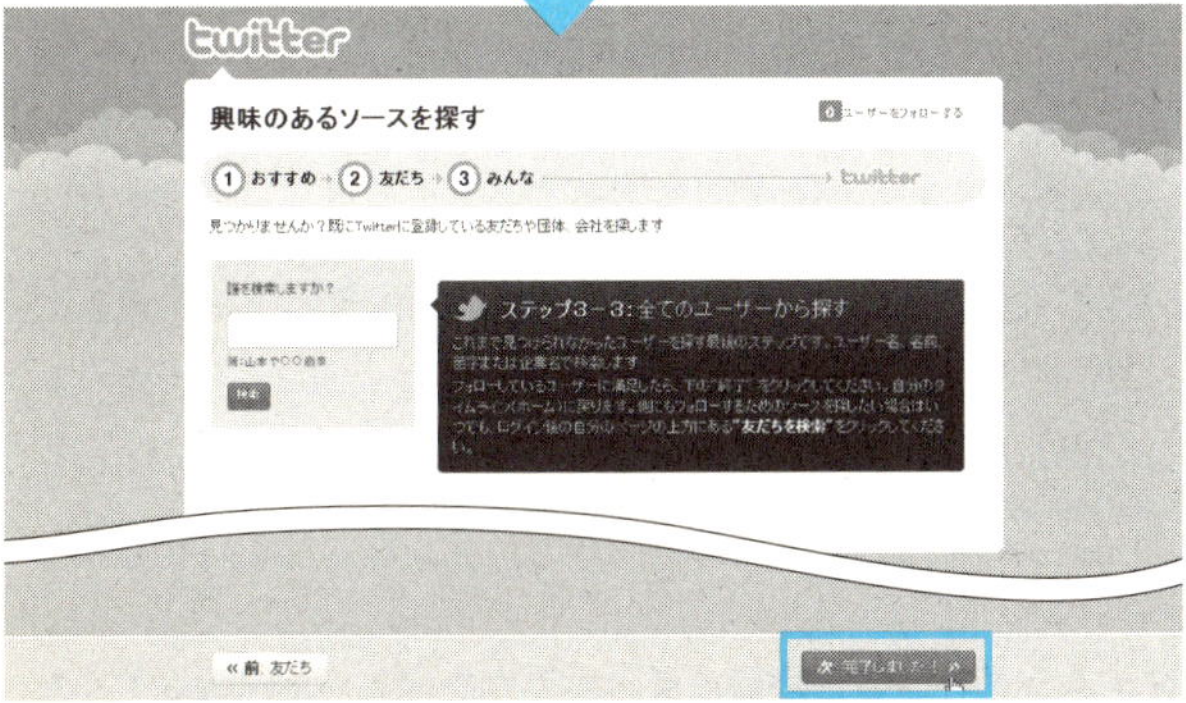

興味のあるキーワードや、人名、ユーザー名から探してフォローする画面も、やはり飛ばしてしまおう。「次：完了しました」をクリック

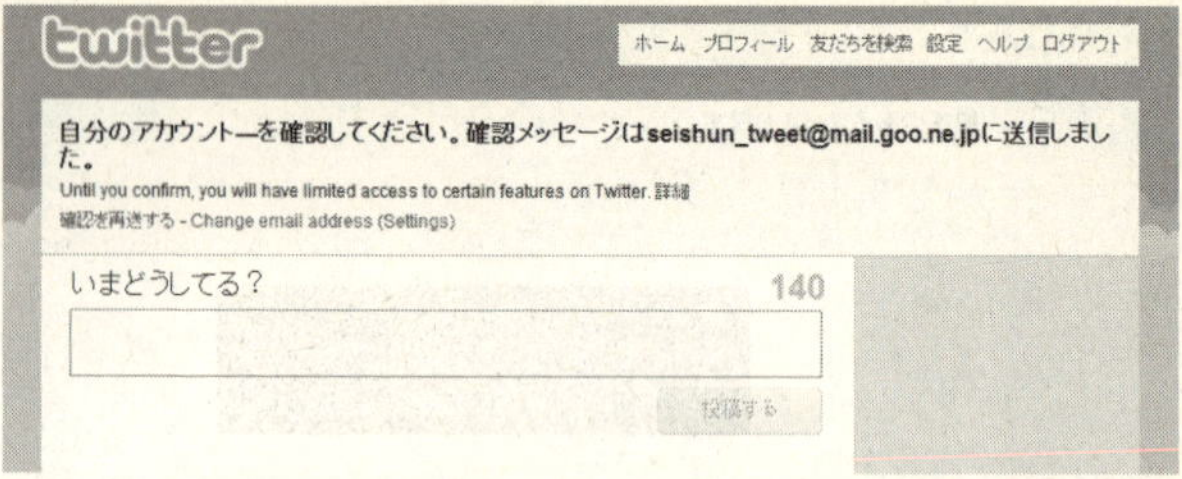
ホーム　プロフィール　友だちを検索　設定　ヘルプ　ログアウト
自分のアカウント—を確認してください。確認メッセージはseishun_tweet@mail.goo.ne.jpに送信しました。
Until you confirm, you will have limited access to certain features on Twitter. 詳細
確認を再送する - Change email address (Settings)
いまどうしてる？
140
投稿する

ユーザー登録完了。自分のつぶやきや、フォローしたほかのユーザーのつぶやきが表示される「タイムライン」（P26）が作成された

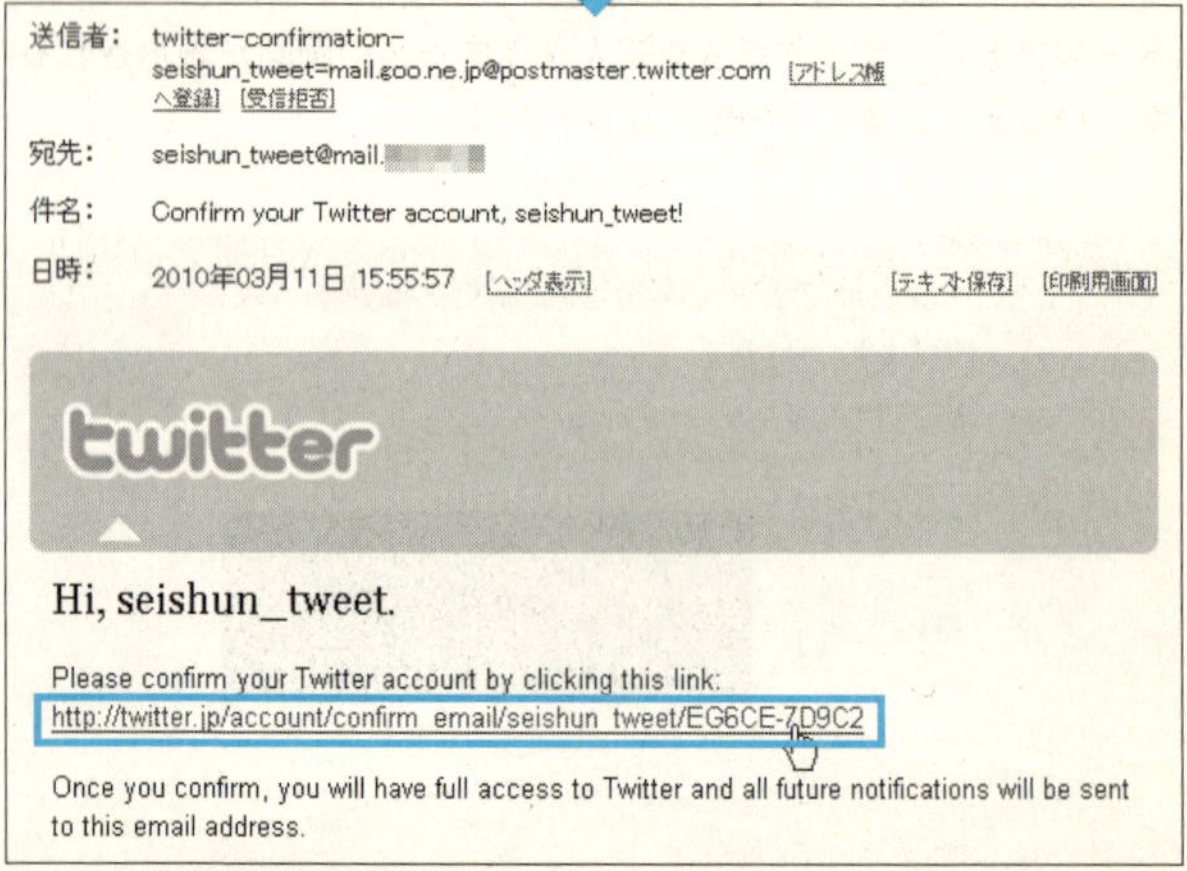
送信者：
twitter-confirmation-seishun_tweet=mail.goo.ne.jp@postmaster.twitter.com [アドレス帳へ登録] [受信拒否]
宛先：
seishun_tweet@mail.
件名：
Confirm your Twitter account, seishun_tweet!
日時：
2010年03月11日 15:55:57 [ヘッダ表示]
[テキスト保存] [印刷用画面]
Hi, seishun_tweet.
Please confirm your Twitter account by clicking this link:
http://twitter.jp/account/confirm_email/seishun_tweet/EG6CE-7D9C2
Once you confirm, you will have full access to Twitter and all future notifications will be sent to this email address.

タイムラインの最上段に「自分のアカウント＿を確認してください」が表示されている。これを消すには、ユーザー登録時に入力したアドレスに届いたメールを開き、本文に書かれたURLをクリックする

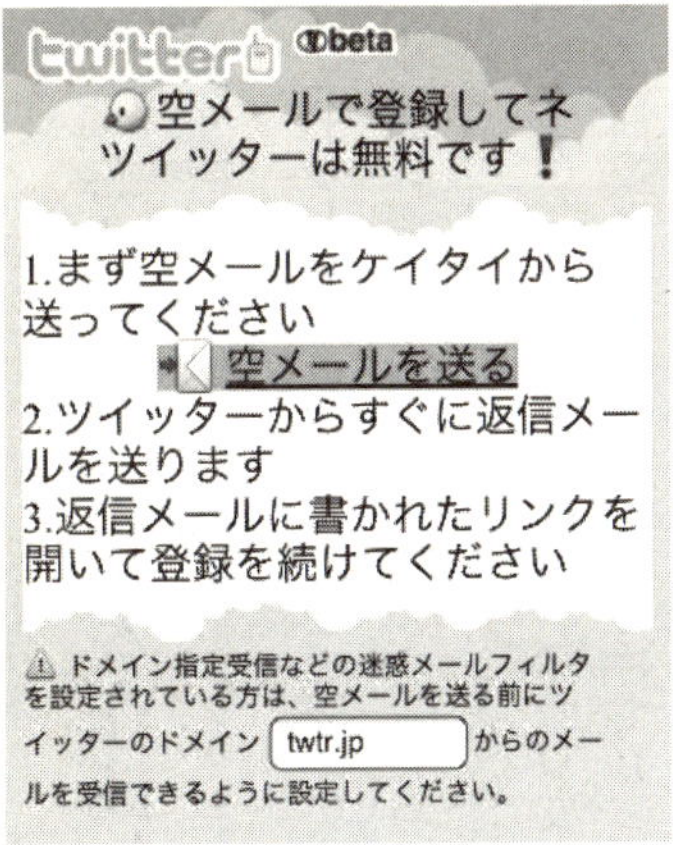
twitter beta
空メールで登録してネ
ツイッターは無料です！
1.まず空メールをケイタイから送ってください
空メールを送る
2.ツイッターからすぐに返信メールを送ります
3.返信メールに書かれたリンクを開いて登録を続けてください
ドメイン指定受信などの迷惑メールフィルタを設定されている方は、空メールを送る前にツイッターのドメイン
twtr.jp
からのメールを受信できるように設定してください。

携帯電話からユーザー登録する場合は、検索サイトで「twitter」「ツイッター」と入力し携帯電話版ツイッターを探すか、「http://twtr.jp/」に直接アクセス。画面に表示された「空メールを送る」を選択する

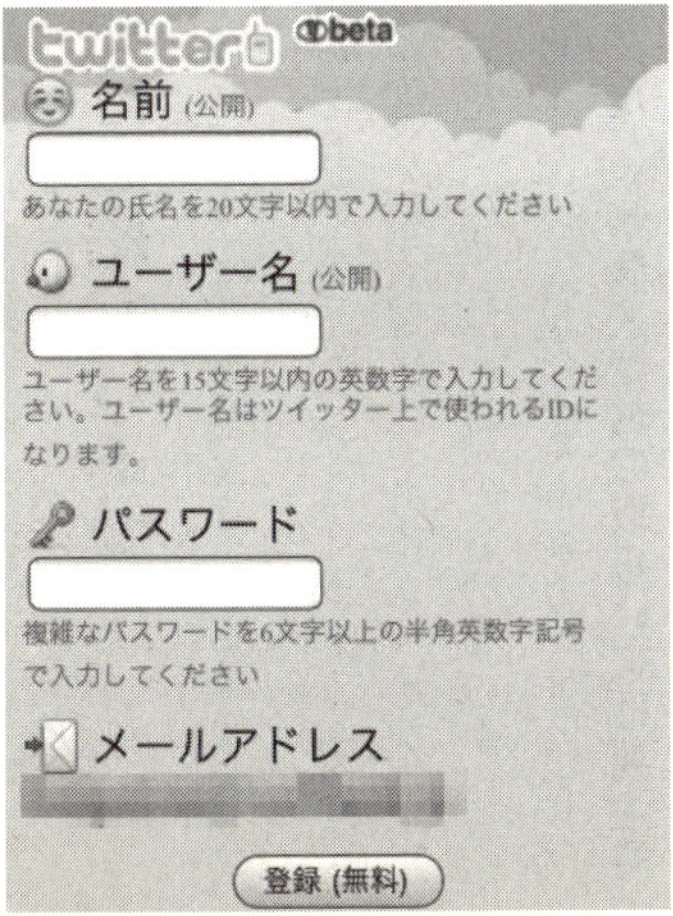
twitter beta
名前 (公開)
あなたの氏名を20文字以内で入力してください
ユーザー名 (公開)
ユーザー名を15文字以内の英数字で入力してください。ユーザー名はツイッター上で使われるIDになります。
パスワード
複雑なパスワードを6文字以上の半角英数字記号で入力してください
メールアドレス
登録 (無料)

携帯電話にツイッターからのメールが届いたら、本文に書かれたURLにアクセス。登録画面が表示されるので、「名前」と「ユーザー名」「パスワード」を指定する。登録メールアドレスは自動的に携帯電話のメールアドレスが選択される

05 プロフィールを作成して自分を紹介しよう

ユーザー登録が終わったら、プロフィールを作成しよう。プロフィールに自分の名前や職業、趣味などを書いておけば、「友だちを検索」機能（P30）から友だちや同業者、同好の士に見つけてもらいやすくなる。タイムライン（P26）を見に来た人にも、**自分がどんな人なのか知ってもらえる**ので、フォローを集めやすくなる。

またプロフィール作成画面では、プロフィールページや自身のつぶやきに好きな写真を表示させることができる。自分の写真などキャラクターがわかるような画像にしておけば、タイムライン上のつぶやきがそれぞれ誰のものなのか、フォローしてくれた人がわかりやすくなる。

ただし、**個人情報の取扱いには要注意。**詳細な住所や電話番号まで公開すると、あらぬ被害を受けるおそれもある。特に、ツイッターは「今何をしているか」を投稿するサービス。それだけに、住所をプロフィールに書いた上で外出している旨をつぶやくと、空き巣に入られてしまう可能性すらあるのだ。

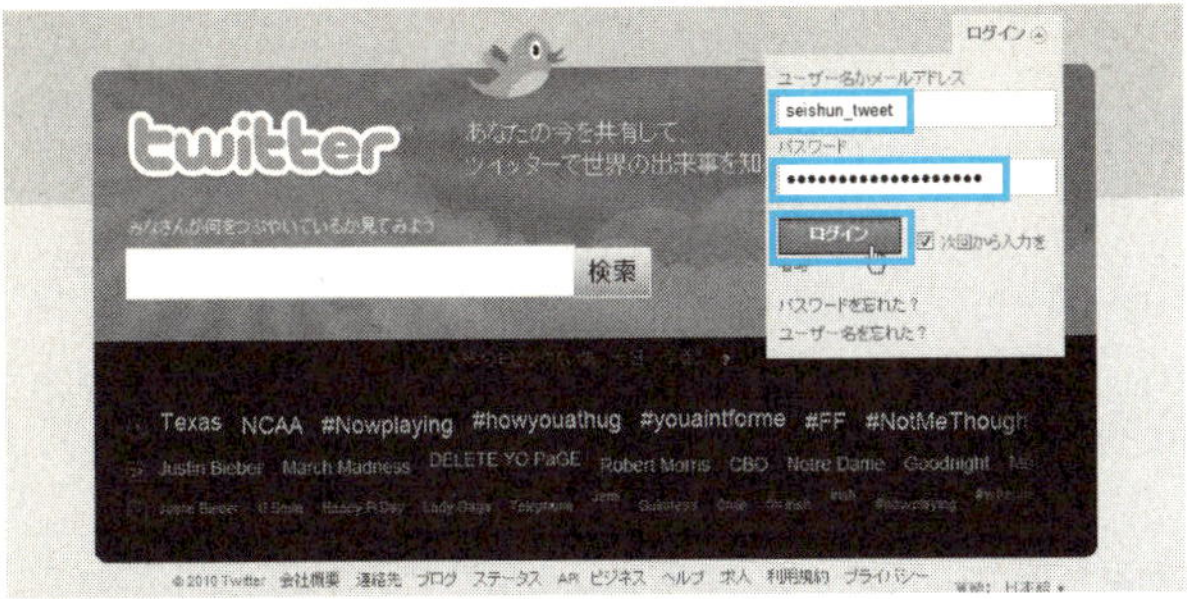

登録後、あらためてツイッターにアクセスするときは、トップページのログインをクリック。「ユーザー名かメールアドレス」と「パスワード」を入力して、「ログイン」をクリックする

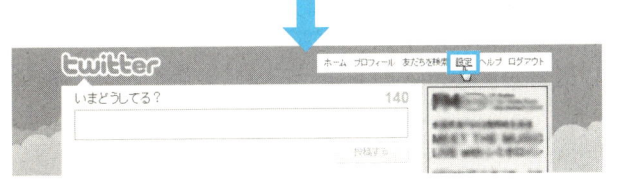

自分のタイムラインが表示されたら「設定」をクリック

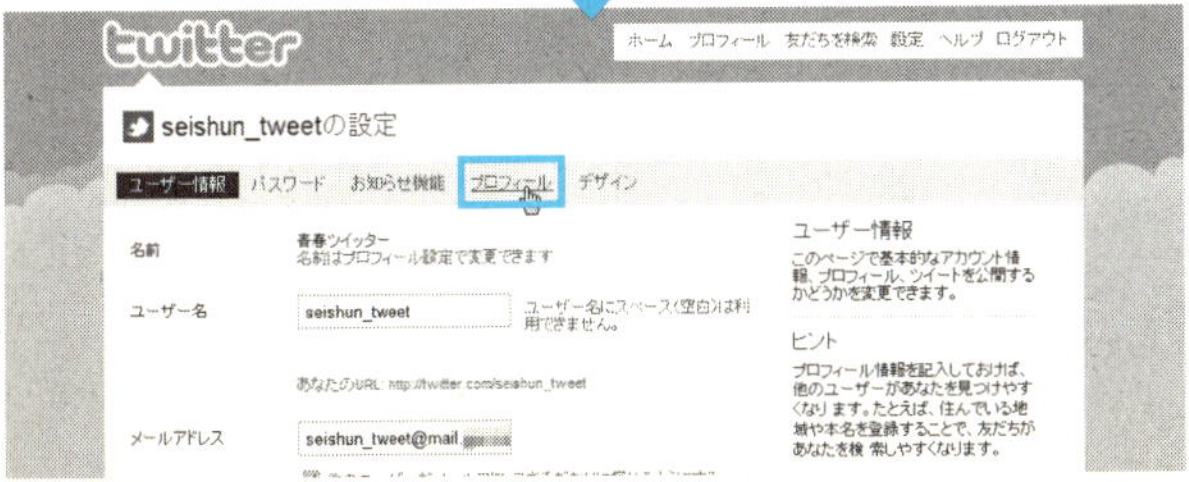

設定画面の「プロフィール」をクリック

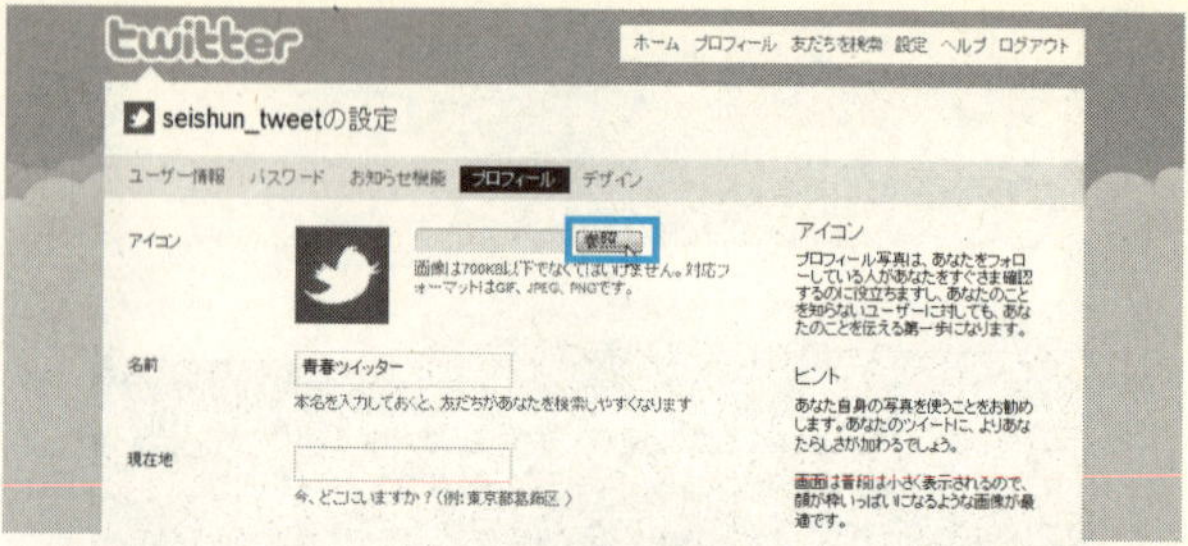

初期状態では、ユーザーの写真は小鳥のアイコンになっている。パソコンに保存された写真に変更したいなら「アイコン」の「参照」をクリックする

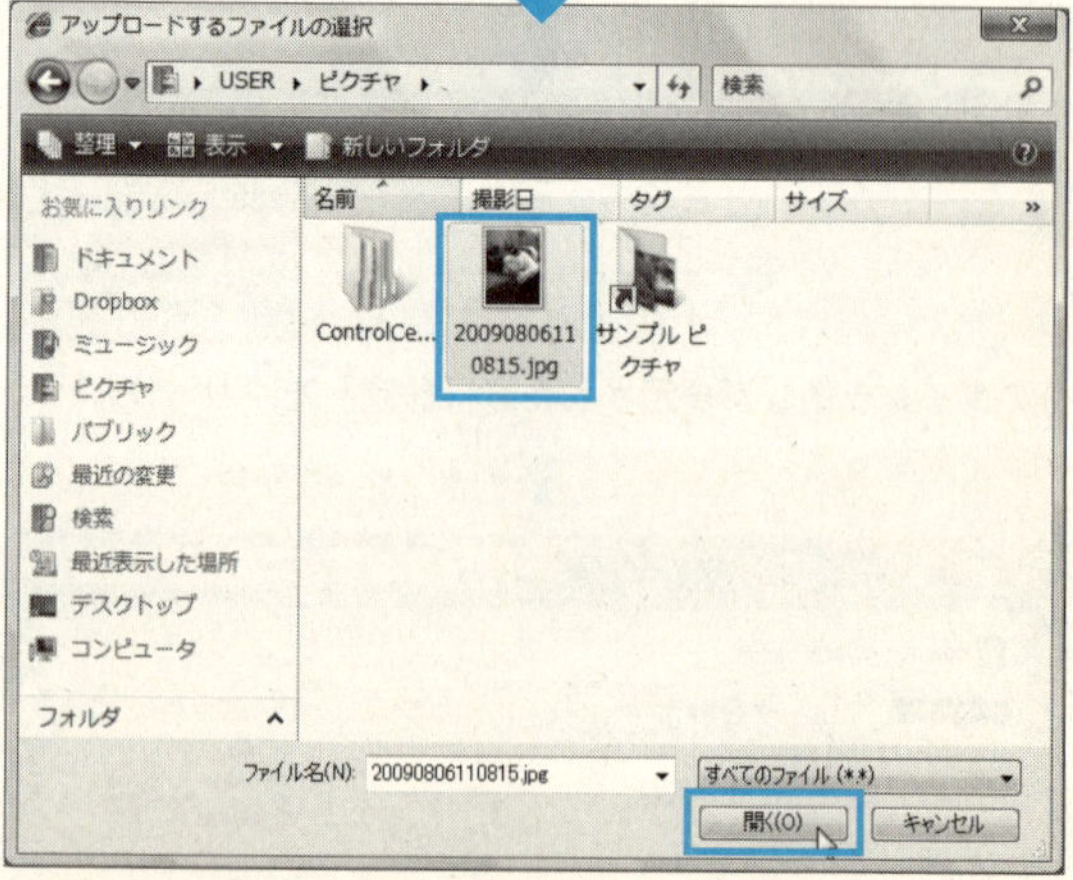

写真の選択画面が表示される。写真や画像を保存しているフォルダを開き、プロフィールページに表示させたい写真を選択して「開く」をクリック

twitter
ホーム プロフィール 友だちを検索 設定 ヘルプ ログアウト
seishun_tweetの設定
ユーザー情報 パスワード お知らせ機能 プロフィール デザイン
アイコン
C:\Users\USER\Pict 参照
画像は700KB以下でなくてはいけません。対応フォーマットはGIF、JPEG、PNGです。
名前
青春ツイッター
本名を入力しておくと、友だちがあなたを検索しやすくなります
現在地
東京都新宿区
Web
http://www.seishun.co.jp/
あなたのホームページかブログのアドレスを登録してみませんか？
(あなたのWEBサイトにもTwitterを表示させよう)
自己紹介
4月下旬、青春出版社から刊行予定の
津田大介監修Twitter入門ガイド本の
保存する
アイコン
プロフィール写真は、あなたをフォローしている人があなたをすぐさま確認するのに役立ちますし、あなたのことを知らないユーザーに対しても、あなたのことを伝える第一歩になります。
ヒント
あなた自身の写真を使うことをお勧めします。あなたのツイートに、よりあなたらしさが加わるでしょう。
画面は普段は小さく表示されるので、顔が枠いっぱいになるような画像が最適です。
他のユーザーがあなたのプロフィールページにある画像をクリックした場合、フルサイズの画像を見ることができるようになっています、このため解像度の低い画像をアップロードしないでください。サムネイルは自動的に生成します。
画像を自分で切り取りたい場合は、正方形の画像をアップロードしてください。
ヌードや猥褻な写真の掲載は許可されていません。

職場や住んでいるところなど、主にツイッターを利用する場所を「現在地」に入力し、自分が何者なのかを伝える「自己紹介文」を書き込む。ブログやホームページを持っているなら「Web」にそのURLを書き込もう。プロフィールページを見てくれた人や、フォローしてくれた人がアクセスしてくれるかもしれない。すべての項目を入力して「保存する」をクリックすれば、プロフィールページは完成

twitter
ホーム プロフィール 友だちを検索 設定 ヘルプ ログアウト
seishun_tweet
あなたです！
twinavi
twinaviへGo!
名前 青春ツイッター
現在地 東京都新宿区
0 フォローしている
0 フォローされている
0 リスト

他のユーザーがプロフィールを見ているところ。ユーザーアイコンが選択した写真に変更され、タイムラインの右端にプロフィールが表示されるようになる

06

ツイッターの画面はこうやって見る

ツイッターでできるのは、基本的に自分が今していることをつぶやくことと、他のユーザーのつぶやきを読むことだけ。そのため、他のネットサービスに比べると、ツイッターのメイン画面ははるかにシンプルではあるが、逆に画面上で何が起きているのか、何ができるのか、少々わかりにくい面もある。

メイン画面の中央部分のつぶやき一覧を「タイムライン」という。ここにはユーザー自身のつぶやきと、フォローしたユーザーのつぶやきが**最新のものから順に表示**され、みんなが今まさに何をしているか、何を考えているかを知ることができる。そして、各つぶやきには、ユーザー名、つぶやきの内容、つぶやいたおおよその時刻、つぶやくために利用したソフト名が表示されている。

そのほか、メイン画面では自分がフォローしたユーザー数、自分をフォローしてくれているユーザー数、自分宛のつぶやきを確認したり、**特定の文字列を含むつぶやきを検索**したりすることも可能。次ページで基本的な見方を覚えておこう。

①**入力フォーム**：「いまどうしてる？」の質問に答えを書き込み、「投稿する」をクリックすると、そのつぶやきが自分とフォローしてくれているユーザーのタイムラインに表示される（P34）

②**タイムライン**：自分とフォローしているユーザーのつぶやきが一覧表示される。最上段が最新のつぶやきとなり、下になるほど古いつぶやき

③**もっと読む**：フォローしているユーザーのさらに古いつぶやきを読むときはタイムライン最下段の「もっと読む」をクリック

④**フォロー・リスト**：「フォローしている」をクリックすると自分がフォローしたユーザーが、「フォローされている」をクリックすると自分のことをフォローしているユーザーが一覧表示される(P30)。「リスト」は自分が登録されているリストの一覧(P96)

⑤**@<ユーザー名>**：クリックすると、他のユーザーからリプライ（P36）、リツイート（P38）された自分のつぶやきが一覧表示される

⑥**ダイレクトメッセージ**：フォローされているユーザーにのみ送れる非公開つぶやき「ダイレクトメッセージ」の送受信履歴が表示される（P44）

⑦**お気に入り**：お気に入り登録したつぶやきが一覧表示される（P82）

⑧**リツイート**：自分がリツイートしたつぶやきや、反対に自分が他のユーザーにリツイートされたつぶやき、フォローしているユーザーが他のユーザーをリツイートした履歴が表示される（P38）

⑨**検索**：任意の文字列から、その言葉が含まれるつぶやきを検索できる。つぶやきを公開している全ユーザーの投稿が検索対象となる（P94）

07 これだけは覚えておきたいツイッター用語集

「リプライ」「リツイート」「タイムライン」「なう」「ｔｓｕｄａる」……。

ツイッターはこれまでにない新しい機能を多数備えており、また最大１４０字という文字数制限があるため、ユーザーの間で**さまざまな略語が生まれている。**それらがあっという間に流行することもあり、ツイッター上で使われる用語は、初心者には少々わかりにくい。

しかし、こうした用語をきちんと覚え、ツイッターユーザーたちが使っている言葉の意味がわかるようになれば、いち早く濃密なコミュニケーションがとれるようになる。それにより、人脈やネットワークも広がっていくだろう。

本項では、ツイッター内でよく使われる言葉の中でも、特に基本的なものを紹介する。もしここに載っていないフレーズに出くわしたら、グーグルやヤフー！などの**検索サイトでその言葉を検索してみよう。**現在最も注目を集めるサービスであるツイッターで使われているものだけに、簡単に言葉の意味を紹介するサイトが見つかるはずだ。

用語	意味
タイムライン（TL）	ツイッターの画面中で、自分と自分がフォローしているユーザーのつぶやきが一覧表示されている箇所
つぶやく	最大140字で投稿すること。各投稿は「つぶやき」という（P34）
リプライ（Reply）	他のつぶやきに返信する機能と、「@<ユーザー名>」から始まる返信つぶやき（P36）
リツイート（ReTweet、RT）	他のつぶやきを引用する機能と、引用つぶやきそのもの（P38）
フォロー	他のユーザーを登録して、その人のつぶやきを自分のタイムライン上に表示させること（P30）
フォロワー	自分をフォローしてくれているユーザーのこと
ダイレクトメッセージ	フォロワーに送れる、その人にのみ宛てた非公開なつぶやき（P44）
ハッシュタグ（#）	特定のテーマについてつぶやく際、「#<タグ名>」を付加することで、そのタグ付きの発言がグループ化し、一覧で検索できるようにする機能（P48）
ブロック	つぶやきを見せたくないユーザーが自分をフォローできなくする機能（P70）
ふぁぼる	好きなつぶやきをお気に入り登録すること（P82）
リムーブ	フォローを外すこと（P150）
プロテクト	つぶやきを非公開にすること。プロテクトユーザーをフォローするにはリクエストが必要になる
bot（ボット）	サイトの更新情報や最新記事の見出しなどの自動つぶやきプログラム（P104）
リスト	フォローしているユーザーをジャンルや自分との関係性で分類する機能（P96）
クライアント	ツイッターの閲覧・投稿専用ソフト。パソコン用のほか、iPhone用などもある
短縮URL	ウェブサイトの長いURLを短縮してくれるネットサービス。最大140字というつぶやきの制限内でURLを入力するために利用される。「bit.ly」（http://bit.ly/）などが有名
なう	今していること、居る場所をつぶやく際に使う言葉。「昼飯なう」「新宿なう」のように使う
tsudaる	シンポジウムやセミナーの参加者が、登壇者の発言を逐一つぶやく「ツイッター中継」のこと。本書の津田大介が積極的に中継していたことから、その名前をもじって命名された

08 知り合いや有名人をどんどんフォローしていこう

ツイッターのタイムライン上には、自分がフォローしたユーザーのつぶやきが表示される。そして、そのつぶやきの主（＝ツイッターユーザー）となるのは、友だちや知人から、タレントやミュージシャン、政治家、はたまた企業まで実にさまざま。その多彩な人々をフォローすることで、彼らが今何をしているのか、何を考えているのかを一覧できるのが、ツイッターの最大の魅力だ。ツイッターの世界を満喫するには、自らつぶやくよりも先に、**多くのユーザーをフォローして彼らのつぶやきをチェックしよう。**

ユーザーをフォローするには、その人のタイムラインやつぶやきを検索する必要がある。**最も手っ取り早い検索方法は、人名や会社名で探すこと。**「友だちを検索」機能の入力フォームに人名や会社名、彼らに関するキーワードなどを入力すれば、該当ユーザーがヒットする。検索結果画面や、そのユーザーのタイムライン上の「フォローする」をクリックすればフォローは完了。タイムライン上にその人のつぶやきが表示される。

画面最上段の「友だちを検索」をクリック

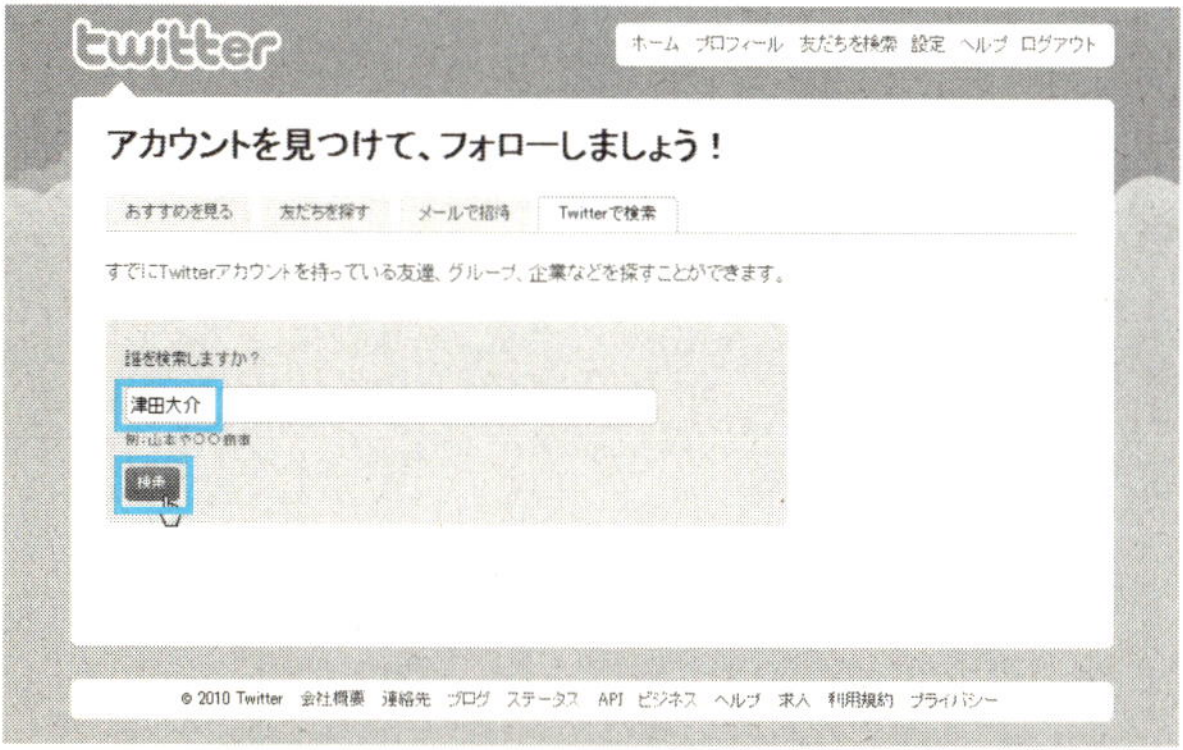

「Twitterで検索」タブが開くので「誰を検索しますか？」の入力フォームに知人や有名人、企業の名前を打ち込み「検索」をクリックする

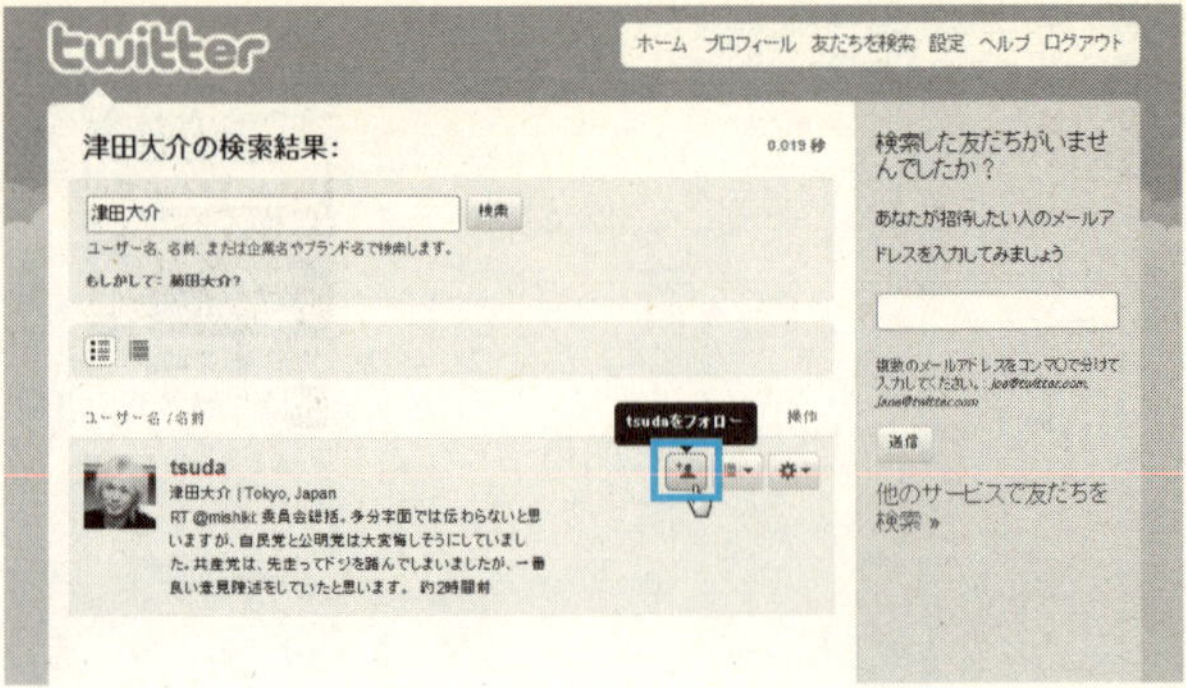
twitter
ホーム　プロフィール　友だちを検索　設定　ヘルプ　ログアウト
津田大介の検索結果:
0.019 秒
津田大介
検索
ユーザー名、名前、または企業名やブランド名で検索します。
もしかして:
ユーザー名 / 名前
操作
tsudaをフォロー
tsuda
津田大介 | Tokyo, Japan
RT @mishiki: 委員会総括。多分字面では伝わらないと思いますが、自民党と公明党は大変悔しそうにしていました。共産党は、先走ってドジを踏んでしまいましたが、一番良い意見陳述をしていたと思います。 約2時間前
検索した友だちがいませんでしたか？
あなたが招待したい人のメールアドレスを入力してみましょう
複数のメールアドレスをコンマ(,)で分けて入力してください。
送信
他のサービスで友だちを検索 »

検索語に使った人名、企業名をプロフィールに登録しているユーザーが、検索結果画面にヒットする。右端の「○○をフォロー」をクリックすればフォロー完了

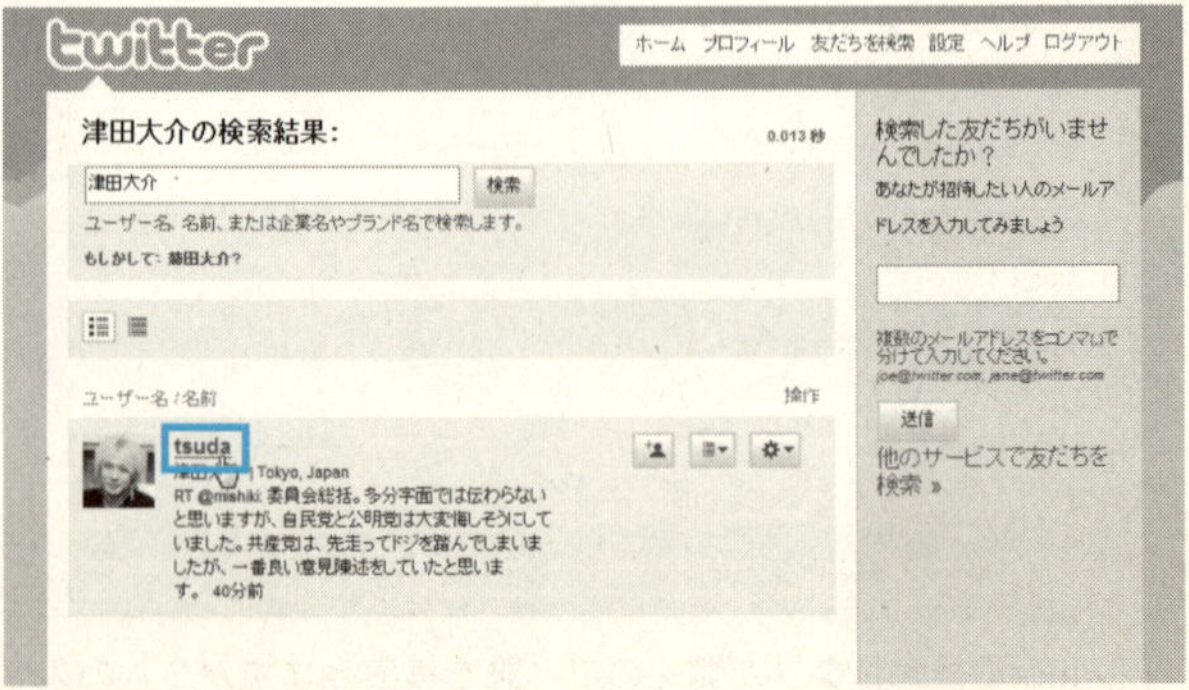
twitter
ホーム　プロフィール　友だちを検索　設定　ヘルプ　ログアウト
津田大介の検索結果:
0.013 秒
津田大介
検索
ユーザー名、名前、または企業名やブランド名で検索します。
もしかして:
ユーザー名 / 名前
操作
tsuda
Tokyo, Japan
RT @mishiki: 委員会総括。多分字面では伝わらないと思いますが、自民党と公明党は大変悔しそうにしていました。共産党は、先走ってドジを踏んでしまいましたが、一番良い意見陳述をしていたと思います。 40分前
検索した友だちがいませんでしたか？
あなたが招待したい人のメールアドレスを入力してみましょう
複数のメールアドレスをコンマ(,)で分けて入力してください。
joe@twitter.com, jane@twitter.com
送信
他のサービスで友だちを検索 »

検索結果にヒットした人がつぶやいている内容を確認したいときは、ユーザー名をクリック

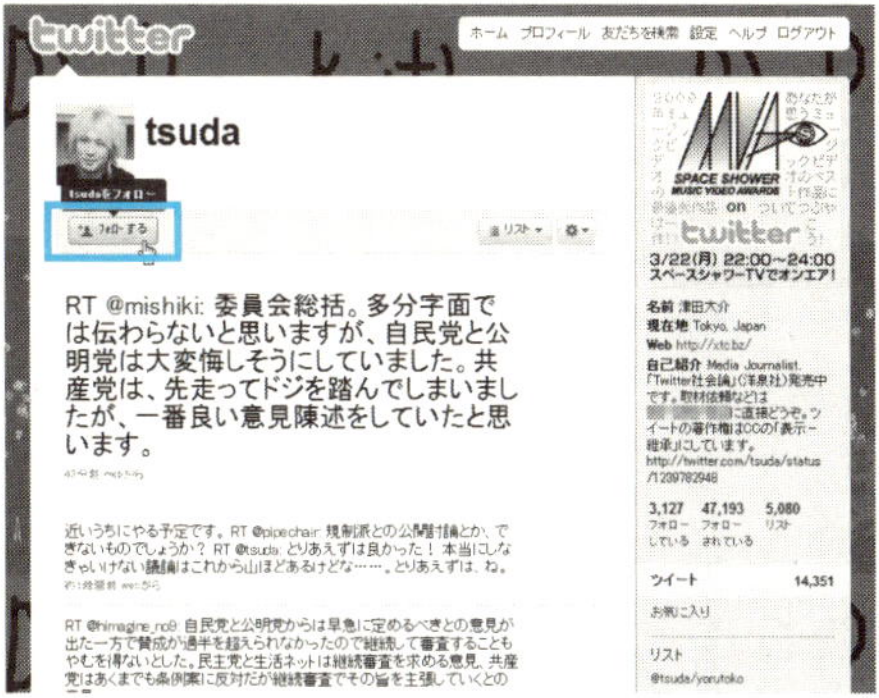
twitter
ホーム プロフィール 友だちを検索 設定 ヘルプ ログアウト
tsuda
RT @mishiki: 委員会総括。多分字面では伝わらないと思いますが、自民党と公明党は大変悔しそうにしていました。共産党は、先走ってドジを踏んでしまいましたが、一番良い意見陳述をしていたと思います。
3/22(月) 22:00～24:00 スペースシャワーTVでオンエア！
名前 津田大介
現在地 Tokyo, Japan
3,127 47,193 5,080
ツイート 14,351
お気に入り
リスト

そのユーザーのタイムラインが表示される。つぶやきの内容を確認して、面白そうならアイコン下の「フォローする」をクリックしよう

twitter
ホーム プロフィール 友だちを検索 設定 ヘルプ ログアウト
いまどうしてる？
140
ホーム
kazuyo_k 飯田×勝間「反デフレトークライブ」本日19:00より配信です！
mainichijpedit 再度のお知らせです。西原理恵子×浦沢直樹の「人生画力対決」イベントの実況をご自身のタイムラインで読むには
Excite Japan 球春到来！パ・リーグは明日開幕で、ダルVS杉内で
kogure おっ、radikoが復活した！ 接続するサーバによるみたいですね
seishun_tweet
34 3 0
ホーム
ダイレクトメッセージ
お気に入り
リツイート

フォローしたユーザーのつぶやきが、自分のタイムライン上に表示されるようになった。もしフォローをやめたくなったら、ユーザー名をクリックしてその人のタイムラインを表示させ、アイコン下の歯車型のボタンをクリック。表示されるメニューから、「○○のフォローを解除」を選択する

09 つぶやいてみよう――やっていること、感じたこと

ツイッターは、「いまどうしてる?」という質問に対して１４０字でつぶやき合う（ツイートする）ことで、全世界のユーザーの〝今〟をつなぐサービスだ。

とはいえ、つぶやく内容はユーザーの自由。今いる場所や今していること、食べているもの、観ているテレビの感想など、まさに「いまどうしてる」かということはもちろん、ふと思いついたアイデアや普段考えていること、話題のニュースについての所感、最近読んだ本の感想などをつぶやくのもいい。１４０字に収まる文章でさえあれば、**何をつぶやいても構わないのだ**。面白いサイトのＵＲＬをつぶやいてフォロワーに紹介する、なんて使い方をしてもいいだろう。

実際のつぶやきかたは、画面最上段に書かれた「いまどうしてる?」という文字列の下にある入力フォームに文章（つぶやき）を打ち込んで、「投稿する」をクリックするだけ。すると、**自分のタイムラインとフォロワーのタイムライン上**に、そのつぶやきが表示され、多くの人に読んでもらえるようになる。

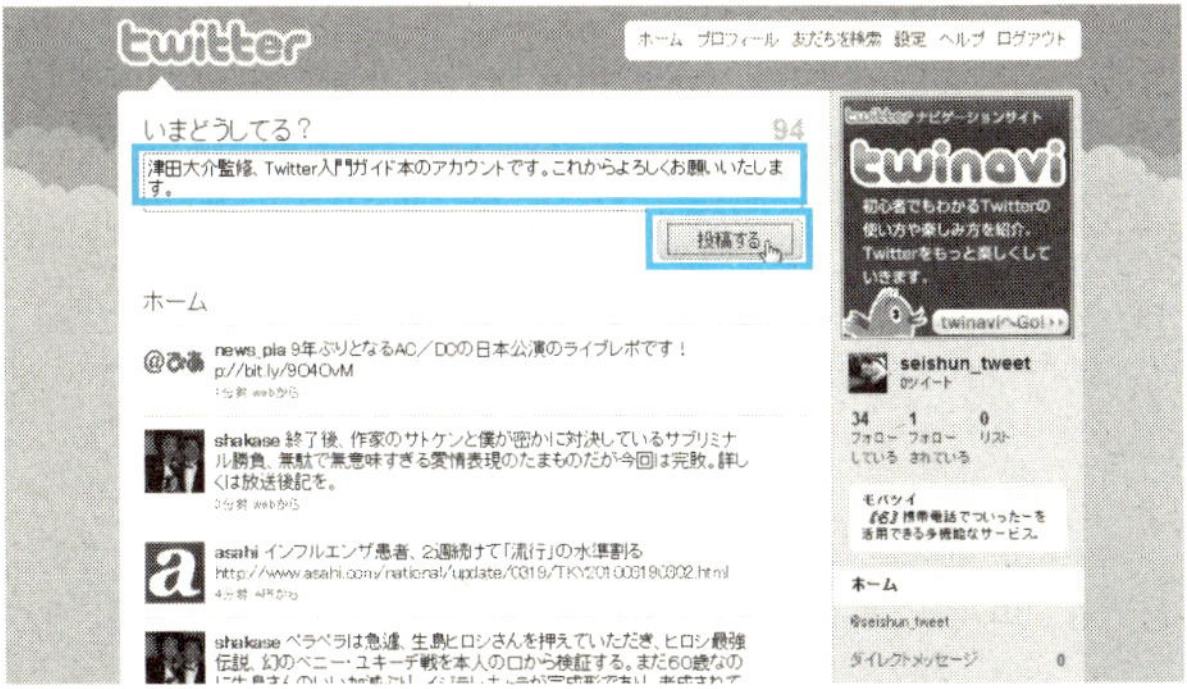
twitter
ホーム　プロフィール　友だちを検索　設定　ヘルプ　ログアウト
いまどうしてる？
94
津田大介監修、Twitter入門ガイド本のアカウントです。これからよろしくお願いいたします。
投稿する
ホーム
news_pia 9年ぶりとなるAC／DCの日本公演のライブレポです！ p://bit.ly/9O4OvM
shakase 終了後、作家のサトケンと僕が密かに対決しているサブリミナル勝負、無駄で無意味すぎる愛情表現のたまものだが今回は完敗。詳しくは放送後記を。
asahi インフルエンザ患者、2週続けて「流行」の水準割る
http://www.asahi.com/national/update/0319/TKY201003190302.html
shakase ペラペラは急遽、生島ヒロシさんを押えていただき、ヒロシ最強伝説、幻のベニー・ユキーデ戦を本人の口から検証する。まだ60歳なの
twitter ナビゲーションサイト
twinavi
初心者でもわかるTwitterの使い方や楽しみ方を紹介。Twitterをもっと楽しくしていきます。
twinaviへGo!
seishun_tweet
0ツイート
34 フォローしている
1 フォローされている
0 リスト
モバツイ
【6】携帯電話でついったーを活用できる多機能なサービス。
ホーム
@seishun_tweet
ダイレクトメッセージ 0

「いまどうしてる？」の下にある入力フォームに文章を打ち込み、「投稿する」をクリック。なお、つぶやける文字数は最大140字だが、全角ひらがなや漢字、半角英数字もすべて一文字としてカウントされる

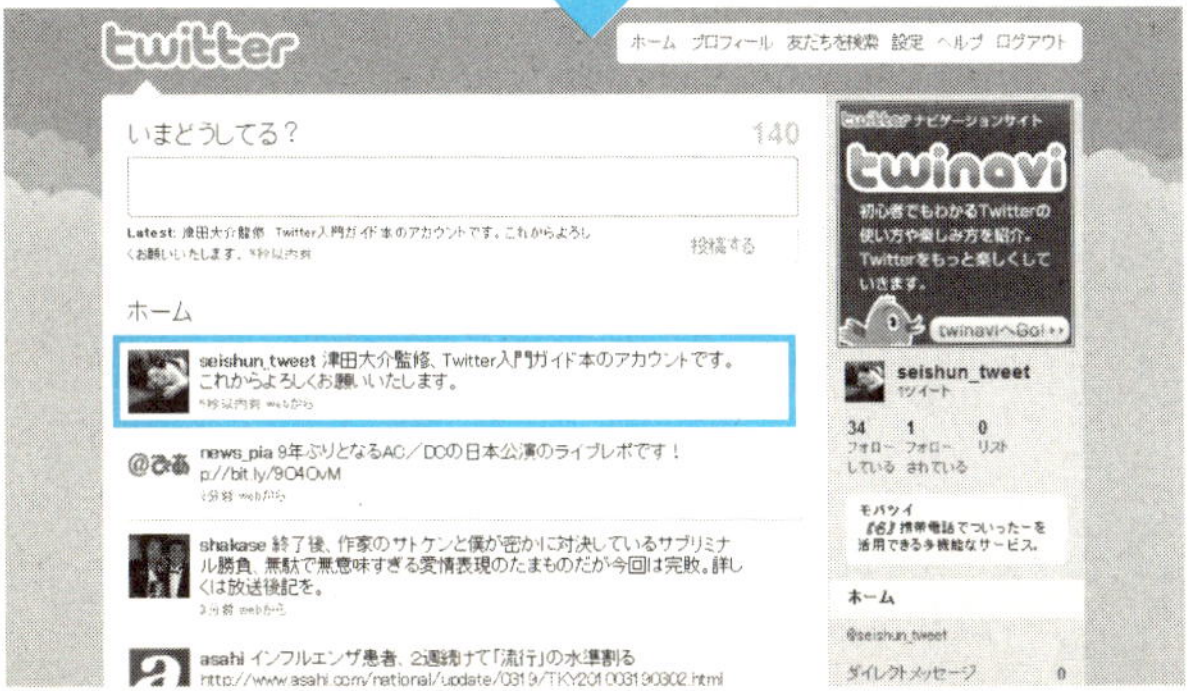
twitter
ホーム　プロフィール　友だちを検索　設定　ヘルプ　ログアウト
いまどうしてる？
140
Latest: 津田大介監修、Twitter入門ガイド本のアカウントです。これからよろしくお願いいたします。
投稿する
ホーム
seishun_tweet 津田大介監修、Twitter入門ガイド本のアカウントです。これからよろしくお願いいたします。
news_pia 9年ぶりとなるAC／DCの日本公演のライブレポです！ p://bit.ly/9O4OvM
shakase 終了後、作家のサトケンと僕が密かに対決しているサブリミナル勝負、無駄で無意味すぎる愛情表現のたまものだが今回は完敗。詳しくは放送後記を。
asahi インフルエンザ患者、2週続けて「流行」の水準割る
http://www.asahi.com/national/update/0319/TKY201003190302.html
twitter ナビゲーションサイト
twinavi
初心者でもわかるTwitterの使い方や楽しみ方を紹介。Twitterをもっと楽しくしていきます。
twinaviへGo!
seishun_tweet
1ツイート
34 フォローしている
1 フォローされている
0 リスト
モバツイ
【6】携帯電話でついったーを活用できる多機能なサービス。
ホーム
@seishun_tweet
ダイレクトメッセージ 0

タイムライン上に投稿したつぶやきが表示される。間違って投稿してしまった場合は、つぶやきの右下にある「削除」をクリックすればすぐに消える

10 気になるつぶやきには返事を書いてみる

誰かのつぶやきに返信（リプライ）するのは、ツイッターをコミュニケーションツールとして活用するための第一歩。タイムライン上に面白いつぶやきを見つけたら、そのつぶやきの右端にある「返信」をクリック。フォームに「@〈返信したいユーザー名〉＋半角スペース」が自動入力されるので、続けて返事を書いてみよう。自分と相手のタイムラインに@マーク付きのつぶやきが表示される。

リプライは手動で入力することもできる。特定のユーザーにメッセージを送りたいとき、自ら「@〈返信したいユーザー名〉＋半角スペース」とタイプすれば、自分とその人のタイムラインにつぶやきが表示されるようになる。

なお、@マークのついたつぶやきは、自分と返信相手のほか、自分と相手をフォローしているユーザーのタイムラインにも表示される。また、自分のタイムラインにアクセスしてきた人も読むことができる。**プライベートなメッセージを送るときは、リプライではなくダイレクトメッセージ（P44）を使おう。**

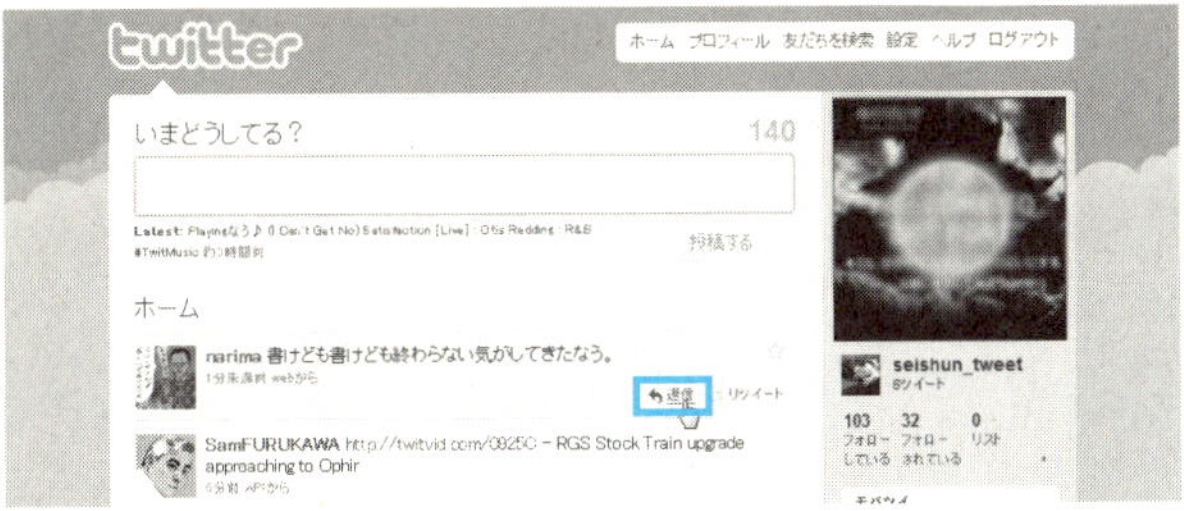

返信したいつぶやきの右端にある「返信」をクリックする

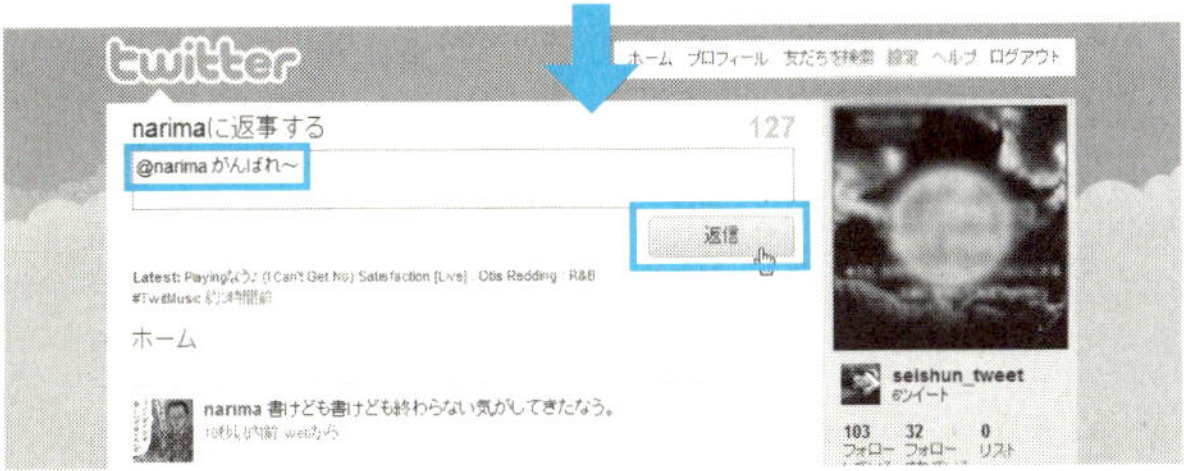

つぶやきフォームに「@<ユーザー名>＋半角」が自動入力されるので、送りたいメッセージを打ち込んで「投稿する」をクリック

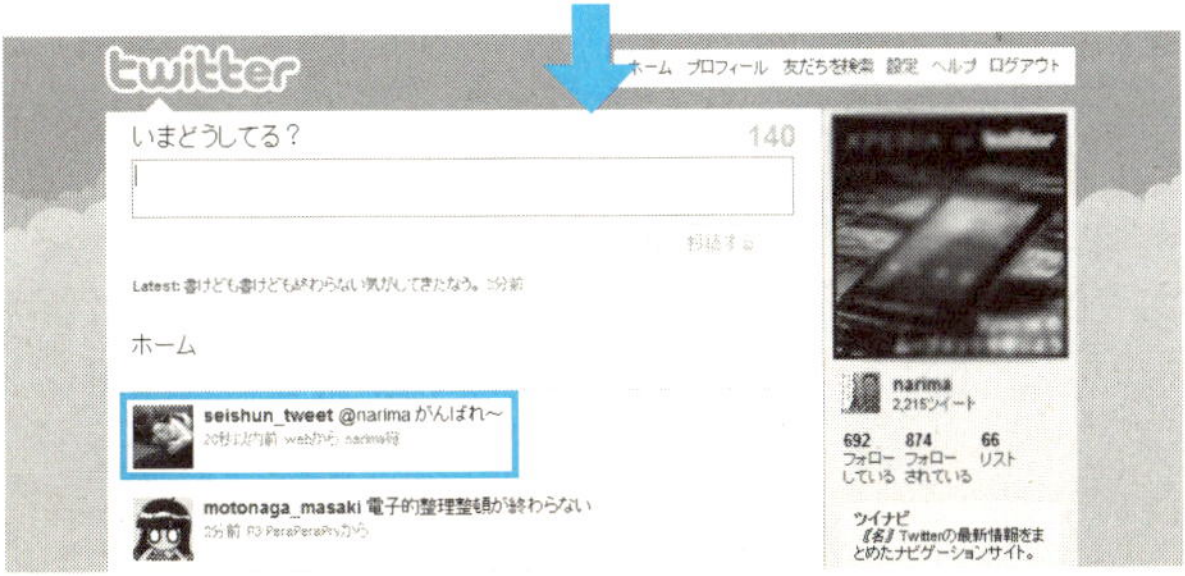

返信つぶやきが自分のタイムラインと相手のタイムラインに表示された

11 ツイッターの最重要単語「リツイート」を理解する

　ツイッターの特徴的な機能のひとつに「リツイート」（ReTweet・RT）がある。これは**他のユーザーのつぶやきを引用して、自分のつぶやきとして投稿するもの**で、自分をフォローしてくれている人（フォロワー）に、その**つぶやきの文脈や背景を知ってもらうためのもの**。多くのユーザーにリツイートされた面白いつぶやきは、リツイートした人のフォロワーにもさらにリツイートされ、あっという間にツイッター上に知れ渡ることになる。「ツイッターは他のネットメディアに比べて告知効果が高い」といわれる最大の理由は、このリツイート機能にある。

　リツイートには、ツイッター標準の公式のリツイートと、ユーザー自身がある意味勝手に始めたリツイートがある。公式リツイートでは、引用元のつぶやき主のユーザー名やアイコンごと引用する。一方、ユーザー主導のリツイートでは、引用するつぶやきにコメントを書き足せるなど、それぞれできることなどが異なる。さらに詳しくは次項でも解説しているので、ぜひマスターしてほしい。

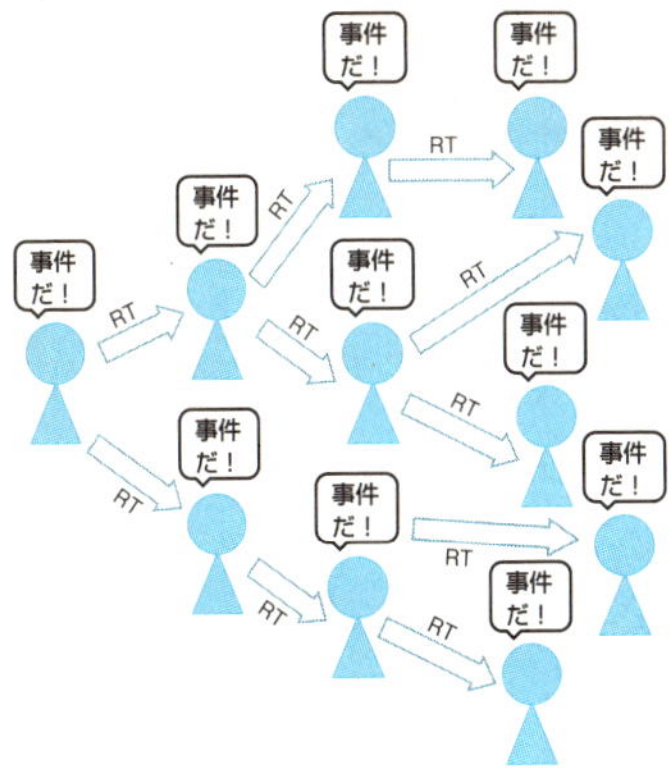
事件だ！
事件だ！
事件だ！
事件だ！
事件だ！
事件だ！
事件だ！
事件だ！
事件だ！
事件だ！
事件だ！
RT
RT
RT
RT
RT
RT
RT
RT
RT
RT

誰かのつぶやきを引用することで、自分のフォロワーにもそのつぶやきを伝えるリツイート機能。面白いつぶやきは、伝言ゲームのように多くのユーザーに伝播していく

narima 書籍並びにこちらもヨロ！ RT @endingendless: もう告知出てる……。阿佐ヶ谷ロフトA 4月24日 夜のプロトコル.Vol.7 『バンド臨終図巻』刊行記念 「解散のエステティクス、崩壊のロンド」
http://www.loft-prj.co.jp/lofta/
約6時間前 webから
seishun_tweetがリツイート

ツイッター公式のリツイート。引用した人のフォロワーのタイムラインに、引用元のつぶやきが丸ごと表示される

seishun_tweet 楽しみ RT @narima: 書籍並びにこちらもヨロ！ RT @endingendless: もう告知出てる……。4月24日夜のプロトコルVol.7 『バンド臨終図巻』刊行記念「解散のエステティクス、崩壊のロンド」
http://www.loft-prj.co.jp/lofta/

ユーザーオリジナルのリツイート。つぶやきフォームに「RT <@ユーザー名>:」と入力し、そのあとに自分で引用元のつぶやきをコピー＆ペーストすることで、「○○さんはこんな発言をしてますよ」と伝える。画像のように、引用文の前にコメントを書き添えることもできる

12 「公式リツイート」で発言をワンクリックで引用

フォローしている人のつぶやきを、自分のフォロワーに広めるためのリツイート。これには2つの種類があるのは、前項でご紹介したが、ここではより手軽に気になるつぶやきを引用できる、ツイッター公式のリツイート機能を紹介する。

公式リツイートとは、自分をフォローしているユーザー（フォロワー）のタイムライン上に、**他のユーザーのつぶやきを丸ごと表示させる機能**。他のユーザーにも読んでほしいつぶやきの右端にある「リツイート」をクリックすると、自分のフォロワーのうち、引用元のつぶやき主をフォローしていない人のタイムライン上に、その投稿内容はもちろん、顔アイコンやユーザー名も含めた、引用元の**つぶやきの内容を丸ごと表示**させることができるのだ。

多くのユーザーをフォローし、ツイッターを使っていくうちに、ときどきタイムライン上にフォローした覚えのない人のつぶやきが表示されることがある。これこそが、公式リツイートによって引用されたつぶやきだ。

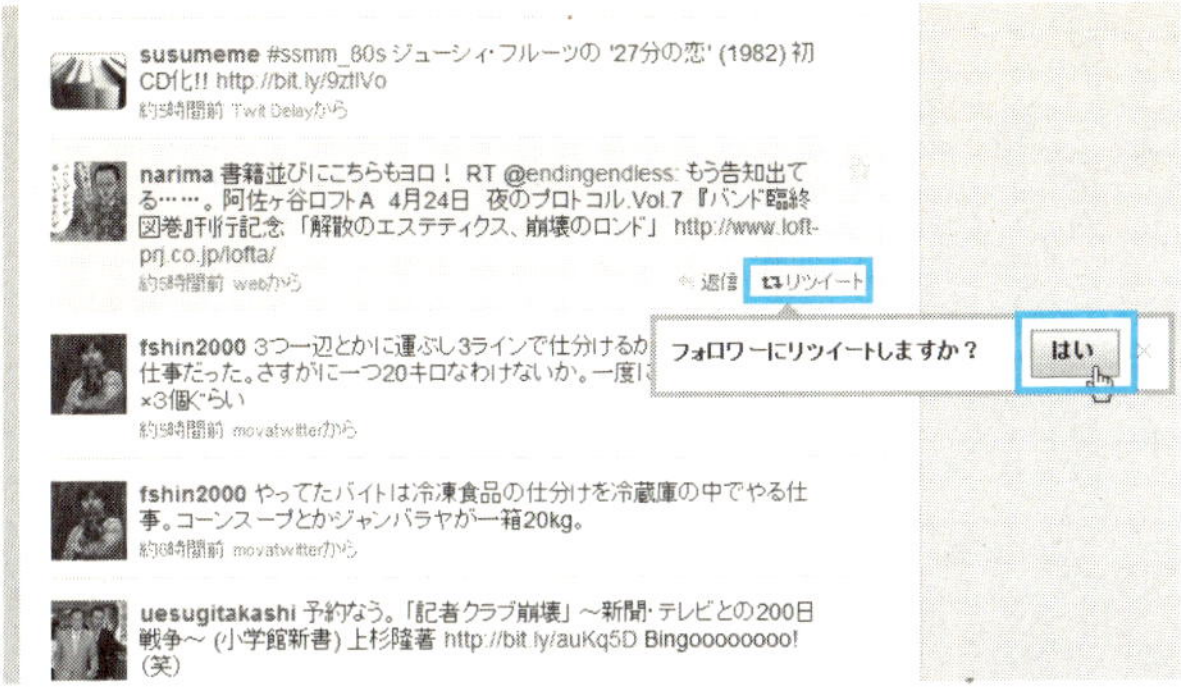
susumeme #ssmm_80s ジューシィ・フルーツの '27分の恋' (1982) 初CD化!! http://bit.ly/9ztlVo
約5時間前 Twit Delayから
narima 書籍並びにこちらもヨロ！ RT @endingendless: もう告知出てる……。阿佐ヶ谷ロフトA 4月24日 夜のプロトコル.Vol.7 『バンド臨終図巻』刊行記念 「解散のエステティクス、崩壊のロンド」 http://www.loft-prj.co.jp/lofta/
約5時間前 webから
返信
リツイート
フォロワーにリツイートしますか？
はい
fshin2000 3つ一辺とかに運ぶし3ラインで仕分けるか
仕事だった。さすがに一つ20キロなわけないか。一度に
×3個ぐらい
約5時間前 movatwitterから
fshin2000 やってたバイトは冷凍食品の仕分けを冷蔵庫の中でやる仕事。コーンスープとかジャンバラヤが一箱20kg。
約6時間前 movatwitterから
uesugitakashi 予約なう。「記者クラブ崩壊」～新聞・テレビとの200日戦争～ (小学館新書) 上杉隆著 http://bit.ly/auKq5D Bingoooooooo! (笑)

各つぶやき右端の「リツイート」をクリックすると、「フォロワーにリツイートしますか？」というメッセージが表示されるので「はい」をクリック

narima 書籍並びにこちらもヨロ！ RT @endingendless: もう告知出てる……。阿佐ヶ谷ロフトA 4月24日 夜のプロトコル.Vol.7 『バンド臨終図巻』刊行記念 「解散のエステティクス、崩壊のロンド」
http://www.loft-prj.co.jp/lofta/
約7時間前 webから
seishun_tweetがリツイート
seishun_tweet Playingなう♪ (I Can't Get No) Satisfaction [Live] : Otis Redding : R&B #TwitMusic
約6時間前 APから
seishun_tweet 最後、なんか大変なことになっちゃいました
http://twitvideo.jp/00YI1
約9時間前 webから
seishun_tweet http://twitpic.com/1b0vy0 - 要町の喫茶店店頭にて発見
約10時間前 TwitPicから

フォロワーのタイムラインに、リツイートのアイコンである矢印と「○○がリツイート」というメッセージとともに、自分が引用したつぶやきが丸ごと表示される

13 つぶやきを引用しつつ発言する（非公式）リツイート

リツイートには、ツイッター公式のもののほか、ユーザーの間で自然発生的に生まれた方法もある。公式リツイートに比べると少々手間はかかるものの、単に丸ごとつぶやきを引用するだけでなく、そこに**引用元の内容に関する自身のつぶやきを書き加える**ことも可能だ（引用文と合わせて140字以内）。

まず、引用したいつぶやきをユーザー名も含めて丸ごとコピー。その内容を入力フォームに貼り付け、ユーザー名の前に「RT @」、ユーザー名の後ろに「:」と打ち込み「RT」の前に感想や意見などを入力して投稿すれば完了。これによって、自分が「RT @」の後ろのユーザー名の人物のつぶやきを引用したことが、他のユーザーにもわかってもらえる。

最近では、自分と他のユーザーのつぶやき合戦を多くの人に見てもらうため、基本的に返信先の相手にしか読めないリプライではなく、フォロワーであれば誰でも読めるこの**リツイートを使うことも多い**。アイデア次第でさまざまな使い方ができるので、ぜひ手順を覚えよう。

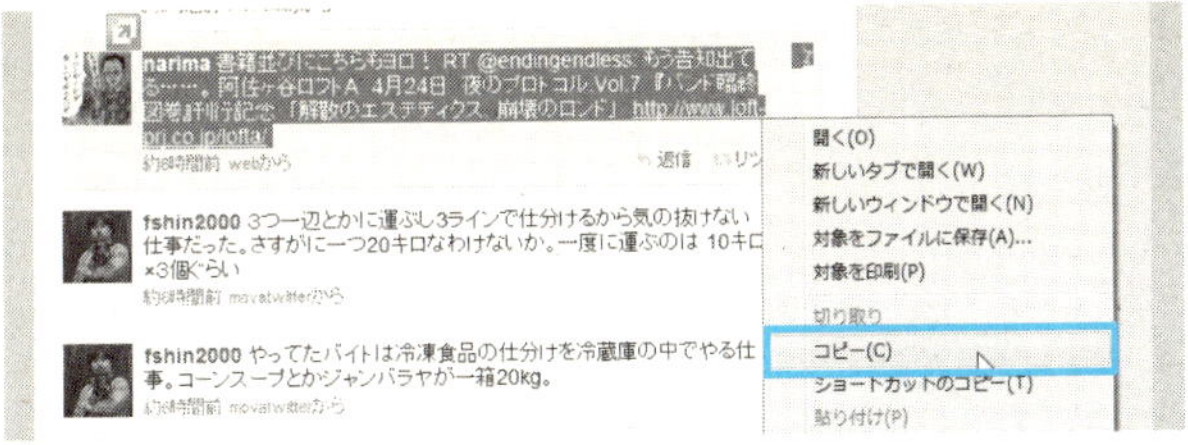
narima
4月24日
fshin2000 3つ一辺とかに運ぶし3ラインで仕分けるから気の抜けない仕事だった。さすがに一つ20キロなわけないか。一度に運ぶのは 10キロ×3個ぐらい
fshin2000 やってたバイトは冷凍食品の仕分けを冷蔵庫の中でやる仕事。コーンスープとかジャンバラヤが一箱20kg。
開く(O)
新しいタブで開く(W)
新しいウィンドウで開く(N)
対象をファイルに保存(A)...
対象を印刷(P)
切り取り
コピー(C)
貼り付け(P)

マウスをドラッグして引用したいつぶやき全文を選択し、右クリック。メニューからコピーを選択

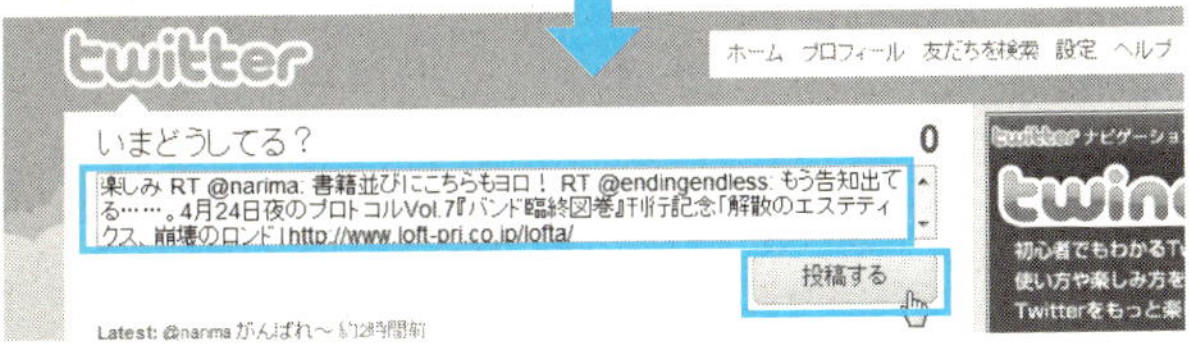
twitter
ホーム プロフィール 友だちを検索 設定 ヘルプ
いまどうしてる？
0
楽しみ RT @narima: 書籍並びにこちらもヨロ！ RT @endingendless: もう告知出てる……。4月24日夜のプロトコルVol.7『バンド臨終図巻』刊行記念「解散のエステティクス、崩壊のロンド」http://www.loft-prj.co.jp/lofta/
投稿する

入力フォーム上にマウスカーソルを合わせ、右クリック。メニューから「貼り付け」を選び、コピーされたつぶやきのユーザー名の前に「RT @」、ユーザー名の後ろに「:」と半角スペースを入力。RTの前に、感想など引用したつぶやきに関する意見や感想を入力して、RTの前に半角スペースを入力したら「投稿する」をクリック

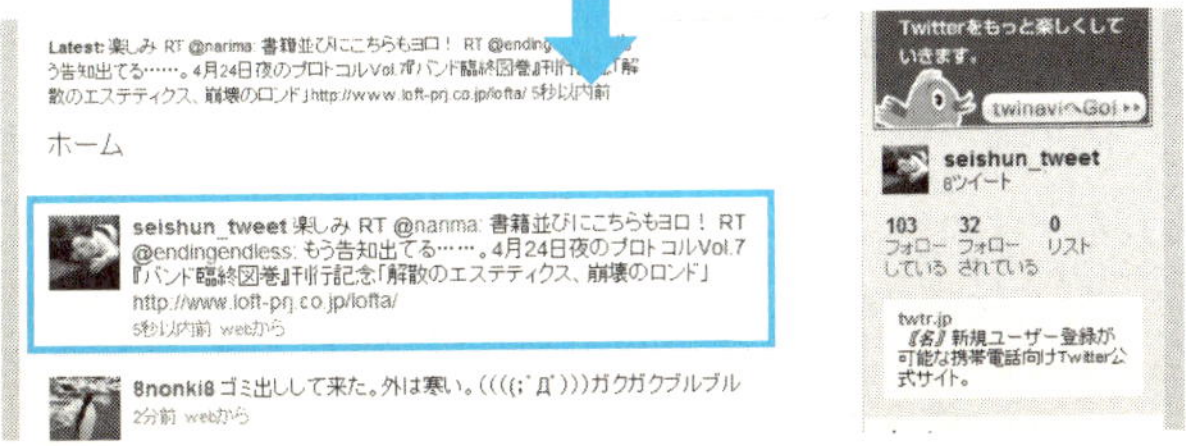
ホーム
seishun_tweet 楽しみ RT @narima: 書籍並びにこちらもヨロ！ RT @endingendless: もう告知出てる……。4月24日夜のプロトコルVol.7『バンド臨終図巻』刊行記念「解散のエステティクス、崩壊のロンド」http://www.loft-prj.co.jp/lofta/
5秒以内前 webから
8nonki8 ゴミ出しして来た。外は寒い。((((;゜Д゜)))ガクガクブルブル
2分前 webから
Twitterをもっと楽しくしていきます。
twinaviへGo!
seishun_tweet
8ツイート
103 フォローしている
32 フォローされている
0 リスト
twtr.jp
『名』新規ユーザー登録が可能な携帯電話向けTwitter公式サイト。

公式リツイートと違って、フォロワーのタイムライン上はもちろん、自身のタイムライン上にも引用した内容が表示される

14 ダイレクトメッセージで特定の人だけにつぶやく

ツイッターでは、フォローしてくれている全ユーザーに向けたつぶやきに加えて、**特定のユーザーにのみつぶやきを送る「ダイレクトメッセージ」**という機能もある。仲の良いユーザーと内緒話をするときはもちろん、ツイッター上でしか知らないという人と連絡を取るのに使ってもいいだろう。また、自宅やオフィス宛てにメールを送っても、基本的にパソコンの前にいなければ見ることはできない。しかしツイッターのダイレクトメッセージなら、外出先でも携帯電話やｉＰｈｏｎｅからチェックできるので、より手早く用件を伝えられる。

送り方は簡単。タイムラインの右にある「ダイレクトメッセージ」をクリックすると、送信画面が表示される。「〜にダイレクトメッセージを送る」のプルダウンメニューから、メッセージを送りたいユーザーを選択。最大１４０字のメッセージを入力し「送信」すればよい。

ただし、**送れるのは〝フォローされている〟ユーザーのみ**。自分がフォローしているだけでは送れないので注意しよう。

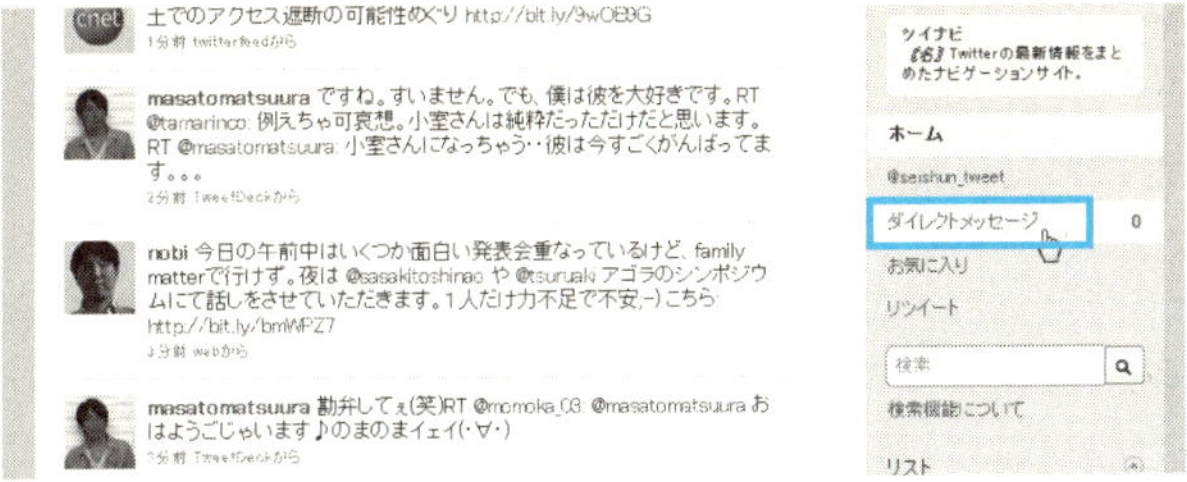
土でのアクセス遮断の可能性めぐり http://bit.ly/9wOB3G
masatomatsuura ですね。すいません。でも、僕は彼を大好きです。RT @tamarinco: 例えちゃ可哀想。小室さんは純粋だっただけだと思います。RT @masatomatsuura: 小室さんになっちゃう･･彼は今すごくがんばってます。。。
nobi 今日の午前中はいくつか面白い発表会重なっているけど、family matterで行けず。夜は @sasakitoshinao や @tsuruaki アゴラのシンポジウムにて話しをさせていただきます。1人だけ力不足で不安;-) こちら http://bit.ly/bmWPZ7
masatomatsuura 勘弁してぇ(笑)RT @momoka_03: @masatomatsuura おはようごじゃいます♪のまのまイェイ(･∀･)
ツイナビ
『名』Twitterの最新情報をまとめたナビゲーションサイト。
ホーム
@seishun_tweet
ダイレクトメッセージ
0
お気に入り
リツイート
検索
検索機能について
リスト

タイムライン右の「ダイレクトメッセージ」をクリック

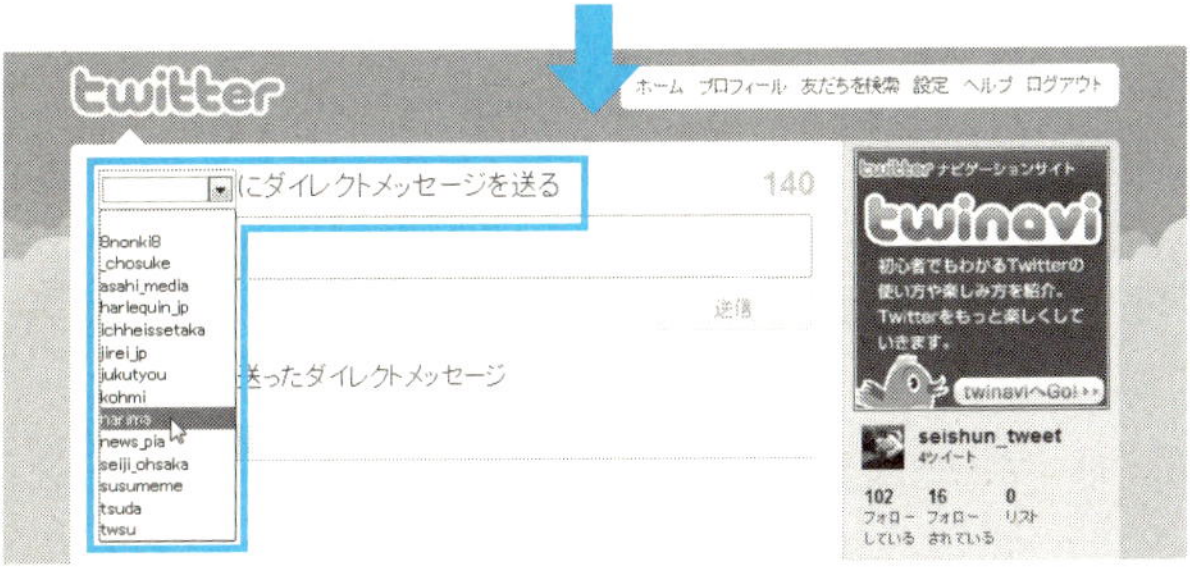
twitter
ホーム プロフィール 友だちを検索 設定 ヘルプ ログアウト
にダイレクトメッセージを送る
140
8nonki8
_chosuke
asahi_media
harlequin_jp
ichiheissetaka
jirei_jp
jukutyou
kohmi
narima
news_pia
seiji_ohsaka
susumeme
tsuda
twsu
送信
送ったダイレクトメッセージ
twitter ナビゲーションサイト
twinavi
初心者でもわかるTwitterの使い方や楽しみ方を紹介。Twitterをもっと楽しくしていきます。
twinaviへGo!
seishun_tweet
102
16
0

「～にダイレクトメッセージを送る」の前の「▼」をクリックすると、自分をフォローしているユーザーが一覧表示される。メッセージを送りたいユーザーを選択しよう

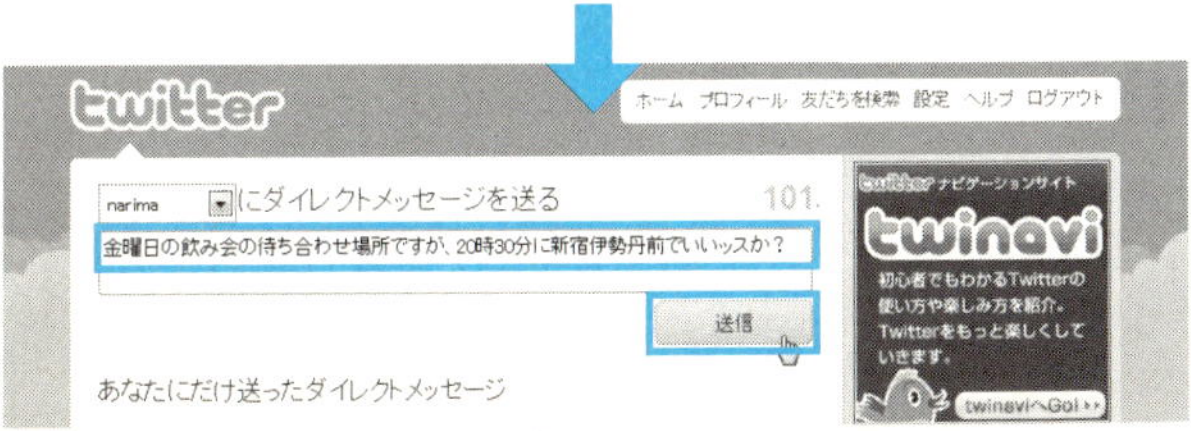
twitter
ホーム プロフィール 友だちを検索 設定 ヘルプ ログアウト
narima
にダイレクトメッセージを送る
101
金曜日の飲み会の待ち合わせ場所ですが、20時30分に新宿伊勢丹前でいいッスか？
送信
あなたにだけ送ったダイレクトメッセージ
twitter ナビゲーションサイト
twinavi
初心者でもわかるTwitterの使い方や楽しみ方を紹介。Twitterをもっと楽しくしていきます。
twinaviへGo!

「～にダイレクトメッセージを送る」の下の入力フォームに140字以内でメッセージを打ち込み、「送信」をクリック

15 受信したダイレクトメッセージを読む・返信する

他のユーザーからのダイレクトメッセージを受け取ると、ツイッターに登録してあるメールアドレスに受信通知が送られてくる。その本文に受け取ったダイレクトメッセージの内容が記載されているので、手早くチェックすることが可能だ。

フォローされているユーザーからのダイレクトメッセージなら、**返信することもできる**。タイムライン右側の「ダイレクトメッセージ」をクリックし、受信メッセージを表示。右下の「返信」をクリックすると、画面上の「～にダイレクトメッセージを送る」に返信したいユーザー名が自動入力される。１４０字以内で返信メッセージを入力しよう。

なお、受け取ったダイレクトメッセージは、メッセージ右下の「削除」をクリックして消すこともできる。しかしひとたび削除すると、自分の受信履歴からだけでなく**メッセージを送ってくれたユーザーの送信履歴からもメッセージが消えてしまう**。相手の送信履歴から消えても問題ないメッセージなのか、内容を吟味してから実行しよう。

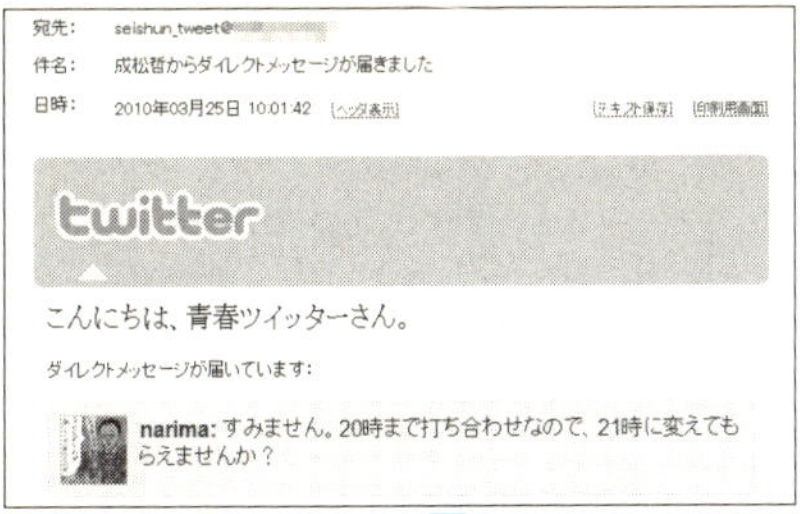

ダイレクトメッセージが届くと、ユーザー登録時に指定したメールアドレスに通知がくる

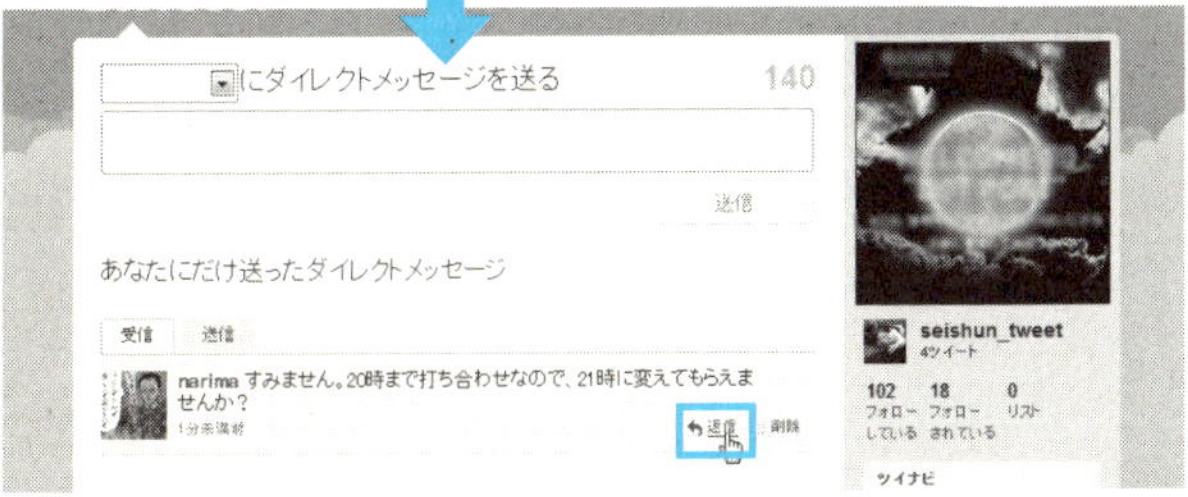

タイムライン右の「ダイレクトメッセージ」をクリックすると、「受信」タブに受け取ったダイレクトメッセージが一覧表示される。返信したいときは、メッセージ右下の「返信」をクリック。なお、メッセージの送信履歴を見たいなら「送信」タブを開く

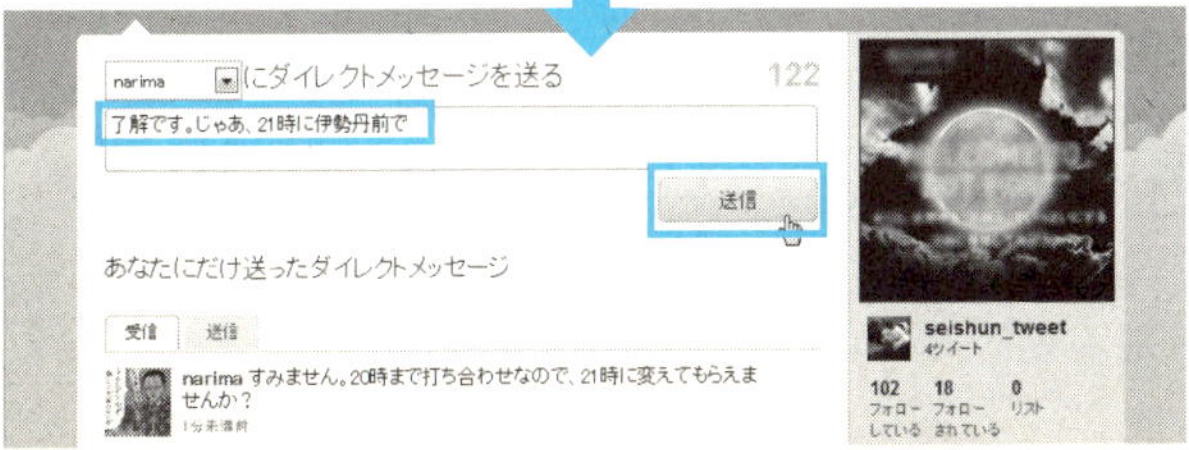

入力フォームに返信メッセージを打ち込み「送信」する

16 特定の話題だけ一覧で読める「#」（ハッシュタグ）

タイムラインを眺めていると、ときどき「#○○」という「#」（ハッシュ）付きの文字列を見かける。これは「ハッシュタグ」という検索用キーワード。あるテーマについて複数のユーザーでつぶやき合うとき、特定のハッシュタグを決めておき、そのテーマについてのつぶやき中に「#○○」と書き添えておく。そうすると、そのタグをクリックしたとき「#○○」を含むつぶやき、つまり**テーマに関するつぶやきが一覧で表示される**。視聴中のテレビ番組や、参加しているイベントについてつぶやき合うときなどに使われる。具体的な活用法についてはP88で紹介するので、まずはほかの人のつぶやきにあるハッシュタグをクリックして、**みんながどんな話題で盛り上がっているのか**チェックしてみよう。

ハッシュタグは英数字で表記するため、どんなテーマなのかわからない場合もある。そんなときには、「hashtagsjp」(http://hashtagsjp.appspot.com/)が便利。登録されたタグに限られるが、語られているテーマについて検索できる。

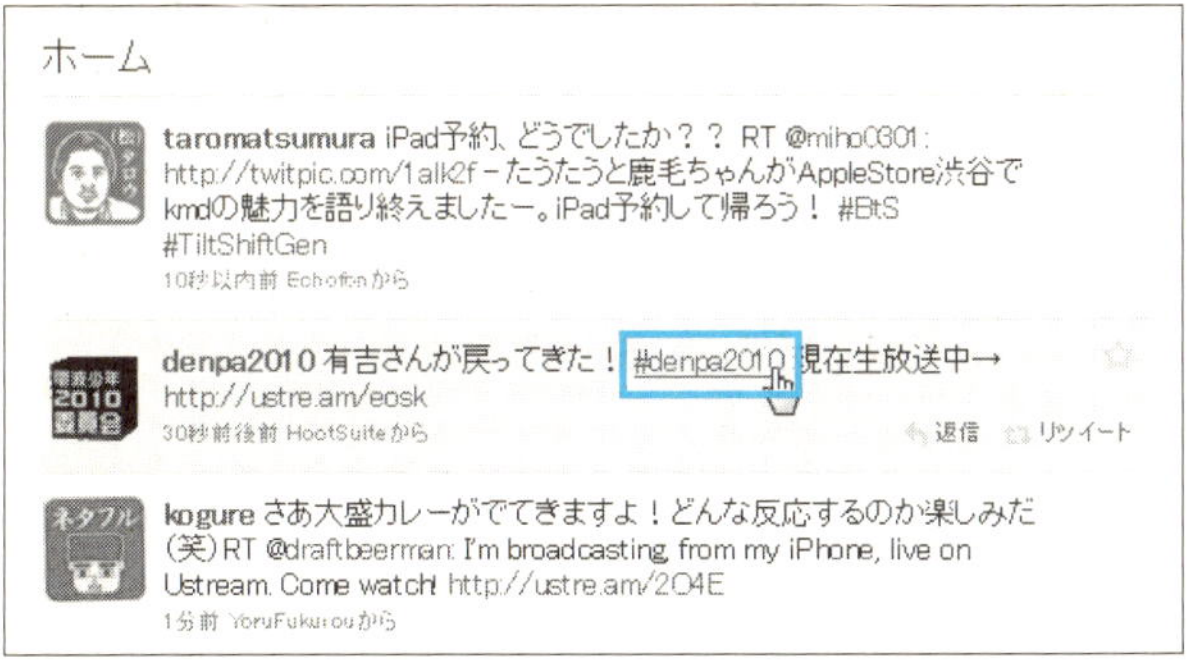
ホーム
taromatsumura iPad予約、どうでしたか？？ RT @miho0301: http://twitpic.com/1alk2f－たうたうと鹿毛ちゃんがAppleStore渋谷でkmdの魅力を語り終えましたー。iPad予約して帰ろう！ #BtS #TiltShiftGen
10秒以内前 Echofonから
denpa2010 有吉さんが戻ってきた！ #denpa2010 現在生放送中→ http://ustre.am/eosk
30秒前後前 HootSuiteから
返信
リツイート
kogure さあ大盛カレーがでてきますよ！どんな反応するのか楽しみだ（笑）RT @draftbeerman: I'm broadcasting from my iPhone, live on Ustream. Come watch! http://ustre.am/2O4E
1分前 YoruFukurouから

ほかのユーザーのつぶやきにある「#」付きの文字列をクリック

#denpa2010のリアルタイム結果
この検索を保存
lyucaxxx ネタはやらないんですか？（#denpa2010 live at http://ustre.am/eosk）
less than 10 seconds ago from Ustream
a2cs0508 #denpa2010 ああ花がないから 電波ガールズいるのねw（#denpa2010 live at http://ustre.am/eosk）
less than 20 seconds ago from Ustream
megum192 委員長をもう少し見ていたかった自分がいます。#denpa2010
less than 20 seconds ago from Keitai Web
rarnn 有吉さんだ！（#denpa2010 live at http://ustre.am/eosk）
half a minute ago from Ustream
ms_rory 有吉ボスやさしいね。#denpa2010
half a minute ago from mo-atwitter
kioa445 ライフさんに見たい。（#denpa2010 live at http://ustre.am/eosk）
half a minute ago from Ustream

同じハッシュタグを含むつぶやきが一覧で表示される

ハッシュタグの意味がわからないときは、「hashtagsjp」にアクセス。現在最もつぶやかれているタグはトップページに一覧表示されているが、なければ検索窓にタグを入力して探してみよう

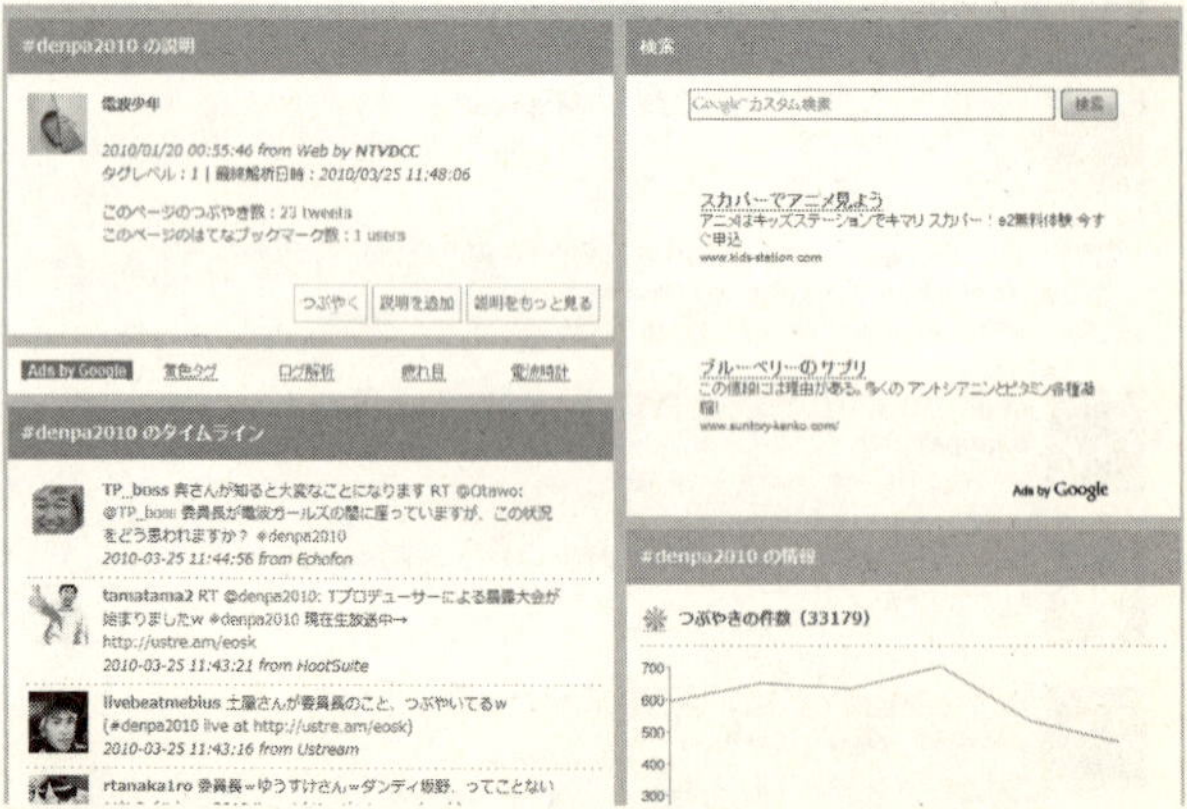

「hashtagsjp」上に登録されているハッシュタグ情報が表示される。「#denpa2010」は、日本テレビなどがサイトとツイッター上で展開している『電波少年2010』の視聴者用のタグだとわかった

Part 2 ツイッターがどんどん楽しくなる極意

17 ツイッターの世界をトコトン楽しもう

全世界の〝今〟を接続するという画期的なサービスとはいいつつ、その実、ユーザーがやることといえば、ごくごくシンプルな画面に、今していることをつぶやくだけ。それだけに「いざツイッターを使い始めてみたが、何が面白いのか、どう楽しめばいいのか、わからない」という人も多いだろう。

実際、現在ではツイッター有名人として注目を集めるような人のインタビューやコラムを読んでみても、**「登録したばかりのころは、何をしていいのか、何ができるのかよくわからなかった」**という声がよく聞かれる。

そこで、この章ではツイッターにハマるためのテクニックをご紹介していく。

たとえば、フォローするユーザーを増やせば、タイムライン上では随時誰かのつぶやきが更新されるようになる。しかも、それらのつぶやきは、自分が好きな人や、興味のある人たちによるもの。**これまでのネットサービスにはない速度と密度で、必要な情報や面白い情報を収集できるようになる**はずだ。

　もしも、つぶやくことが見つからずに悩んでいるなら、まずは、自分の**タイムライン上を流れるつぶやきにリプライしてみる**といい。興味のある話題や自分の仕事・趣味に関する専門的な話題についてなら、その人やその周辺の人々と深い話を、それこそ会話のようなスピードでリアルタイムに繰り広げることができる。

　もちろん、他のユーザーのつぶやきに返事するだけでなく、自分自身で情報発信することもできる。当然「今○○を食べている」「××駅に着いた」と日常のことをつぶやいても構わないが、**自分の興味のある分野、得意分野についての有益な情報や最新ニュース**をつぶやけば、フォロワーに喜ばれるだけでなく、リツイートなどを通じて、それまでまるで接点のなかった意外な人ともコミュニケートできることもある。次項から紹介するテクニックを、ぜひとも参考にしてみてほしい。

　ただし「ツイッターを何かに役立てなければ」などと肩ひじを張る必要はない。頑張りすぎたりハマりすぎたりすると、飽きるのもそれだけ早くなる。それでなくともツイッターはタイムラインを流れる情報を読んでいるだけで十分有益な情報源、面白い読み物として機能する。以下で紹介するテクニックを実践し、居心地が良く、しかも濃密だと思える情報空間を形成できたなら、自分のペースでじっくり楽しんでみてほしい。

18 とりあえず100人のユーザーをフォローしよう

「いまどうしてる」をつぶやき合うことで、全世界の人々と思考や感情、行動のレベルでつながれるのがツイッターの最大の魅力。知り合い同士でフォローし合いつぶやき合っているだけでは、メールやチャットと大差なくなってしまう。ツイッターを本当に楽しみたいなら、**興味のある人や企業、団体をできるだけ多くフォローしよう**。タイムライン上により多くのつぶやきが表示されるようになれば、それだけさまざまな情報が得られるようになる。また、誰かが「今、新宿で飲んでいるんだけど、誰か来ない？」なんてつぶやいているのを見て、その会場に出かけ、これまで出会えなかったような人々と知り合うこともある。そのために、まずは100人フォローすることを目指そう。数人〜数十人しかフォローしていないときとは、**タイムラインに流れるつぶやきや情報量が確実に変わる**。

とはいえ、P30の検索方法では、個人名や企業名を知っているユーザーしかフォローできない。ここでは自分に合ったユーザーの探し方を紹介する。

ツイッターがオススメするユーザーをフォロー ❶

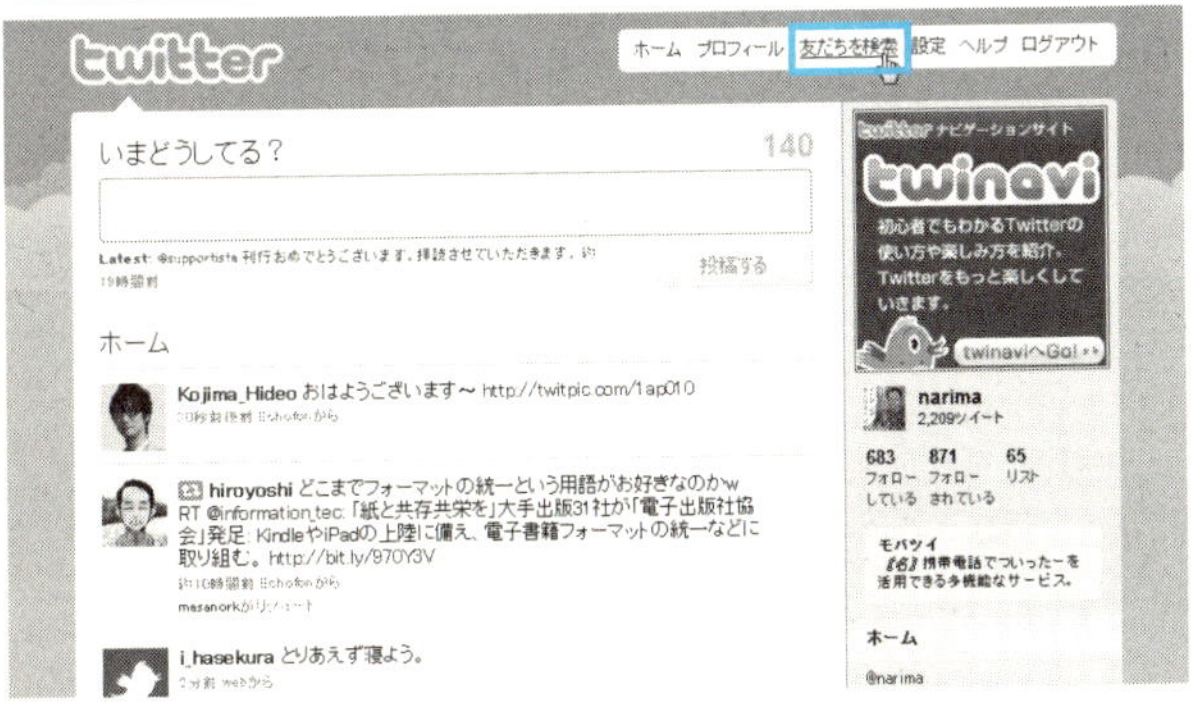

ツイッターの「友だちを検索」（P30）では、ツイッター社オススメの有名ユーザーを探すことができる。画面最上段の「友だちを検索」をクリック

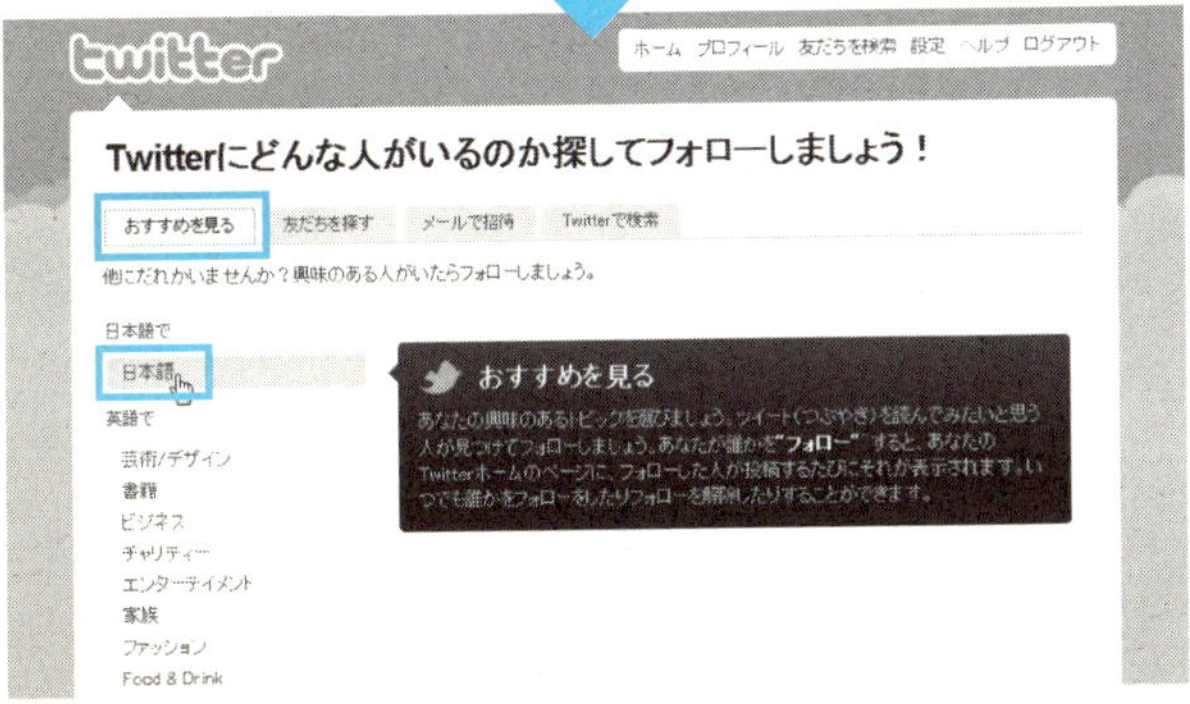

「おすすめを見る」タブをクリックし、左リストの「日本語」を選択する

（次ページへ）

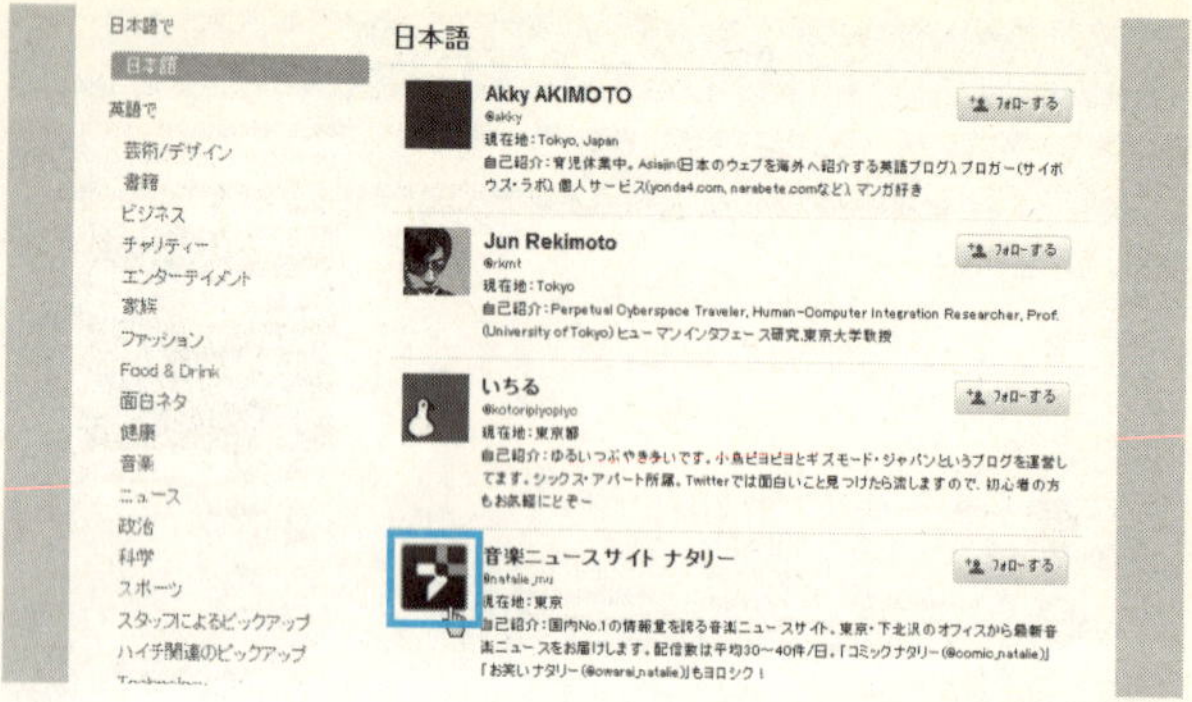
日本語で
日本語
英語で
芸術/デザイン
書籍
ビジネス
チャリティー
エンターテイメント
家族
ファッション
Food & Drink
面白ネタ
健康
音楽
ニュース
政治
科学
スポーツ
スタッフによるピックアップ
ハイチ関連のピックアップ
日本語
Akky AKIMOTO
@akky
現在地：Tokyo, Japan
自己紹介：育児休業中。Asiajin(日本のウェブを海外へ紹介する英語ブログ)、ブロガー(サイボウズ・ラボ)、個人サービス(yonda4.com, narabete.comなど)、マンガ好き
フォローする
Jun Rekimoto
@rkmt
現在地：Tokyo
自己紹介：Perpetual Cyberspace Traveler, Human-Computer Integration Researcher, Prof. (University of Tokyo) ヒューマンインタフェース研究,東京大学教授
フォローする
いちる
@kotoripiyopiyo
現在地：東京都
自己紹介：ゆるいつぶやき多いです。小鳥ピヨピヨとギズモード・ジャパンというブログを運営してます。シックス・アパート所属。Twitterでは面白いこと見つけたら流しますので、初心者の方もお気軽にどぞ～
フォローする
音楽ニュースサイト ナタリー
@natalie_mu
現在地：東京
自己紹介：国内No.1の情報量を誇る音楽ニュースサイト。東京・下北沢のオフィスから最新音楽ニュースをお届けします。配信数は平均30～40件/日。「コミックナタリー(@comic_natalie)」「お笑いナタリー(@owarai_natalie)」もヨロシク！
フォローする

ユーザー一覧から気になる人や企業のアイコン、ユーザー名をクリックして、タイムラインを表示させる。タイムラインを確認するまでもなくフォローしたいなら、右端の「フォローする」をクリック

twitter
ホーム プロフィール 友だちを検索 設定 ヘルプ ログアウト
natalie_mu
natalie_muをフォロー
フォローする
リスト
DETROX、1年半振りアルバムで新たなアグレッション提示 http://natalie.mu/music/news/29515
9分前 APIから
朝日美穂が高音質HQDで新曲のフリーダウンロード実施 http://natalie.mu/music/news/29510
15分前 APIから
加藤ミリヤ、世界で21個だけの“ミリヤ帽”をデザイン http://natalie.mu
名前 音楽ニュースサイト ナタリー
現在地 東京
Web http://natalie.mu/
自己紹介 国内No.1の情報量を誇る音楽ニュースサイト。東京・下北沢のオフィスから最新音楽ニュースをお届けします。配信数は平均30～40件/日。「コミックナタリー(@comic_natalie)」「お笑いナタリー(@owarai_natalie)」もヨロシク！
3 フォロー
226,321 フォロー
4,569 リスト

そのユーザーのタイムラインが表示されたら、アイコンの下にある「フォローする」をクリックする

メールアドレスから友だちを探し出す

twitter
ホーム プロフィール 友だちを検索 設定 ヘルプ ログアウト
Twitterにどんな人がいるのか探してフォローしましょう！
おすすめを見る
友だちを探す
メールで招待
Twitterで検索
他にだれかいませんか？興味のある人がいたらフォローしましょう。
日本語で
日本語
英語で
芸術/デザイン
書籍
ビジネス
チャリティー
エンターテイメント
家族
ファッション
Food & Drink
日本語
まつゆう*(アヒル口、松丸祐子)
@matsuyou
現在地：東京
自己紹介：Active Tweeter。ミス粒谷区。アヒル口。東京生まれ渋谷育ち。モデル、ヤブログプロデューサー、アートユニットchelucy主宰。Born in Tokyo, raised in Shibuya. Fashion model, producer and creator.
フォローする
音楽ニュースサイト ナタリー
@natalie_mu
現在地：東京
自己紹介：国内No.1の情報量を誇る音楽ニュースサイト。東京・下北沢のオフィスから最新音楽ニュースをお届けします。配信数は平均30〜40件/日。「コミックナタリー(@comic_natalie)」「お笑いナタリー(@owarai_natalie)」もヨロシク！
✓フォロー中
フォローを解除

あなたがGmailやYahoo!メールなどの無料メールサービスを使っているなら、それらのメールアドレスから友人を探すこともできる。まず、「友だちを検索」画面の「友だちを探す」タブをクリック

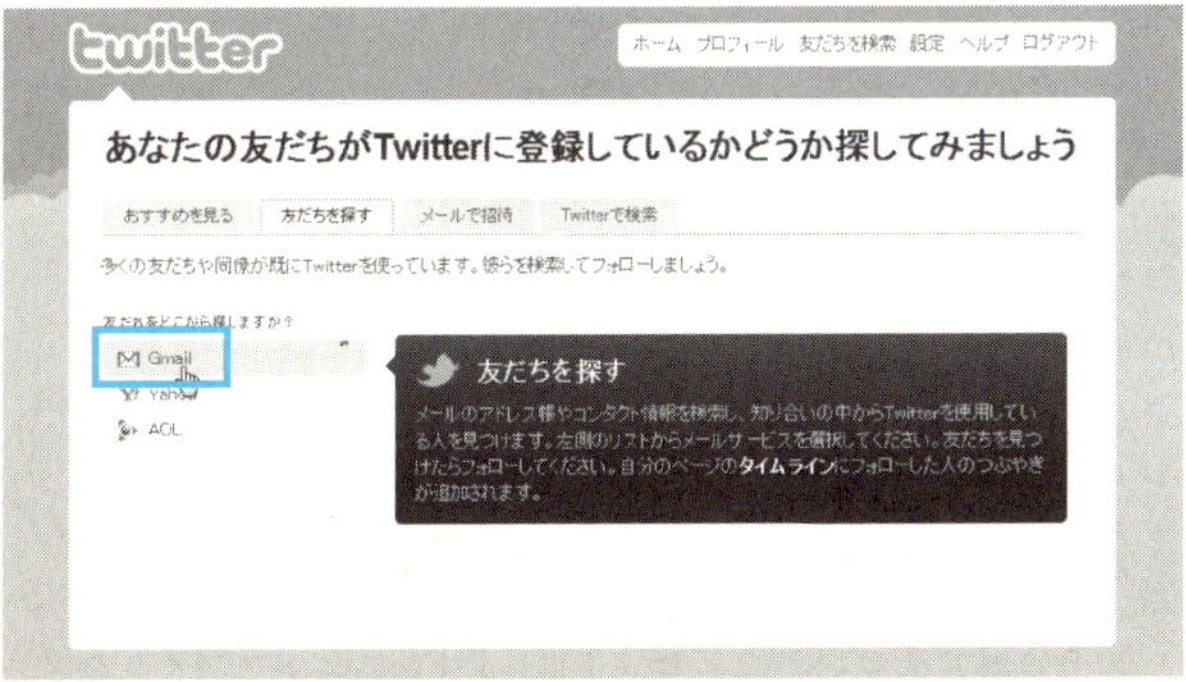
twitter
ホーム プロフィール 友だちを検索 設定 ヘルプ ログアウト
あなたの友だちがTwitterに登録しているかどうか探してみましょう
おすすめを見る
友だちを探す
メールで招待
Twitterで検索
多くの友だちや同僚が既にTwitterを使っています。彼らを検索してフォローしましょう。
友だちをどこから探しますか？
Gmail
AOL
友だちを探す
メールのアドレス帳やコンタクト情報を検索し、知り合いの中からTwitterを使用している人を見つけます。左側のリストからメールサービスを選択してください。友だちを見つけたらフォローしてください。自分のページのタイムラインにフォローした人のつぶやきが追加されます。

画面左のリストから、利用しているメールサービスをクリックする

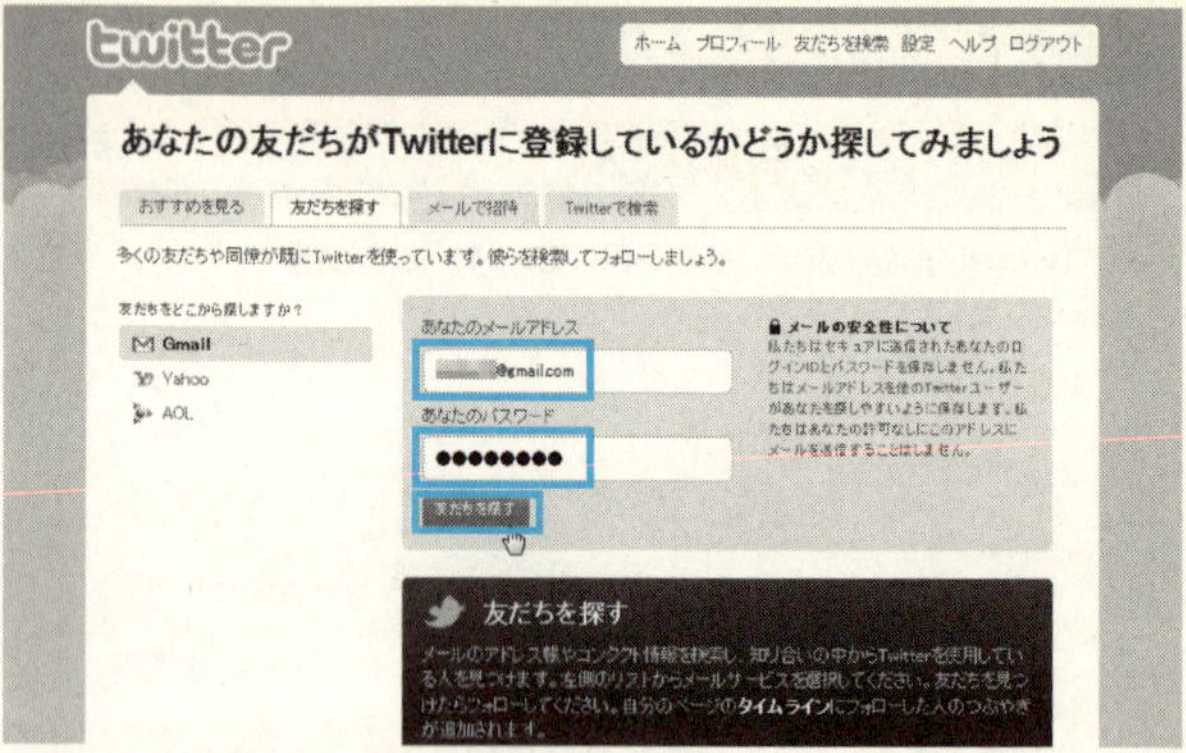

自分のメールアドレスとメールサービスのパスワードを入力して、「友だちを探す」をクリックする

メールサービスのアドレス帳や送受信したユーザーのメールアドレスを参照して、ツイッターに登録しているユーザーを一覧表示してくれる。右端に「フォローする」が表示されているユーザーは、すぐフォロー可能。メールアドレスからユーザー検索できないように設定しているユーザーには、「リクエストを送る」から、フォロー申請を送ることができる

「気になる人がフォローしている人」をフォロー

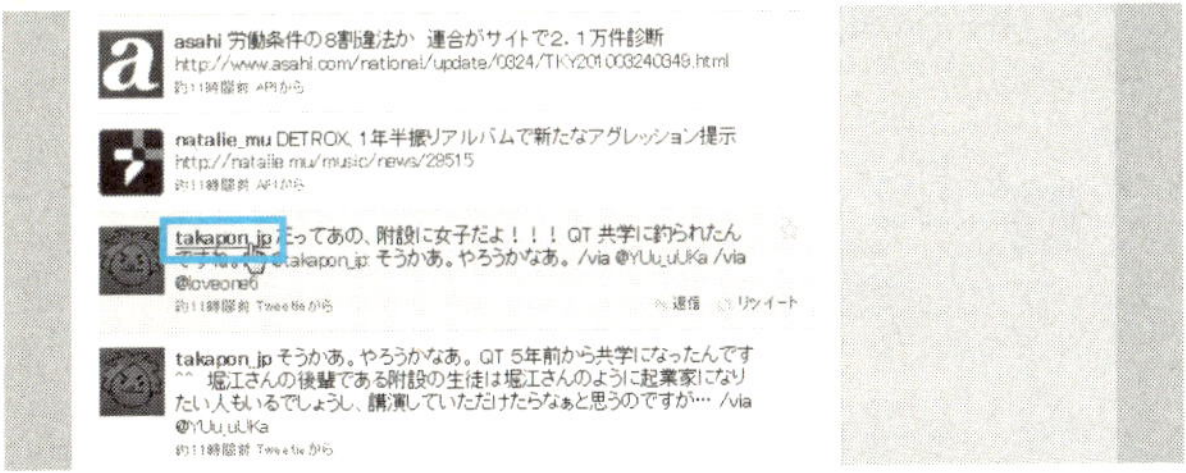
asahi 労働条件の8割違法か 連合がサイトで2.1万件診断
http://www.asahi.com/national/update/0324/TKY201003240349.html
natalie_mu DETROX、1年半振りアルバムで新たなアグレッション提示
http://natalie.mu/music/news/28515
takapon_jp
@loveone6
返信 リツイート
takapon_jp そうかあ。やろうかなあ。QT 5年前から共学になったんです^^ 堀江さんの後輩である附設の生徒は堀江さんのように起業家になりたい人もいるでしょうし、講演していただけたらなぁと思うのですが… /via @YUu_uUKa

オススメは、「自分がフォローしているユーザーがフォローしている人」だ。面白い発言をしたり、自分と同じジャンルに興味を持っていたりする人がフォローしている人は、きっと自分好みのつぶやきをしているはず。まず、タイムラインの中から、面白いつぶやきをするユーザー名を探してクリック

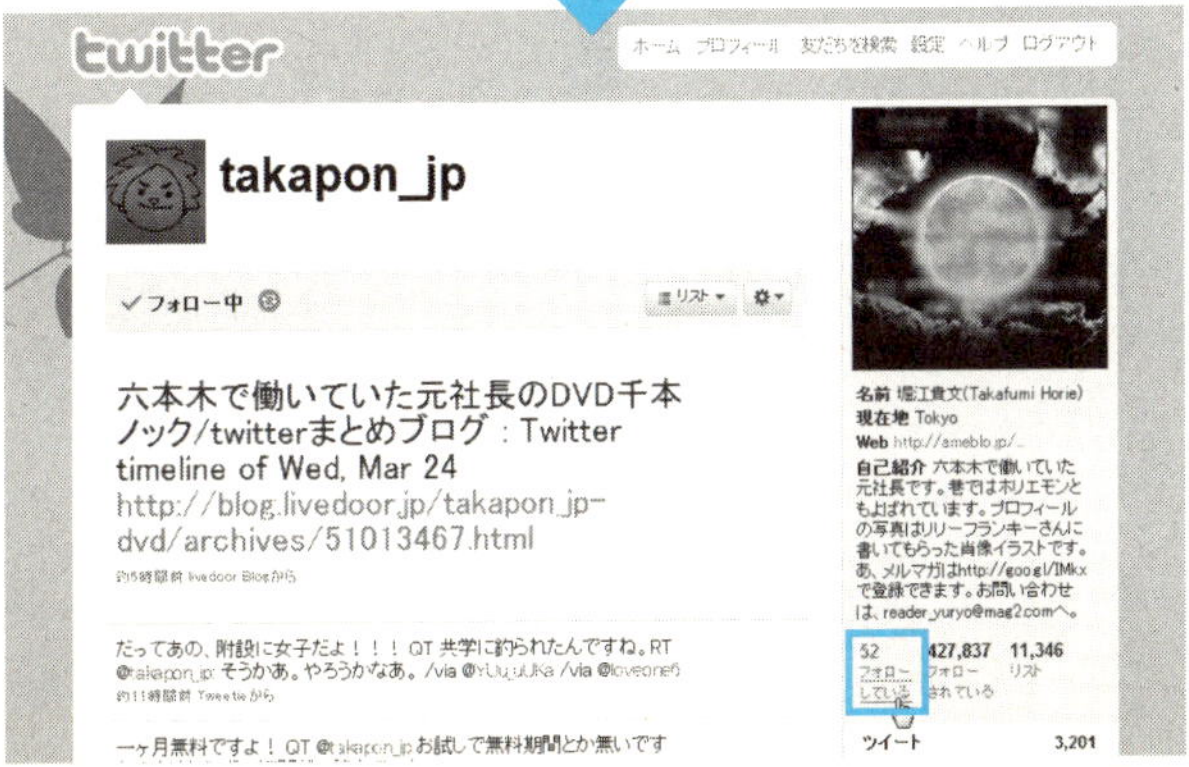
twitter
ホーム プロフィール 友だちを検索 設定 ヘルプ ログアウト
takapon_jp
フォロー中
リスト
六本木で働いていた元社長のDVD千本ノック/twitterまとめブログ : Twitter timeline of Wed, Mar 24
http://blog.livedoor.jp/takapon_jp-dvd/archives/51013467.html
名前 堀江貴文(Takafumi Horie)
現在地 Tokyo
52 フォローしている
427,837 フォローされている
11,346 リスト
ツイート 3,201

気になるユーザーのタイムラインが開いたら、「フォローしている」をクリックする

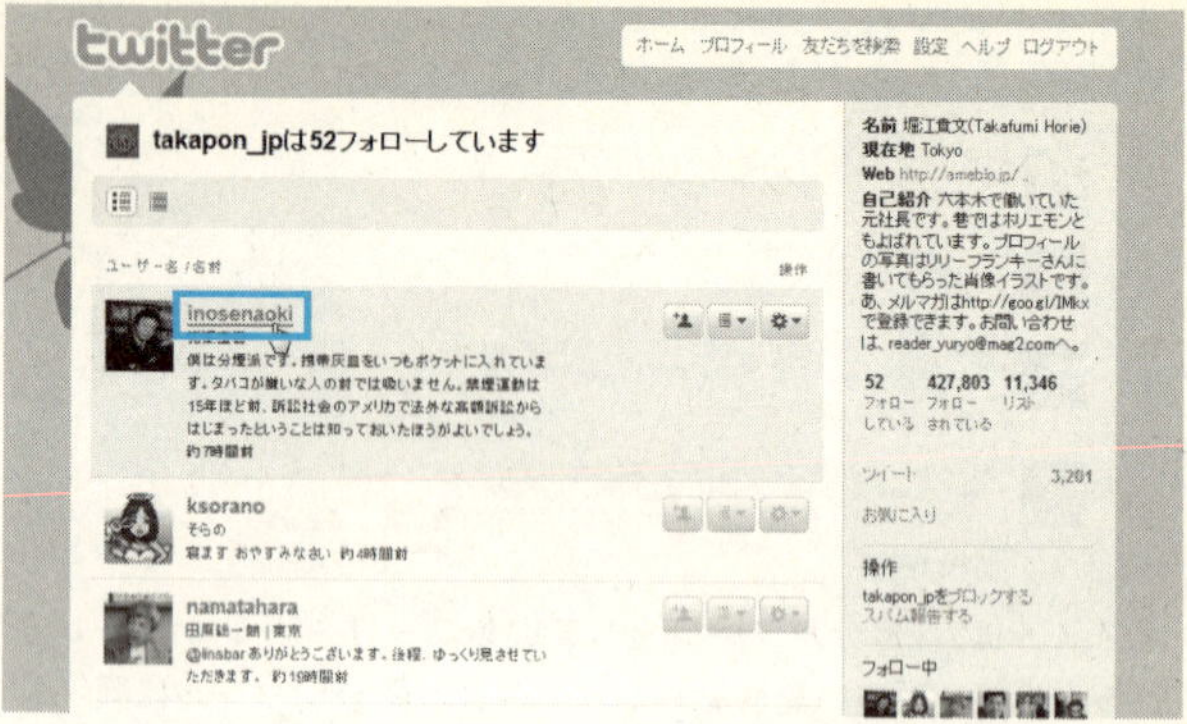
twitter
ホーム プロフィール 友だちを検索 設定 ヘルプ ログアウト
takapon_jpは52フォローしています
ユーザー名/名前
操作
inosenaoki
僕は分煙派です。携帯灰皿をいつもポケットに入れています。タバコが嫌いな人の前では吸いません。禁煙運動は15年ほど前、訴訟社会のアメリカで法外な高額訴訟からはじまったということは知っておいたほうがよいでしょう。
約7時間前
ksorano
そらの
寝ます おやすみなさい 約4時間前
namatahara
田原総一朗 | 東京
@linsbar ありがとうございます。後程、ゆっくり見させていただきます。 約19時間前
名前 堀江貴文(Takafumi Horie)
現在地 Tokyo
自己紹介 六本木で働いていた元社長です。昔ではホリエモンともよばれています。プロフィールの写真はリリーフランキーさんに書いてもらった肖像イラストです。
52 フォローしている
427,803 フォローされている
11,346 リスト
ツイート 3,201
お気に入り
操作
takapon_jpをブロックする
スパム報告する
フォロー中

気になるユーザーがフォローしている人が一覧表示される。フォローしたいユーザー名をクリックして、タイムラインをチェックしてみよう。タイムラインを見るまでもなくフォローするなら右端の「<ユーザー名>をフォロー」をクリック

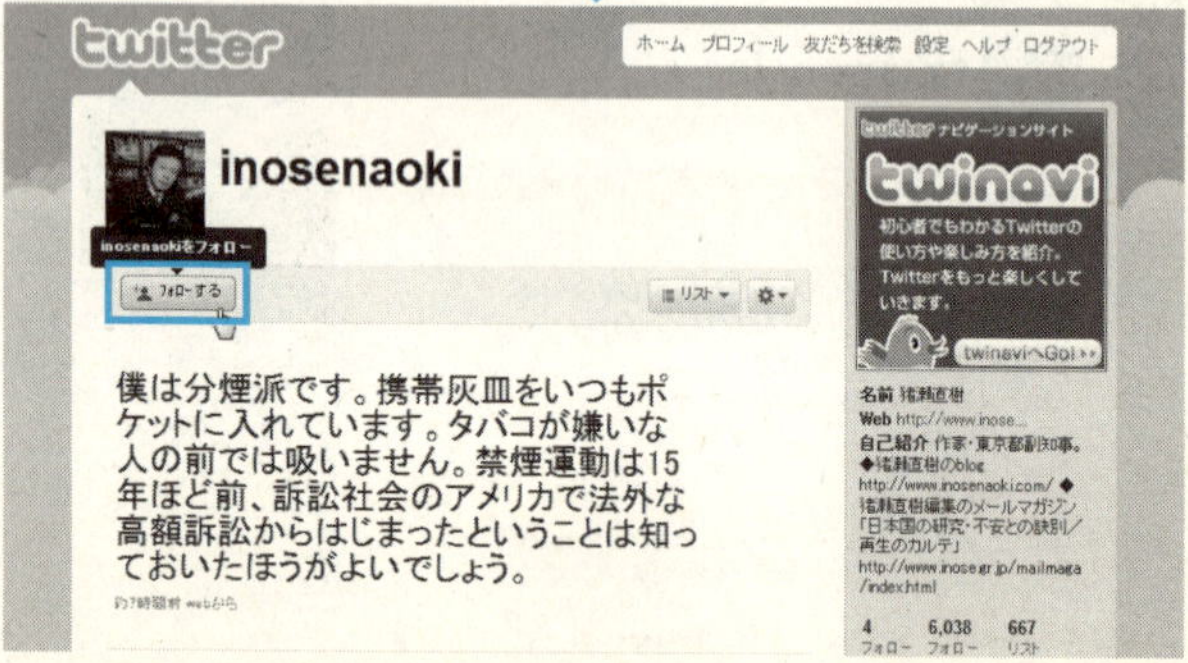
twitter
ホーム プロフィール 友だちを検索 設定 ヘルプ ログアウト
inosenaoki
inosenaokiをフォロー
フォローする
リスト
僕は分煙派です。携帯灰皿をいつもポケットに入れています。タバコが嫌いな人の前では吸いません。禁煙運動は15年ほど前、訴訟社会のアメリカで法外な高額訴訟からはじまったということは知っておいたほうがよいでしょう。
twitter ナビゲーションサイト
twinavi
初心者でもわかるTwitterの使い方や楽しみ方を紹介。Twitterをもっと楽しくしていきます。
twinaviへGo!
名前 猪瀬直樹
自己紹介 作家・東京都副知事。
http://www.inosenaoki.com/
http://www.inose.gr.jp/mailmaga/index.html
4 フォロー
6,038 フォロー
667 リスト

タイムラインを眺めてみて、興味があるなら、アイコン下の「フォローする」をクリックする

ツイッターがオススメするユーザーをフォロー ❷

ツイッターの公式情報サイトである「ツイナビ」は、最新情報やツイッター関連ニュースを提供している。独自に本人確認も行い、有名人や企業をオススメユーザーとして紹介している。まずはグーグルなどの検索サイトの検索窓に「ツイナビ」もしくは「twinavi」と入力し、「I'm Feeling Lucky」をクリック

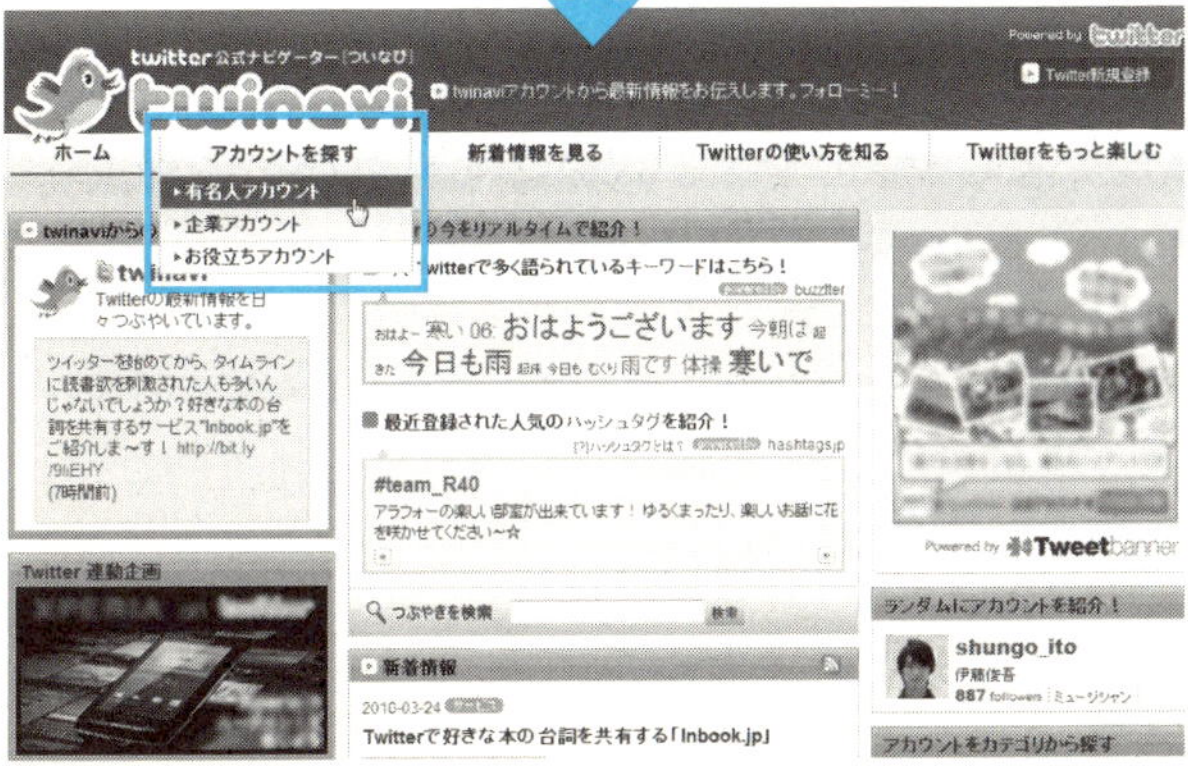

アクセスしたら「アカウントを探す」をクリックし、有名人、企業、お役立ちの中から好きなアカウントの種類を選択する

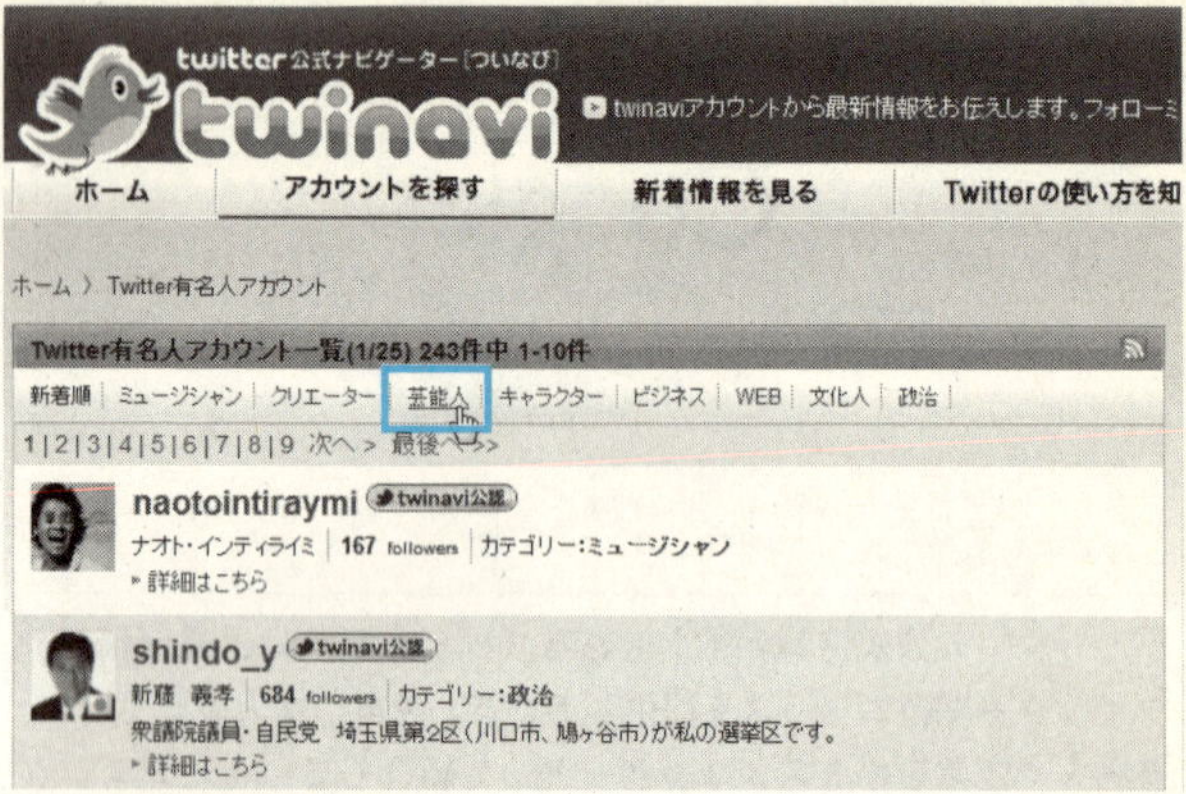

ツイナビが独自に公認している有名人が一覧表示される。画面上段から興味のある有名人のカテゴリを選ぼう

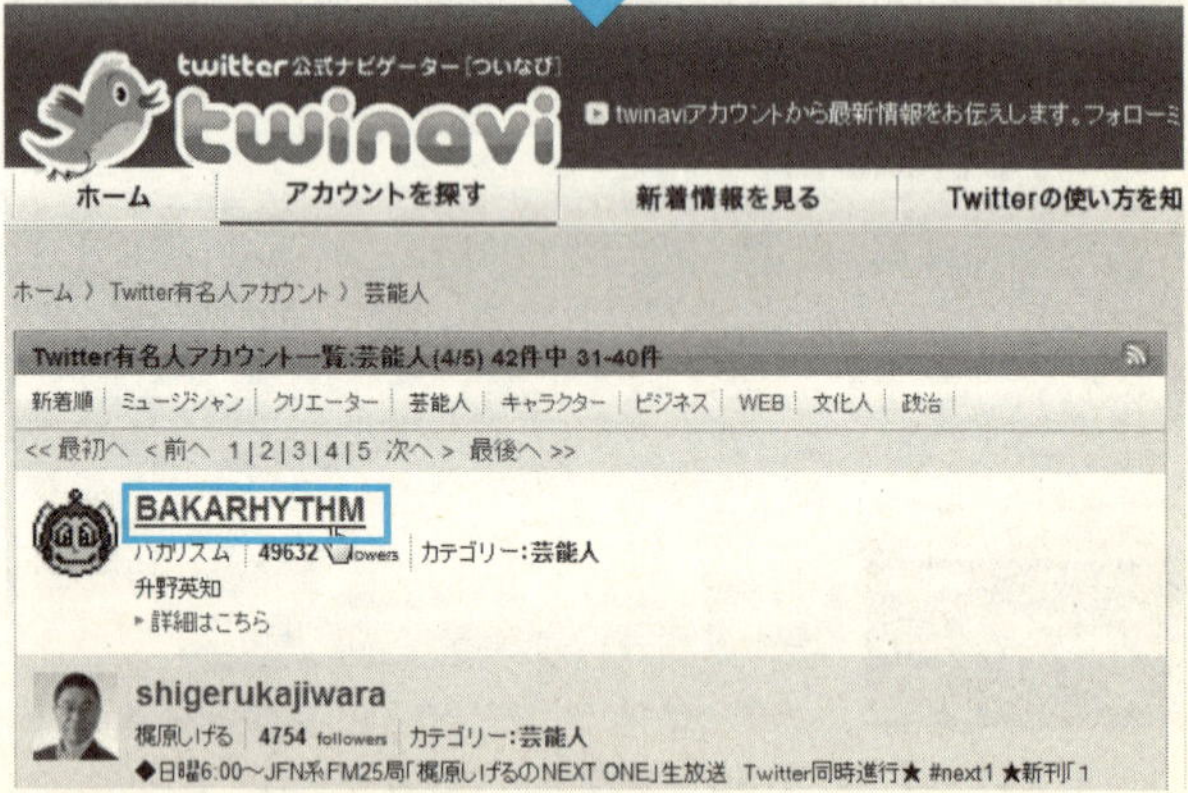

好きな有名人を見つけたら、ユーザー名をクリック

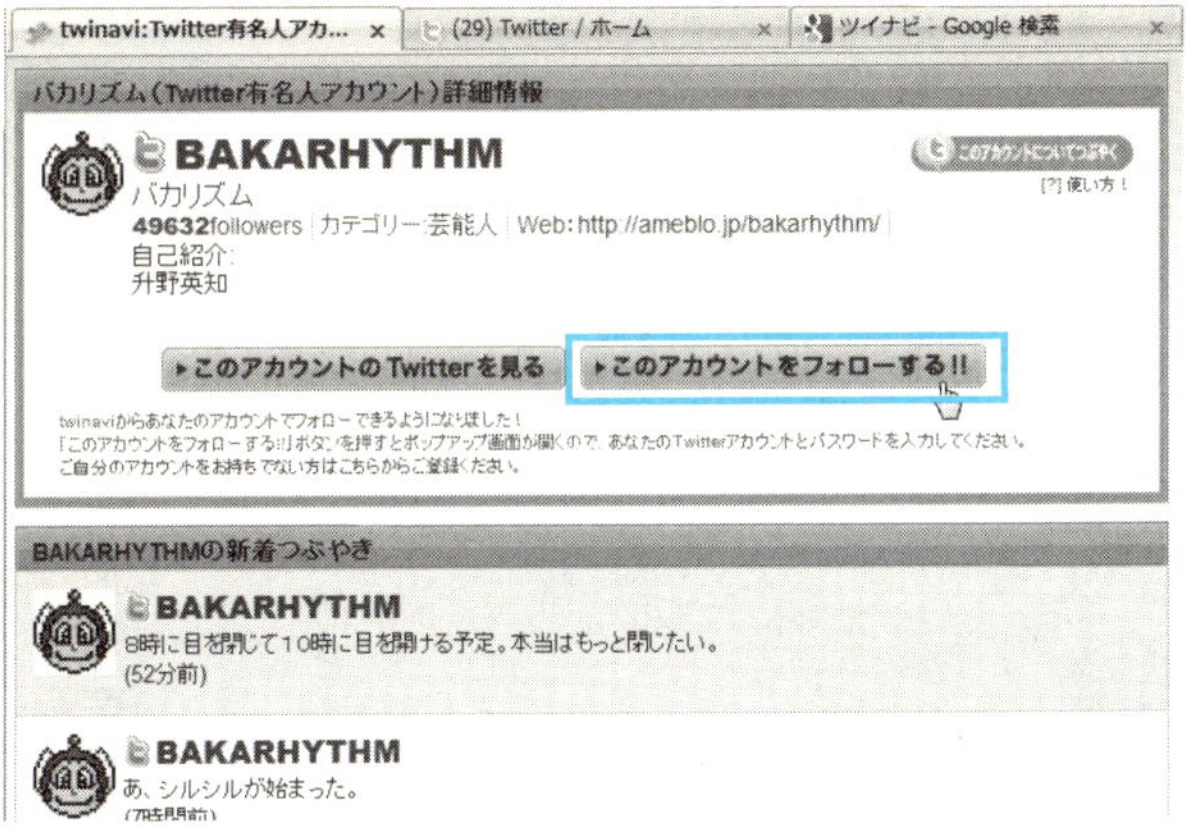
twinavi:Twitter有名人アカ...
(29) Twitter / ホーム
ツイナビ - Google 検索
バカリズム(Twitter有名人アカウント)詳細情報
BAKARHYTHM
バカリズム
49632followers
カテゴリー:芸能人
Web:http://ameblo.jp/bakarhythm/
自己紹介:
升野英知
▸このアカウントのTwitterを見る
▸このアカウントをフォローする!!
twinaviからあなたのアカウントでフォローできるようになりました!
「このアカウントをフォローする!!」ボタンを押すとポップアップ画面が開くので、あなたのTwitterアカウントとパスワードを入力してください。
ご自分のアカウントをお持ちでない方はこちらからご登録ください。
BAKARHYTHMの新着つぶやき
BAKARHYTHM
8時に目を閉じて10時に目を開ける予定。本当はもっと閉じたい。
(52分前)
BAKARHYTHM
あ、シルシルが始まった。

有名人の簡単なプロフィール情報と、最新のつぶやきが表示される。興味があれば「このアカウントをフォローする」をクリック。タイムラインを確認したいなら、「このアカウントのTwitterを見る」をクリックする

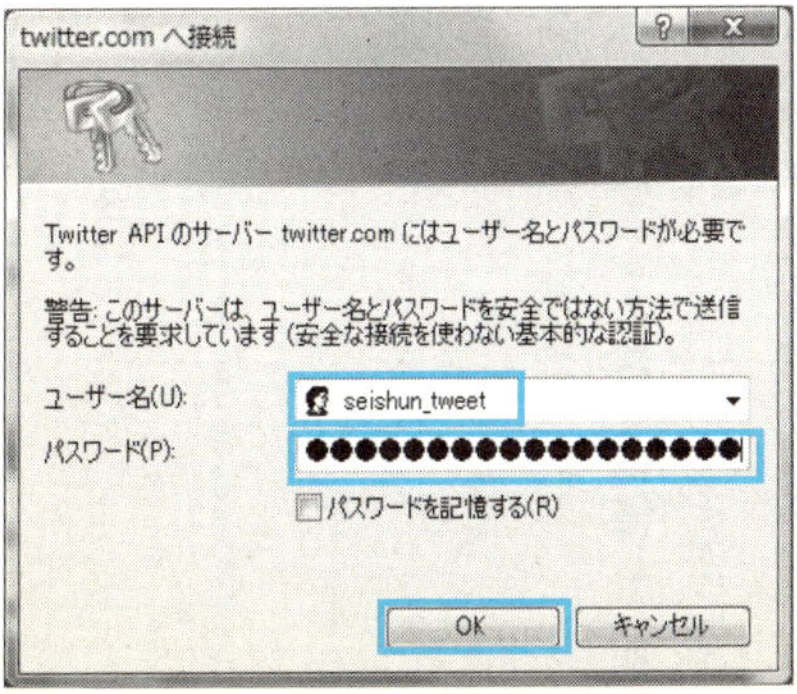
twitter.com へ接続
Twitter API のサーバー twitter.com にはユーザー名とパスワードが必要です。
警告: このサーバーは、ユーザー名とパスワードを安全ではない方法で送信することを要求しています (安全な接続を使わない基本的な認証)。
ユーザー名(U):
seishun_tweet
パスワード(P):
パスワードを記憶する(R)
OK
キャンセル

表示されたフォームにツイッターのユーザー名とパスワードを入力し、「OK」をクリックすればフォローは完了

19 他のユーザーと積極的に交流してみよう

始めてはみたものの、「何をつぶやけばいいのかわからない」という初心者も多いはず。また、まだフォロワーが少ない段階では、つぶやきに対するリプライやリツイートはほとんどない。それだけに、壁に向かって話しかけているような空しい気分になることもある。

つぶやくことが思いつかないなら、タイムラインを眺めてみよう。きっと「おっ」と思うつぶやきが見つかるはずだ。まずは、その**つぶやきに対する感想や意見のリプライ、リツイートから始めよう。**

有益なつぶやきに、「なるほど」「ありがとう」と〝同意〟するだけでもよし。異なる意見に〝反論〟するもよし。得意な分野の話題なら、〝補足〟〝回答〟してもいい。**お礼や回答をもらえば誰しも悪い気はしない**ので、そこから交流が始まることもあるだろう。

リプライ、リツイート先のユーザーと盛り上がれば、そのやり取りを見た人からの返事があるかもしれない。その輪が広がっていけば、フォロワーもどんどん増えていくはずだ。

盛り上がるリプライ・リツイート3つの作法

1
同意
いまどうしてる？
33
おっ、ちょっと気になる。観に行こうかな。RT @bandrinju: YMO、そしてPLASTICSが「WORLD HAPPINESS」出演。http://natalie.mu/music/news/29866
最新ツイート：ゲゲゲ、視聴なう。#nhk
投稿する

納得できる意見や有益な情報に同意、お礼をするということは、そのつぶやきの主と考え方や好みが近いことの表明になる。そこから会話が盛り上がることも多い。なお、多くの人にやり取りを見てもらいたいなら、リプライではなくリツイートがオススメ

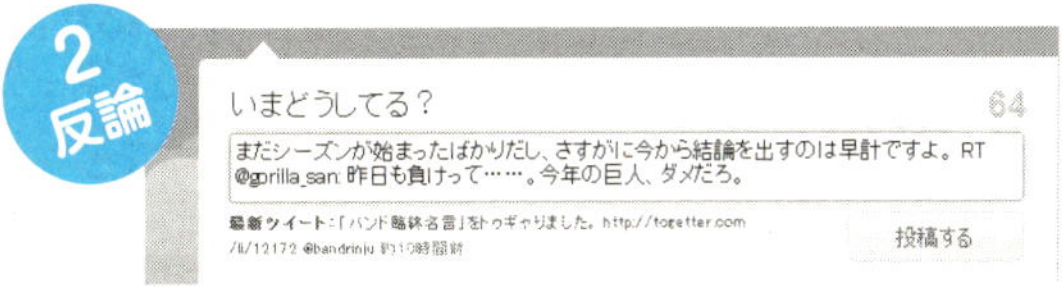
2
反論
いまどうしてる？
64
まだシーズンが始まったばかりだし、さすがに今から結論を出すのは早計ですよ。RT @gorilla_san: 昨日も負けって……。今年の巨人、ダメだろ。
最新ツイート：「バンド臨終名言」をトゥギャりました。http://togetter.com/li/12172 @bandrinju
投稿する

当然の話だが、相手と意見が異なる方が議論や会話が盛り上がりやすい。そして、ツイッターはユーザー同士の“今”をつなぐコミュニケーションサービス。言葉づかいには気をつけなければならないが、「違う」と思ったことは「違う」と表明して、積極的に相手とコミュニケートしよう

3
補足・回答
いまどうしてる？
50
できますよ。全タイムラインを1画面中に表示させられるし、つぶやくアカウントを1クリックで切り替えられます。RT narima: TweetDeckって複数アカウントを管理できる？
最新ツイート：ゲゲゲ、視聴なう。#nhk
投稿する

他のユーザーがつぶやいた情報に、自分が知っている補足情報を加えてリツイートすれば、元のつぶやき主のフォロワーにとって役立つだけでなく、自分の名前をその人たちに知ってもらうことができる

20 話題が広がるつぶやきをフォロワーに提供しよう

　ツイッターは、全ユーザーが情報を提供し合い、フォロワーのタイムラインを盛り上げることで成り立っている。その世界にハマるためには、つぶやくことがなにより肝心だ。多くの人の興味をひく情報をつぶやけば、それを見た人から前項のようなリアクションを受けることができ、自身の人脈や情報が蓄えられることになる。他のユーザーとスマートに交流する技を覚えたら、次は**多くの人に喜んでもらえる情報をつぶやこう**。

　ツイッターで人気の話題といっても、特別なものがあるわけではない。同時性の高いサービスだけに、実際の会話と同じく、最新ニュースの話は盛り上がる。

　仕事や趣味の情報収集にネットを使っている人も多いはず。ニュースサイトなどで最新ニュース、速報を手に入れたら、さっそくその内容についての知識や感想を添えてつぶやこう。

　また、**地域の話題も盛り上がりやすい**。隠れた名店やイベントの情報などをつぶやくけば、近所に住むユーザーなどから反応があるはずだ。

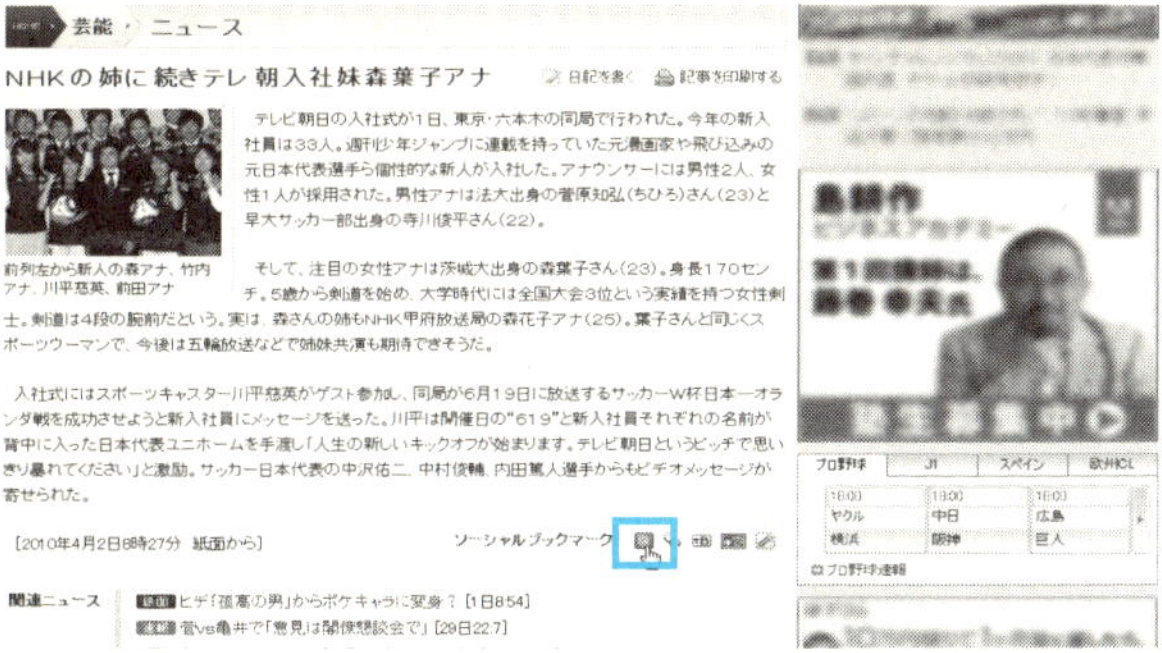
芸能 ニュース
NHKの姉に続きテレ朝入社妹森葉子アナ
日記を書く
記事を印刷する
テレビ朝日の入社式が1日、東京・六本木の同局で行われた。今年の新入社員は33人。週刊少年ジャンプに連載を持っていた元漫画家や飛び込みの元日本代表選手ら個性的な新人が入社した。アナウンサーには男性2人、女性1人が採用された。男性アナは法大出身の菅原知弘（ちひろ）さん（23）と早大サッカー部出身の寺川俊平さん（22）。
前列左から新人の森アナ、竹内アナ、川平慈英、前田アナ
そして、注目の女性アナは茨城大出身の森葉子さん（23）。身長170センチ。5歳から剣道を始め、大学時代には全国大会3位という実績を持つ女性剣士。剣道は4段の腕前だという。実は、森さんの姉もNHK甲府放送局の森花子アナ（25）。葉子さんと同じくスポーツウーマンで、今後は五輪放送などで姉妹共演も期待できそうだ。
入社式にはスポーツキャスター川平慈英がゲスト参加し、同局が6月19日に放送するサッカーW杯日本－オランダ戦を成功させようと新入社員にメッセージを送った。川平は開催日の“619”と新入社員それぞれの名前が背中に入った日本代表ユニホームを手渡し「人生の新しいキックオフが始まります。テレビ朝日というピッチで思いきり暴れてください」と激励。サッカー日本代表の中沢佑二、中村俊輔、内田篤人選手からもビデオメッセージが寄せられた。
［2010年4月2日8時27分 紙面から］
ソーシャルブックマーク
関連ニュース
ヒゲ「孤高の男」からボケキャラに変身？［1日8:54］
菅vs亀井で「意見は閣僚懇談会で」［29日22:7］
プロ野球
J1
スペイン
欧州CL
18:00
ヤクル
横浜
18:00
中日
阪神
18:00
広島
巨人
プロ野球速報

日刊スポーツのウェブサイト「nikkansports.com」（http://www.nikkansports.com/）のように、ツイッター連携機能を備えるニュースサイトも多い。気になる記事のツイッターボタンをクリックすると……

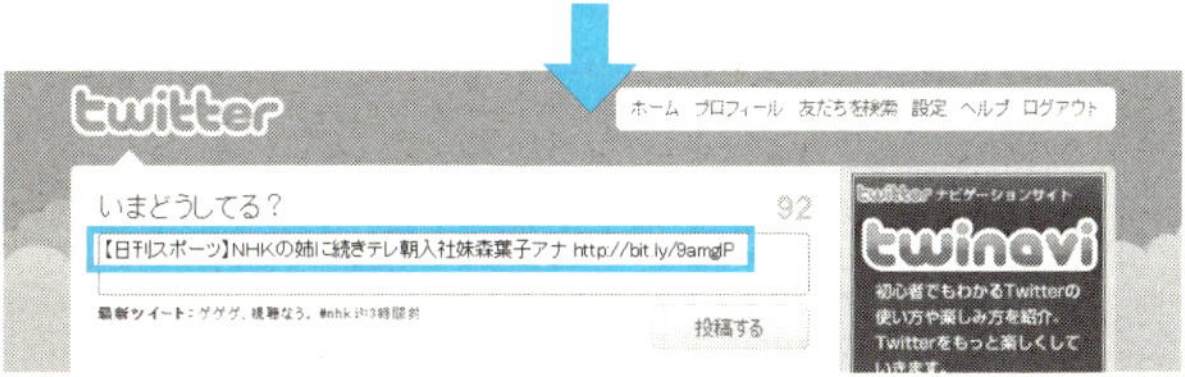
twitter
ホーム プロフィール 友だちを検索 設定 ヘルプ ログアウト
いまどうしてる？
92
【日刊スポーツ】NHKの姉に続きテレ朝入社妹森葉子アナ http://bit.ly/9amgIP
投稿する
twitter ナビゲーションサイト
twinavi
初心者でもわかるTwitterの使い方や楽しみ方を紹介。
Twitterをもっと楽しくして

入力フォームにニュースの見出しと記事のURLが入力された状態になるので、最新ニュースを手軽につぶやける

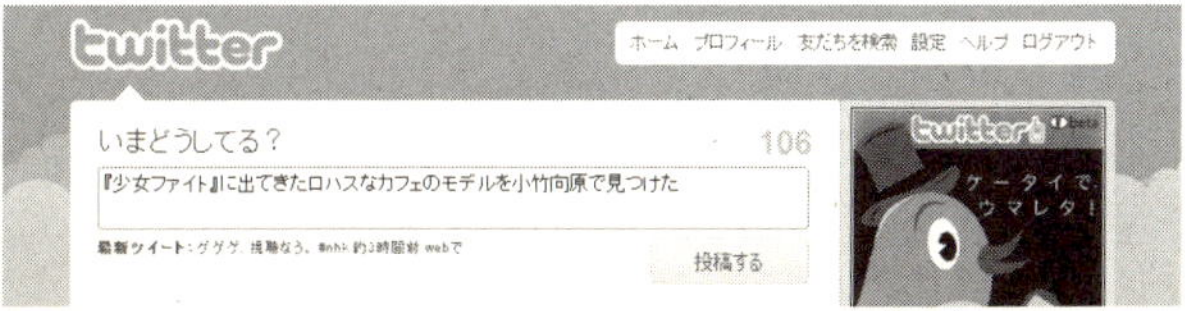
twitter
ホーム プロフィール 友だちを検索 設定 ヘルプ ログアウト
いまどうしてる？
106
『少女ファイト』に出てきたロハスなカフェのモデルを小竹向原で見つけた
投稿する
twitter
beta
ケータイで、
ウマレタ！

街で見かけた意外なものの情報をつぶやくのもひとつの手

21 長くつぶやき続けるためのちょっとしたコツ

つぶやくためのネタを血眼になって探したり、リプライにいち早く返信したりと気を張りすぎると、どうしても疲れてしまう。仕事でつぶやくビジネスユーザーならいざ知らず、一般ユーザーは〝休つぶやき日〟を設けてみよう。

そもそもツイッターでしているのは、誰かに聞いてもらうことを目的としているわけではない「つぶやき」。受け取ったリプライも一応宛先は自分になっているが、しょせんはつぶやき。重要度の高いメッセージはそう送られてこない。また、**メールやチャットのように必ず返信しなければならないわけではない**。送信主のタイムラインも刻一刻と変化しているため、いつまでも返事を待っているというわけでもない。

どうもツイッターに疲れてきたと感じるようなら、**絶対に毎日見ておきたいユーザーだけを厳選したユーザーリスト**（P96）を作っておき、当分はそのリストだけをチェックするなどして、盛り上がりすぎたツイッター熱をいったんクールダウンさせよう。

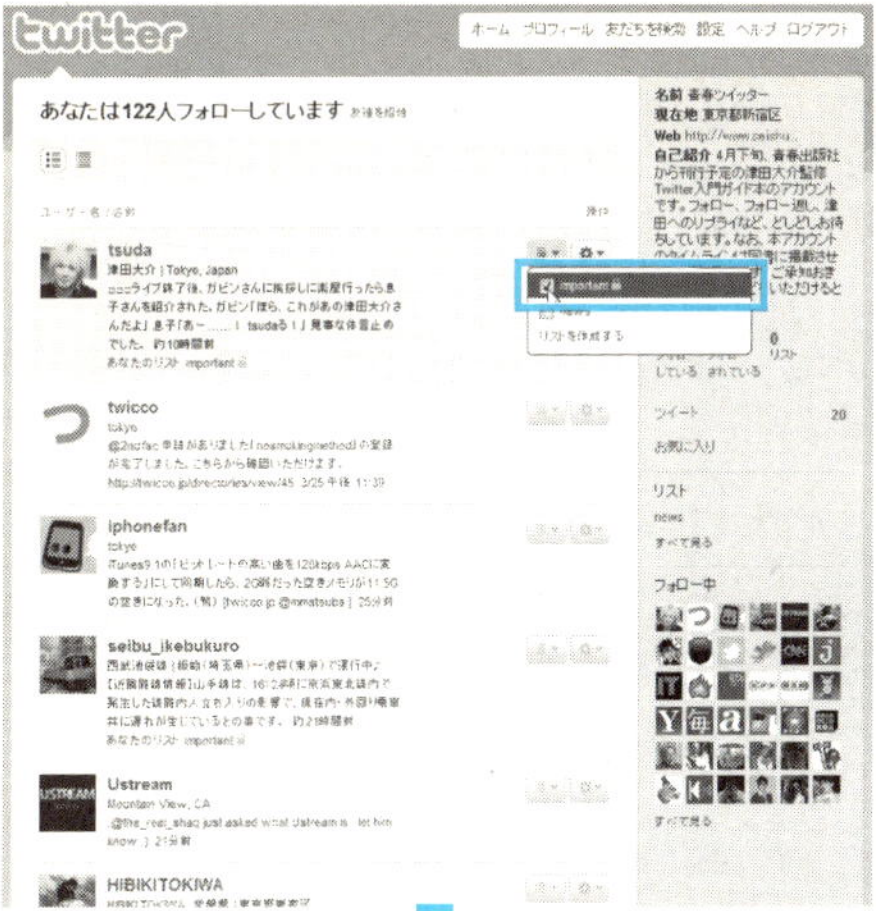

P96からの手順でリストを作成し、つぶやきを読みたい最低限のユーザーを登録する

リストを作っておけば、イマイチつぶやく気が起きないない日にも、気になるユーザーのつぶやきだけはチェックできる

22 否定的な発言にはどう対処すればいいか

　１４０字しかつぶやけないツイッターでは、どんなに注意を払っても**言葉足らずゆえの誤解を生むことがある**。もし、自分のつぶやきが誰かの怒りを買ったなら、ヘタに取り繕うのは御法度。相手の怒りの炎に油を注ぐだけでなく、やり取りを見ている他のユーザーからも不信感を抱かれる。まずは「さぞ不快な思いをされたことでしょう」と相手の感情をくみ取り、怒らせたことを謝罪しよう。問題解決のための糸口が見えるはずだ。

　一方、明らかなイヤがらせはやりすごせばよい。「ご指摘ありがとうございます」などと返答し、それでも中傷が続くなら無視しよう。**他のユーザーには、どちらが正しいのか確実に伝わっている**。

　ツイッターには、特定ユーザーのタイムライン上に自分のつぶやきを表示させない「ブロック」機能もあるが、ブロックしたユーザーが自分のタイムラインのＵＲＬを直接タイプすれば、つぶやきは読まれてしまう。ブロックしたことがバレれば、さらに攻撃が過激になることもある。あくまで最後の手と考えよう。

twitter
ホーム　プロフィール　友だち
いまどうしてる？
140
最新ツイート：ゲゲゲ、視聴なう。#nhk 約4時間前
投稿する
@seishun_tweet関連のツイート
monkey_kun @seishun_tweet さっきのウチのサービスに対する発言は聞き捨てならない！　即刻撤回しろ！！！！
1分未満前 webから
返信
リツイート
aomidori1106 エアージャケットなんかどうでしょうか？アキバヨドバシ行くとすごいたくさん売ってますよ。RT @iphonefan オススメのiPhoneケースってなんかないですか？ シリコンカバーはどうにも味気なくて……。
[twicco.jp @seishun_tweet]

明らかに怒気をはらんだリプライ、リツイートを受け取ったら、できるだけ早くリプライ

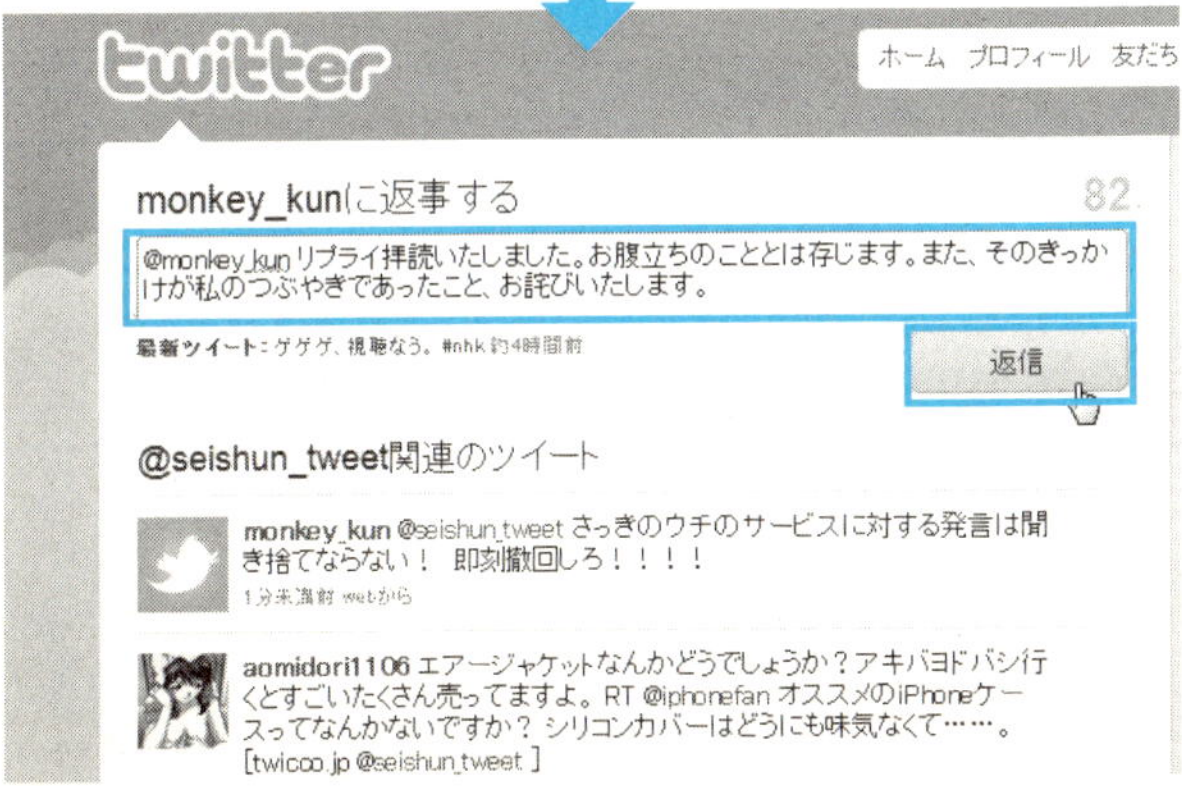
twitter
ホーム　プロフィール　友だち
monkey_kunに返事する
82
@monkey_kun リプライ拝読いたしました。お腹立ちのこととは存じます。また、そのきっかけが私のつぶやきであったこと、お詫びいたします。
最新ツイート：ゲゲゲ、視聴なう。#nhk 約4時間前
返信
@seishun_tweet関連のツイート
monkey_kun @seishun_tweet さっきのウチのサービスに対する発言は聞き捨てならない！　即刻撤回しろ！！！！
1分未満前 webから
aomidori1106 エアージャケットなんかどうでしょうか？アキバヨドバシ行くとすごいたくさん売ってますよ。RT @iphonefan オススメのiPhoneケースってなんかないですか？ シリコンカバーはどうにも味気なくて……。
[twicco.jp @seishun_tweet]

抗弁や言い訳をするのではなく、まずは相手が怒りを落ち着けられるよう、気持ちをくみ取ったつぶやきを投稿

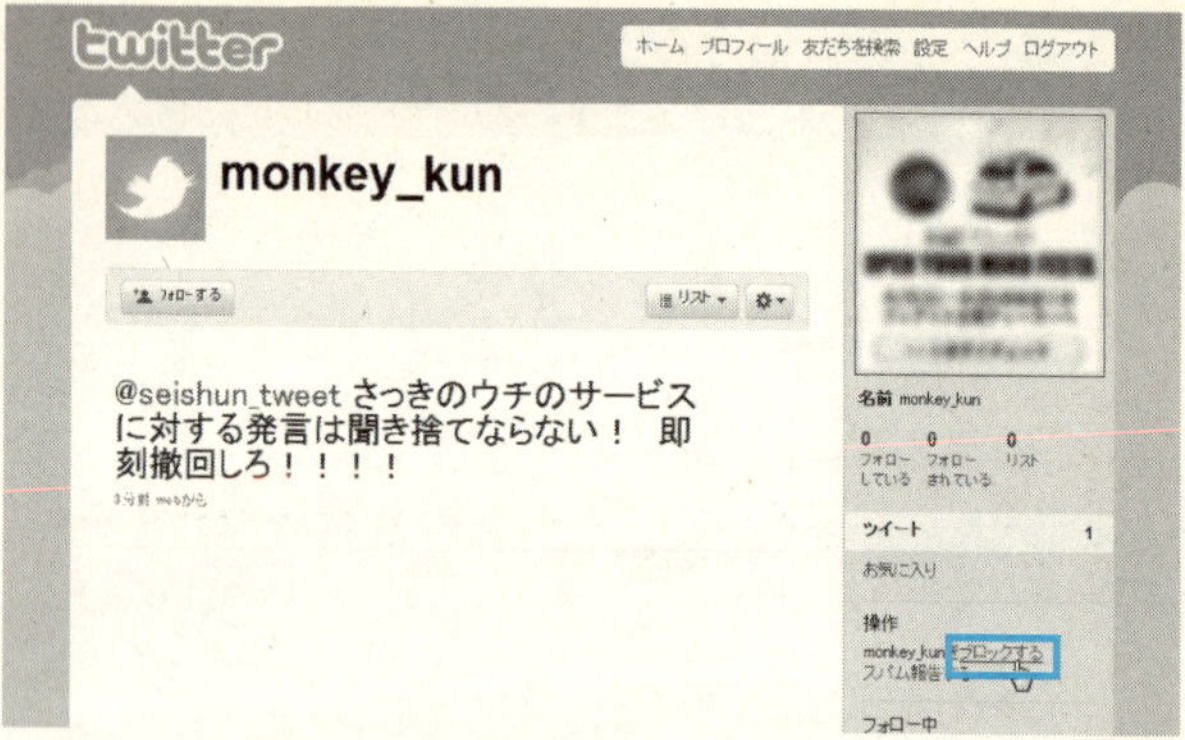

口さがない悪口などにさらされたら、そのユーザーをブロックするという手もある。相手のタイムラインにアクセスし、画面右の「ブロックする」をクリック

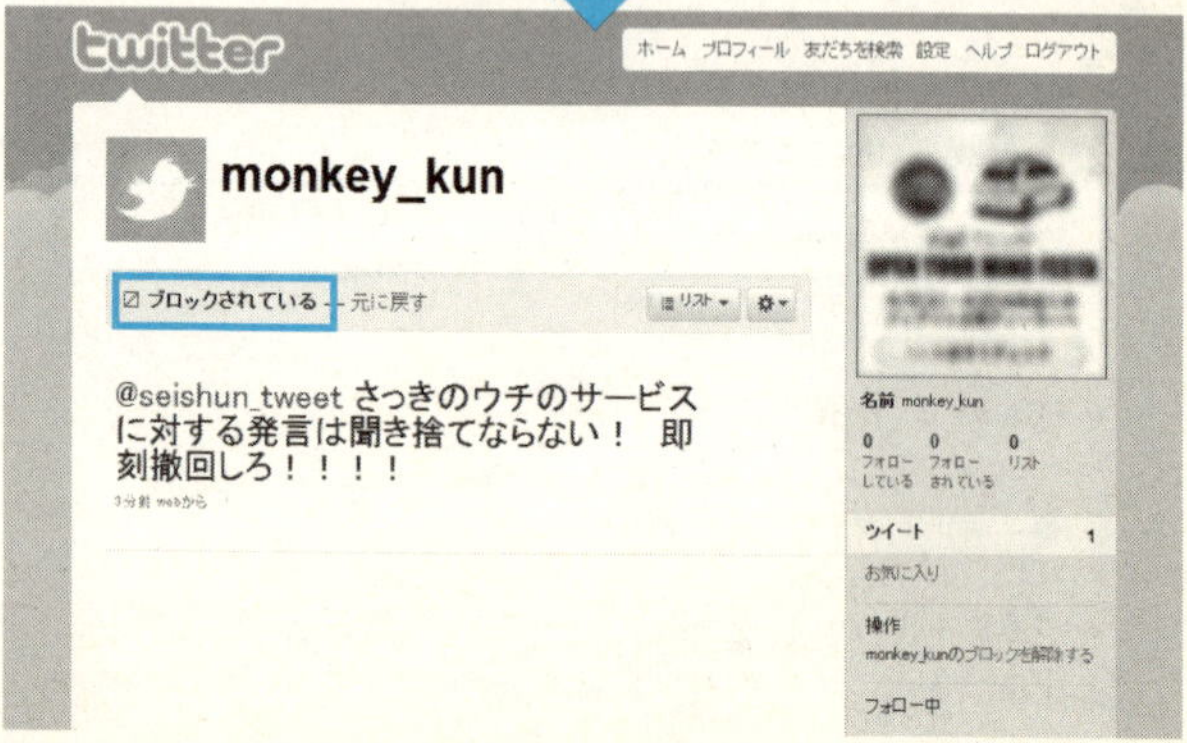

自分がブロックしたユーザーのタイムラインにアクセスすると、「ブロックされている」と表示される

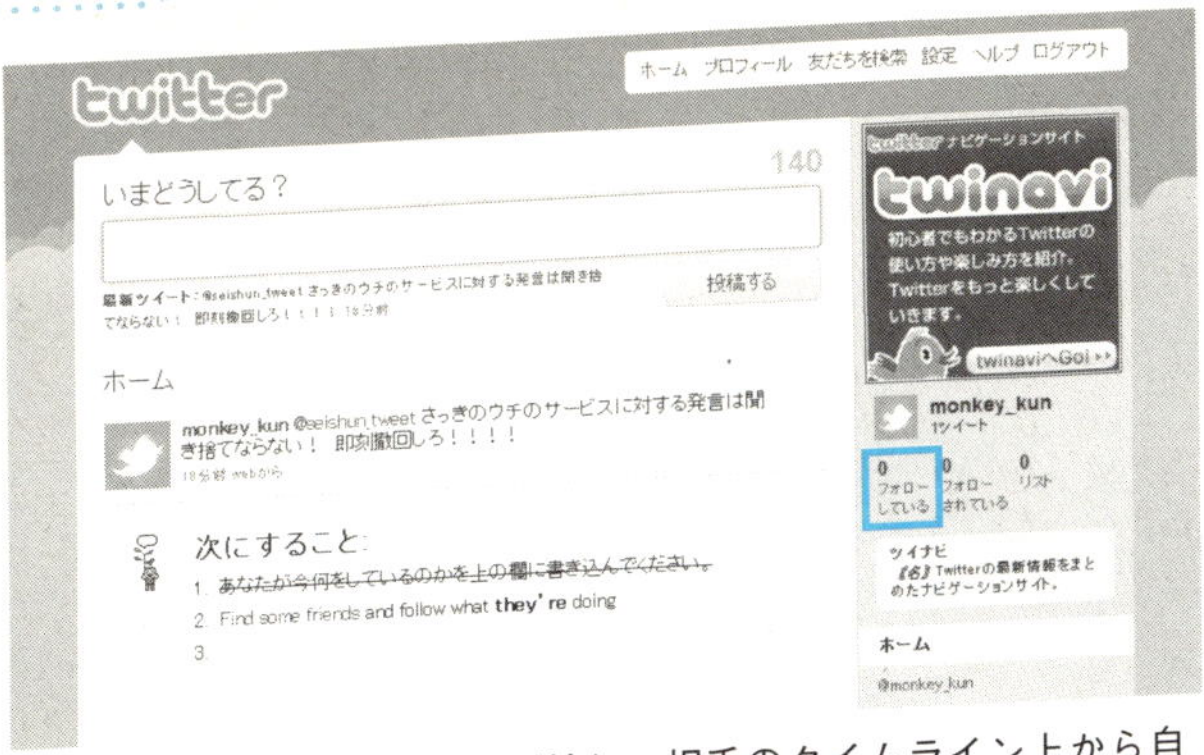

ただし、自分へのフォローが外れ、相手のタイムライン上から自分のつぶやきが消え去るため、相手がブロックされていることに気づく可能性もある

ブラウザのアドレス欄に自分のタイムラインのURLを直接入力されてしまえば、たとえブロックしている相手にもつぶやきの内容を知られてしまう

23 話題が盛り上がるつぶやき方のヒント

せっかくつぶやくのなら、多くの人とその話題を共有して盛り上がりたい。そんなとき最も手っ取り早いのが、タイムライン上で**話題になっているネタについてつぶやいてみること**。いくら自分が面白いと思ったとはいえ、流行りの話に乗ってばかりでいいのか、と思うかもしれない。しかし、自分のつぶやきを見ているのは基本的にフォロワー、つまり自分に興味を持ってくれた人たち。悪口でもない限り、そう悪印象を与えることはないはずだ。むしろ、注目のできごとについてのつぶやきだけに、大勢と話題を共有できるだろう。

また、P66のとおり、ツイッターは情報を提供し合うサービス。自分しか知らないノウハウや体験談などを披露すると、多くの人から反響が寄せられることもある。仕事関連の話なら守秘義務、恋愛絡みの話なら相手のプライバシーに配慮する必要はあるが、**自らの知識や情報を惜しみなく提供すると**、リツイートであっという間に話題が広がり、新たなフォロワーを獲得できるかもしれない。

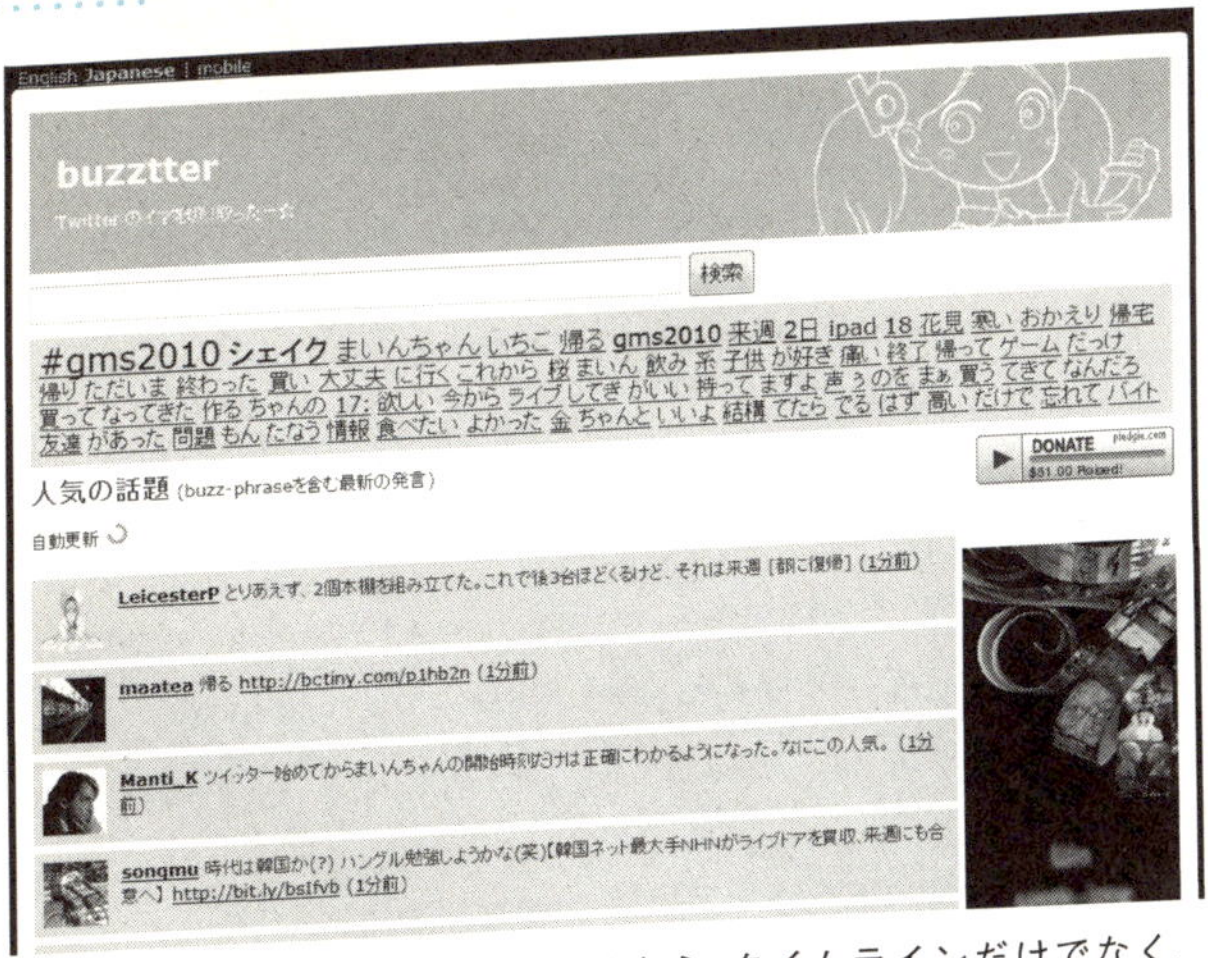
English Japanese | mobile
buzztter
検索
#gms2010 シェイク まいんちゃん いちご 帰る gms2010 来週 2日 ipad 18 花見 寒い おかえり 帰宅 帰って ゲーム だっけ 帰り ただいま 終わった 買い 大丈夫 に行く これから 桜 まいん 飲み 系 子供 が好き 終了 買う てきて なんだろ 持って ますよ 今から 欲しい 17: ちゃんの 作る なってきた 買って はず 高い だけで 忘れて バイト 結構 てたら でる 友達 があった 問題 もん たなう 情報 食べたい よかった 金 ちゃんと いいよ
DONATE
人気の話題 (buzz-phraseを含む最新の発言)
自動更新
LeicesterP とりあえず、2個本棚を組み立てた。これで後3台ほどくるけど、それは来週 (1分前)
maatea 帰る http://bctiny.com/p1hb2n (1分前)
Manti_K ツイッター始めてからまいんちゃんの開始時刻だけは正確にわかるようになった。なにこの人気。(1分前)
songmu 時代は韓国か(?) ハングル勉強しようかな(笑)【韓国ネット最大手NHNがライブドアを買収、来週にも合意へ】 http://bit.ly/bsIfvb (1分前)

ツイッターで人気の話題を調べるなら、タイムラインだけでなく、P86で紹介するネットサービス「buzztter」もチェックしてみよう。国内ツイッターユーザーが、いま最も多くつぶやいている単語やフレーズ、注目のトピックを知ることができる

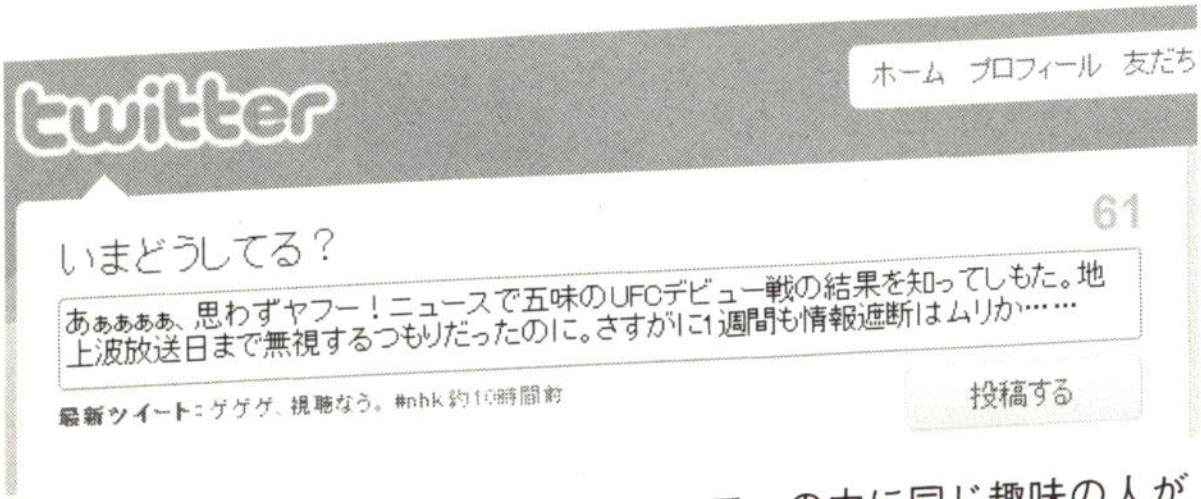
twitter
ホーム プロフィール 友だち
いまどうしてる？
61
あぁあぁあぁ、思わずヤフー！ニュースで五味のUFCデビュー戦の結果を知ってしもた。地上波放送日まで無視するつもりだったのに。さすがに1週間も情報遮断はムリか……
最新ツイート：ゲゲゲ、視聴なう。#nhk 約10時間前
投稿する

特定のスポーツのファンなど、フォロワーの中に同じ趣味の人が多いなら、その手の話題をつぶやいてもよい。よりディープな会話が楽しめるはずだ

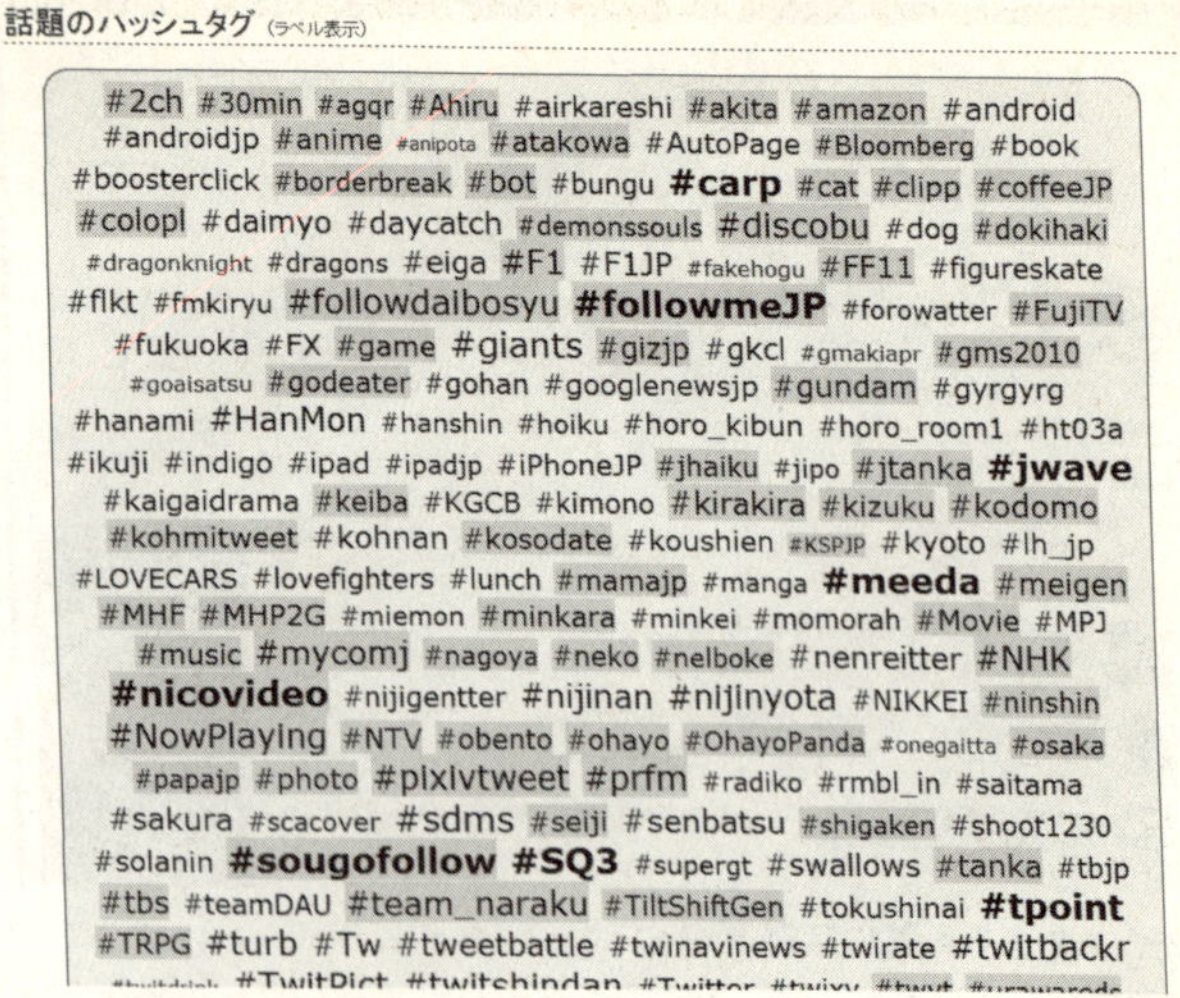
話題のハッシュタグ (ラベル表示)
#2ch #30min #agqr #Ahiru #airkareshi #akita #amazon #android
#androidjp #anime #anipota #atakowa #AutoPage #Bloomberg #book
#boosterclick #borderbreak #bot #bungu #carp #cat #clipp #coffeeJP
#colopl #daimyo #daycatch #demonssouls #discobu #dog #dokihaki
#dragonknight #dragons #eiga #F1 #F1JP #fakehogu #FF11 #figureskate
#flkt #fmkiryu #followdaibosyu #followmeJP #forowatter #FujiTV
#fukuoka #FX #game #giants #gizjp #gkcl #gmakiapr #gms2010
#goaisatsu #godeater #gohan #googlenewsjp #gundam #gyrgyrg
#hanami #HanMon #hanshin #hoiku #horo_kibun #horo_room1 #ht03a
#ikuji #indigo #ipad #ipadjp #iPhoneJP #jhaiku #jipo #jtanka #jwave
#kaigaidrama #keiba #KGCB #kimono #kirakira #kizuku #kodomo
#kohmitweet #kohnan #kosodate #koushien #KSPJP #kyoto #lh_jp
#LOVECARS #lovefighters #lunch #mamajp #manga #meeda #meigen
#MHF #MHP2G #miemon #minkara #minkei #momorah #Movie #MPJ
#music #mycomj #nagoya #neko #nelboke #nenreitter #NHK
#nicovideo #nijigentter #nijinan #nijinyota #NIKKEI #ninshin
#NowPlaying #NTV #obento #ohayo #OhayoPanda #onegaitta #osaka
#papajp #photo #pixivtweet #prfm #radiko #rmbl_in #saitama
#sakura #scacover #sdms #seiji #senbatsu #shigaken #shoot1230
#solanin #sougofollow #SQ3 #supergt #swallows #tanka #tbjp
#tbs #teamDAU #team_naraku #TiltShiftGen #tokushinai #tpoint
#TRPG #turb #Tw #tweetbattle #twinavinews #twirate #twitbackr

特定の話題で盛り上がりたいなら、「ハッシュタグクラウド」(P88)などで、いま人気のハッシュタグをチェックしてもいいだろう

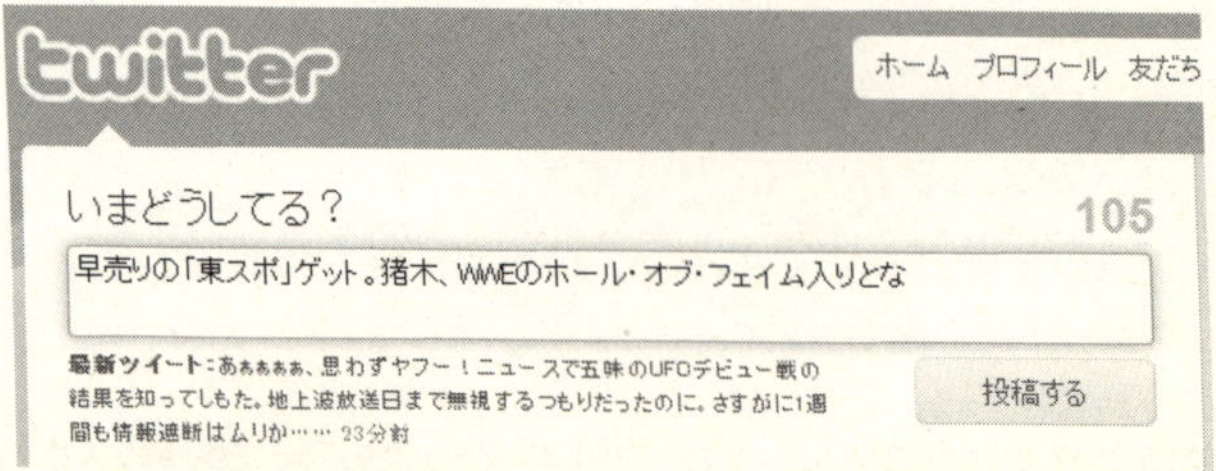
twitter
ホーム プロフィール 友だち
いまどうしてる？
105
早売りの「東スポ」ゲット。猪木、WWEのホール・オブ・フェイム入りとな
最新ツイート：あぁぁぁぁ、思わずヤフー！ニュースで五味のUFOデビュー戦の結果を知ってしもた。地上波放送日まで無視するつもりだったのに。さすがに1週間も情報遮断はムリか…… 23分前
投稿する

今日発売の新聞や雑誌の記事は、まさに旬の話題。読者同士で盛り上がれるのはもちろん、読んでいない人への情報提供にもなる

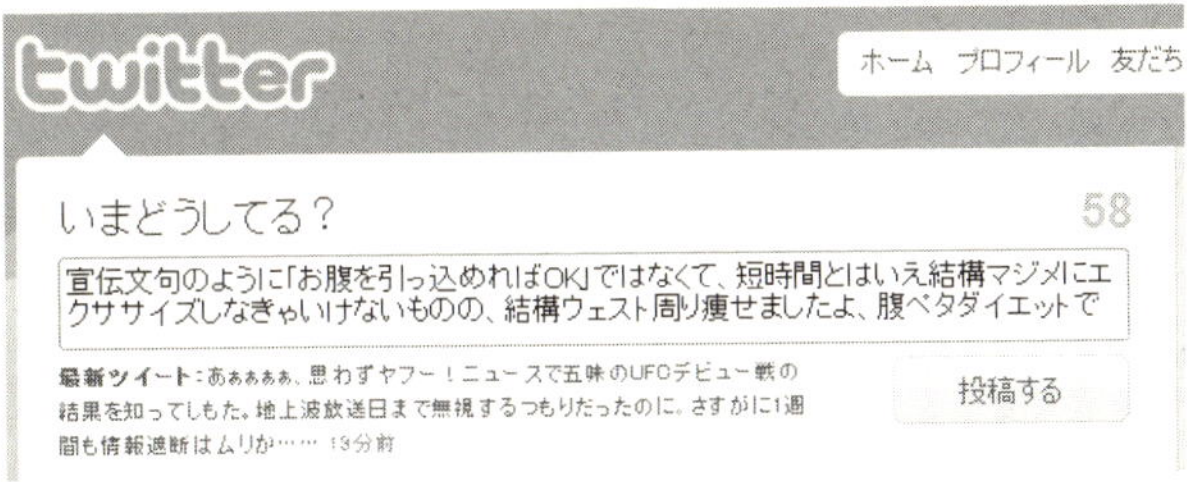
twitter
ホーム　プロフィール　友だち
いまどうしてる？
58
宣伝文句のように「お腹を引っ込めればOK」ではなくて、短時間とはいえ結構マジメにエクササイズしなきゃいけないものの、結構ウェスト周り痩せましたよ、腹ペタダイエットで
最新ツイート：あぁぁぁぁ、思わずヤフー！ニュースで五味のUFCデビュー戦の結果を知ってしもた。地上波放送日まで無視するつもりだったのに。さすがに1週間も情報遮断はムリか…… 13分前
投稿する

フォロワーに提供する情報は、仕事のノウハウのようなお堅いものでなくてもOK。ダイエットのレポートなどもウケるはずだ

音楽制作者連盟がやってる「放送コンテンツの製作取引適正化に関するガイドライン」について考える会」に来てるのですが、かなり専門的な内容なので、中継はせず、印象に残った発言とかを適当にクリップしていこうかと。
tsuda B!
2009-12-04 14:50:54
一応説明しておくと、今年の7月に総務省が放送局が下請けに対して不当な契約を押しつける機会が多いよね。だから、そういうのは適正化していかないとね的なガイドラインを出して、これから改善していきましょう的な話し合いをする状況ってことですね。それの音楽業界に関連する部分を話し合うという。
tsuda B!
2009-12-04 14:53:55
今はパネルディスカッション中。出演者はソフトハンザの松山誠氏、リアルライツの秀間修一氏、247Musicの丸山茂雄会長、Field-Rの山崎卓也弁護士。
tsuda B!
2009-12-04 14:55:15
丸山「クリエイターをどうやって食べさせていくか、という部分が音楽出版の原点。21世紀の音楽出版というのはプロモーションよりもクリエイターを育てることを考えなきゃいけない。プロモーションやってやるから出版権全部寄こせみたいな慣行はもう通用しないだろう」
tsuda 1 user B!
2009-12-04 15:01:33
松山「実際にタイアップの現場で制作しているが、タイアップした21曲中18曲が、それを放送している放送局系の出版社に何らかの形で利益が還流されている」（解説：放送局はタイアップする場合、バーター条件として音楽出版権を制作者たちに要求して利益の還流を求めるケースが多い）
tsuda B!
2009-12-04 15:08:30
今回の総務省のガイドラインは、タイアップで音楽出版渡さざるを得ないケースについても取引上問題になる可能性があるという指摘はしている（あくまでガイドラインだからね……）。
tsuda B!

イベントなどに参加したなら、その様子を中継してみても面白い。画面のように一言一句漏らさず中継しなくても、今行われていることの紹介と、それに対する感想を定期的につぶやいてみよう

24 できるだけ多くの人にフォローしてもらうためのコツ

フォロワーがいなければ、自分のつぶやきは誰にも届かない。ツイッターを満喫するならぜひフォロワーを増やしたい。**フォロワーを増やすために絶対しておきたいのが、フォローを増やすこと。**P54の方法でフォローを増やせば、フォローされたことに気づいたユーザーが自分のタイムラインにアクセスし、お返しにフォローしてくれることも多い。

つぶやきにリプライするなど、**有名人や企業ユーザーらと積極的に交流**してもいいだろう。フォロワーの多いユーザーと議論、会話をすると、それだけ自分のつぶやきに注目が集まり、フォローしてもらえる可能性も高くなる。

そのほか、USTREAM中継（P162）で流れた曲名を紹介したり、ハッシュタグ（P48、88）上で紛糾中の議論を整理したりと、多くの人が語り合うテーマについて有益な情報を提供するのもよい。繰り返しているとおり、**ツイッターはユーザーの〝提供〟〝ギフト〟で成り立つサービス。**奉仕の精神が多くのフォロワーを呼ぶのだ。

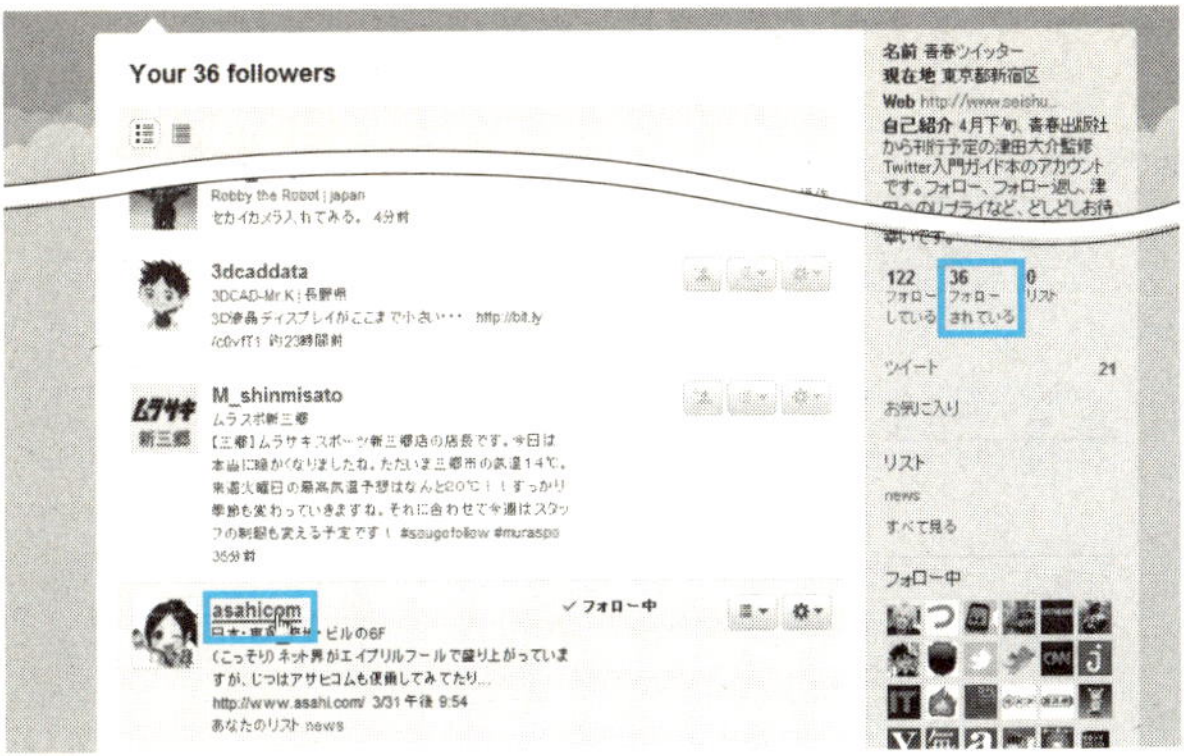

自分をフォローしてくれている人が、気に入ってフォローしている人なら、自分のつぶやきを気に入ってくれる可能性は高い。自分のタイムラインの「フォローされている」をクリックして、フォロワーをクリック。その人のタイムラインにアクセスしよう

フォロワーのタイムラインの「フォローされている」をクリックして、その人のフォロワーを表示。気になるユーザーをフォローしてみよう

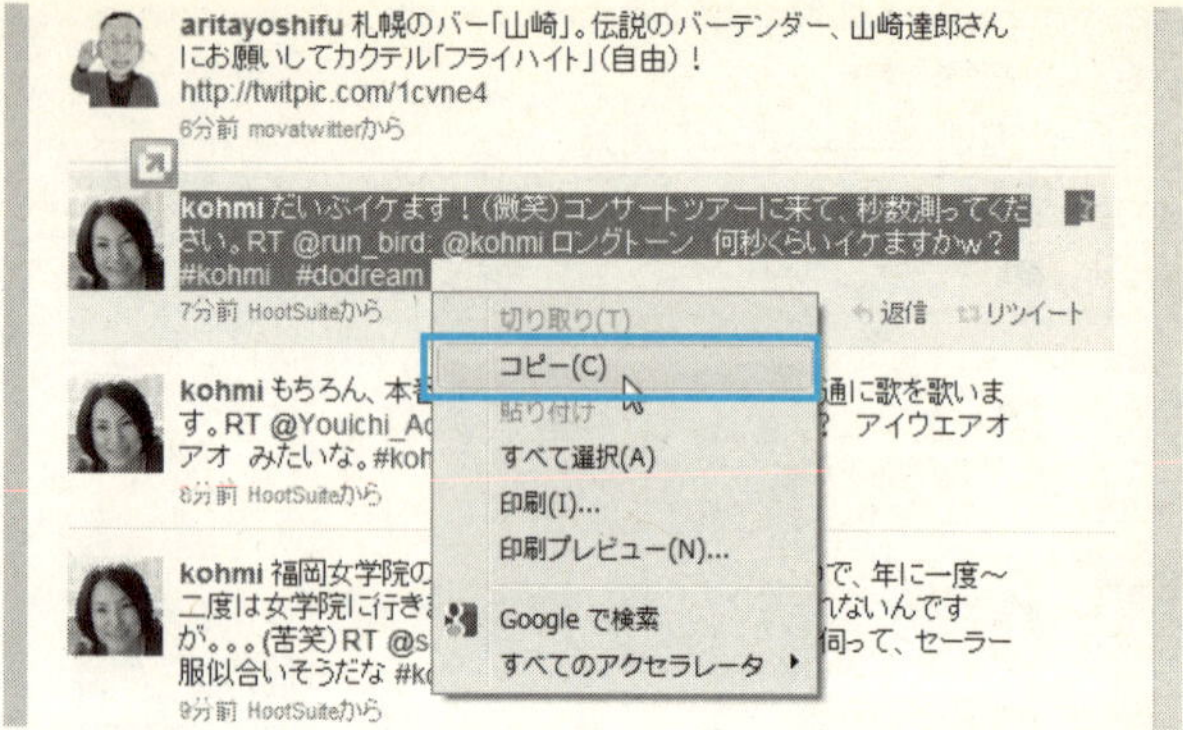
aritayoshifu 札幌のバー「山崎」。伝説のバーテンダー、山崎達郎さんにお願いしてカクテル「フライハイト」(自由)！
http://twitpic.com/1cvne4
6分前 movatwitterから
kohmi だいぶイケます！(微笑)コンサートツアーに来て、秒数測ってください。RT @run_bird: @kohmi ロングトーン　何秒くらいイケますかw？
#kohmi　#dodream
7分前 HootSuiteから
返信　リツイート
切り取り(T)
コピー(C)
貼り付け
すべて選択(A)
印刷(I)...
印刷プレビュー(N)...
Google で検索
すべてのアクセラレータ
8分前 HootSuiteから
9分前 HootSuiteから

フラットなツイッターでは、有名人や政治家などとも積極的にコミュニケーションを図れる。タイムライン上に気になるつぶやきを見つけたら、積極的に絡んでみよう。まずはつぶやき全文を選択して右クリック→「コピー」をクリック

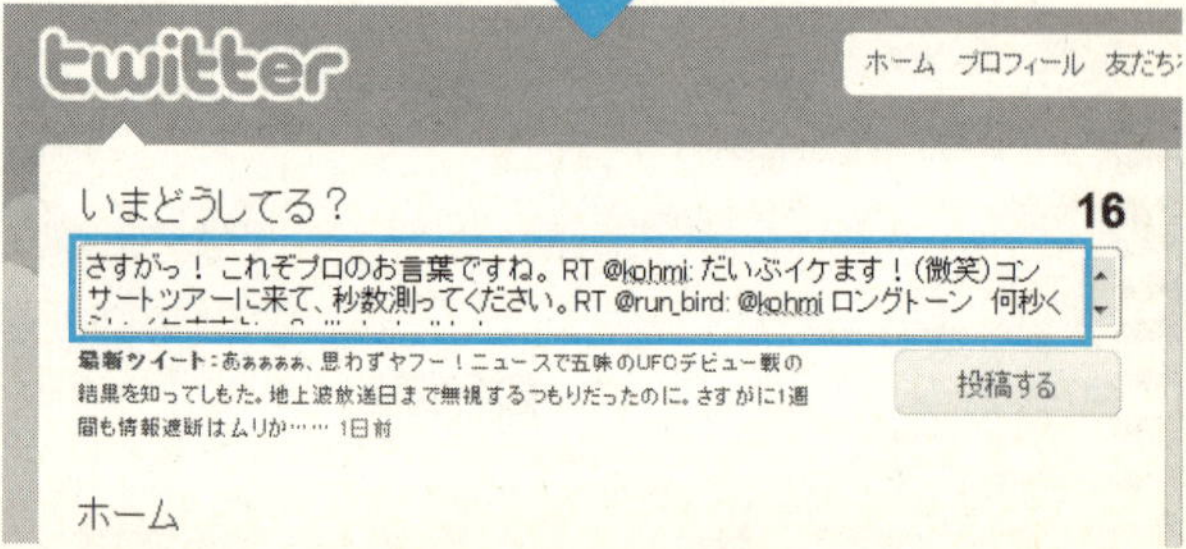
twitter
ホーム　プロフィール　友だち
いまどうしてる？
16
さすがっ！ これぞプロのお言葉ですね。RT @kohmi: だいぶイケます！(微笑)コンサートツアーに来て、秒数測ってください。RT @run_bird: @kohmi ロングトーン　何秒く
最新ツイート：あぁぁぁぁ、思わずヤフー！ニュースで五味のUFOデビュー戦の結果を知ってしもた。地上波放送日まで無視するつもりだったのに。さすがに1週間も情報遮断はムリか…… 1日前
投稿する
ホーム

入力欄上で右クリック→「貼り付け」でコピーしたつぶやきを貼り付けたら「RT」（P38）の形式で感想や質問をつぶやけば、引用元のつぶやき主はもちろん、自分のフォロワーにもやり取りを読んでもらえる

広瀬香美氏のように、自身の専用ハッシュタグ（#kohmi）上でファンとの交流を図る有名人もいる。この手のハッシュタグに参加すれば、同じ有名人のファンと知り合えることも

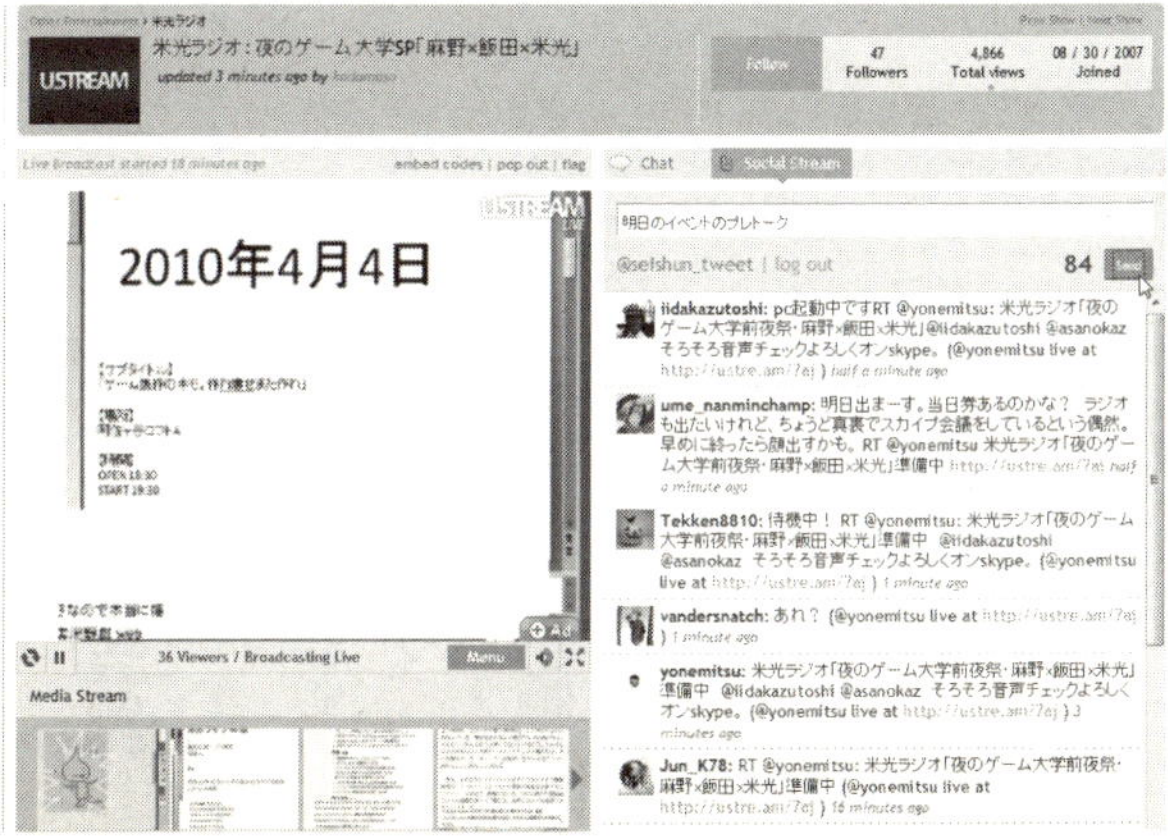

ツイッターとの連携機能を搭載したUSTREAMのようなネットサービスでつぶやくのも、フォロワー増加の早道

25 また読みたいつぶやきは〝お気に入り〟に登録

ネットを見ているとき気になるウェブサイトを発見して、ブラウザの「お気に入り」「ブックマーク」に登録したことのある人は多いだろう。これと同様に、ツイッターでは**つぶやきを「お気に入り」として登録できる**。面白いつぶやきや、役に立つつぶやきをあとで見返したいときに便利だ。

タイムライン上に流れるそれぞれのつぶやきをよく見ると、右端にグレーの☆マークがあることに気づく。気に入ったつぶやきを見つけたら、これをクリック。するとが☆黄色くなり、お気に入り登録される。その後は画面右の「お気に入り」をクリックすれば、お気に入りのつぶやきが一覧表示される。もし間違えて登録したお気に入りがあったら、☆マークを再度クリックすればよい。

なお、国内のツイッターユーザーの間では、つぶやきをお気に入り登録することを、英語の「favorite」（お気に入り）をもじって「**ふぁぼる**」という。タイムラインを見ているとよく登場するので、あわせて覚えておいてほしい。

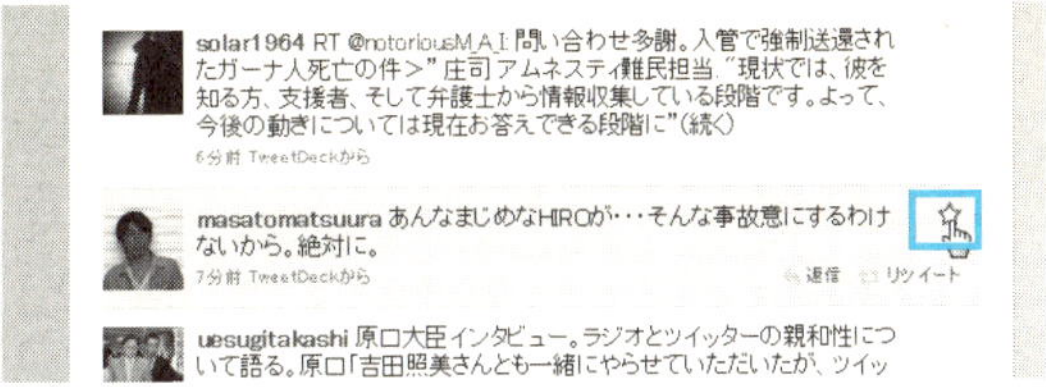
solar1964 RT @notoriousM_A_I: 問い合わせ多謝。入管で強制送還されたガーナ人死亡の件＞"庄司アムネスティ難民担当."現状では、彼を知る方、支援者、そして弁護士から情報収集している段階です。よって、今後の動きについては現在お答えできる段階に"(続く)
6分前 TweetDeckから
masatomatsuura あんなまじめなHIROが・・・そんな事故意にするわけないから。絶対に。
7分前 TweetDeckから
返信
リツイート
uesugitakashi 原口大臣インタビュー。ラジオとツイッターの親和性について語る。原口「吉田照美さんとも一緒にやらせていただいたが、ツイッ

気になるつぶやきの右端の☆マークをクリックすると、☆が黄色くなる

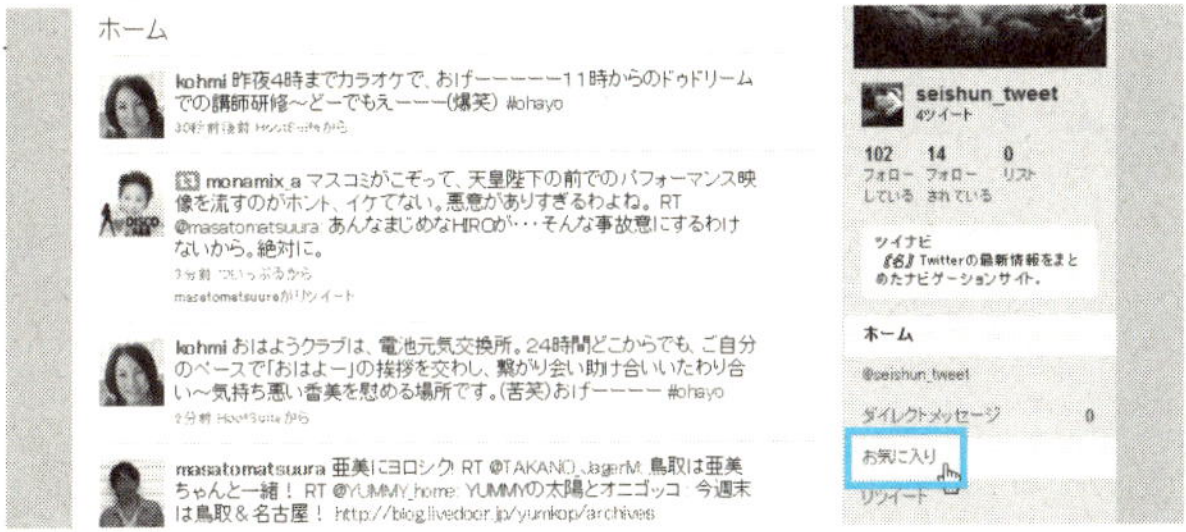
ホーム
kohmi 昨夜4時までカラオケで、おげーーーーー11時からのドゥドリームでの講師研修～どーでもえーーー(爆笑) #ohayo
monamix_a マスコミがこぞって、天皇陛下の前でのパフォーマンス映像を流すのがホント、イケてない。悪意がありすぎるわよね。RT @masatomatsuura: あんなまじめなHIROが・・・そんな事故意にするわけないから。絶対に。
kohmi おはようクラブは、電池元気交換所。24時間どこからでも、ご自分のペースで「おはよー」の挨拶を交わし、繋がり会い助け合いいたわり合い～気持ち悪い香美を慰める場所です。(苦笑)おげーーーー #ohayo
masatomatsuura 亜美にヨロシク! RT @TAKANO_JagerM: 鳥取は亜美ちゃんと一緒！ RT @YUMMY_home: YUMMYの太陽とオニゴッコ：今週末は鳥取＆名古屋！ http://blog.livedoor.jp/yumkop/archives
seishun_tweet
4ツイート
102 フォローしている
14 フォローされている
0 リスト
ツイナビ
『6』Twitterの最新情報をまとめたナビゲーションサイト。
ホーム
@seishun_tweet
ダイレクトメッセージ 0
お気に入り
リツイート

お気に入り登録したつぶやきを見返すときは、画面右の「お気に入り」をクリック

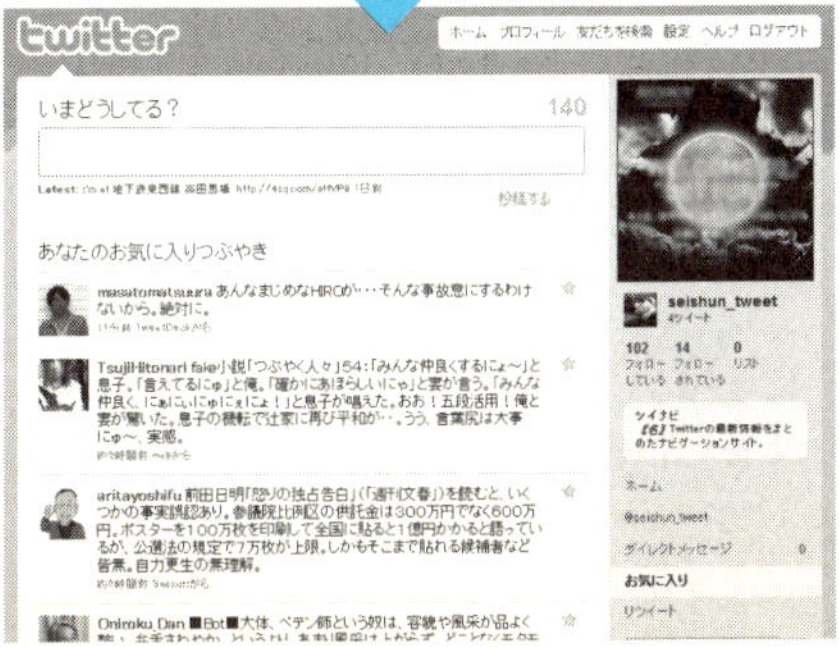
twitter
ホーム プロフィール 友だちを検索 設定 ヘルプ ログアウト
いまどうしてる？ 140
投稿する
あなたのお気に入りつぶやき
masatomatsuura あんなまじめなHIROが・・・そんな事故意にするわけないから。絶対に。
TsujiHitonari fake 小説「つぶやく人々」54:「みんな仲良くするにょ～」と息子。「言えてるにゅ」と俺。「確かにあほらしいにゃ」と妻が言う。「みんな仲良く、にぁにぃにゅにぇにょ！」と息子が唱えた。おお！五段活用！俺と妻が驚いた。息子の機転で辻家に再び平和が・・。うう、言葉尻は大事にゅ～、実感。
aritayoshifu 前田日明「怒りの独占告白」(「週刊文春」)を読むと、いくつかの事実誤認あり。参議院比例区の供託金は300万円でなく600万円。ポスターを100万枚を印刷して全国に貼ると1億円かかると語っているが、公選法の規定で7万枚が上限。しかもそこまで貼れる候補者など皆無。自力更生の無理解。
Onimoku_Dan ■Bot■大体、ペテン師という奴は、容貌や風采が品よく
seishun_tweet
4ツイート
102 フォローしている
14 フォローされている
0 リスト
ツイナビ
『6』Twitterの最新情報をまとめたナビゲーションサイト。
ホーム
@seishun_tweet
ダイレクトメッセージ 0
お気に入り
リツイート

これまでに登録したつぶやきが一覧表示される

26 面白いつぶやきが探せる「ふぁぼったー」って？

たくさんのユーザーからお気に入り登録されているつぶやきは、それだけ面白いつぶやきだといえる。「ふぁぼったー」(http://favotter.net/) は、国内ツイッターユーザーのお気に入り登録状況を自動集計しているサイト。1人以上のユーザーに「ふぁぼられている」つぶやきを一覧表示してくれるサービスだ。2人、3人以上、5人以上、10人以上にふぁぼられているつぶやきのみを表示することもできる。また、日付ごとにふぁぼられ数の多い順にランキングの形で表示することも可能になっている。

また、**お気に入りを大量に集められるユーザーは、たくさんのフォロワーを抱えるユーザー**だともいえる。面白いつぶやきはもちろん、人気のユーザーを見つけるのにも重宝するはずだ。

なお、ふぁぼったーは、ユーザーごとにふぁぼられているつぶやきを検索する機能も搭載されている。自分のユーザー名で検索すれば、**自分のどんなつぶやきがどんな人にふぁぼられているのか**、チェックすることも可能だ。

検索サイトで「ふぁぼったー」をサーチし、トップ画面にアクセス。3人以上がふぁぼっているつぶやきが、新着順に表示されている。つぶやきをふぁぼりたいときは、つぶやきの下にある☆をクリック。つぶやきの主をフォローしたいときは、つぶやきの下にあるユーザー名をクリック。すると、そのユーザーのツイッターのタイムラインにジャンプする

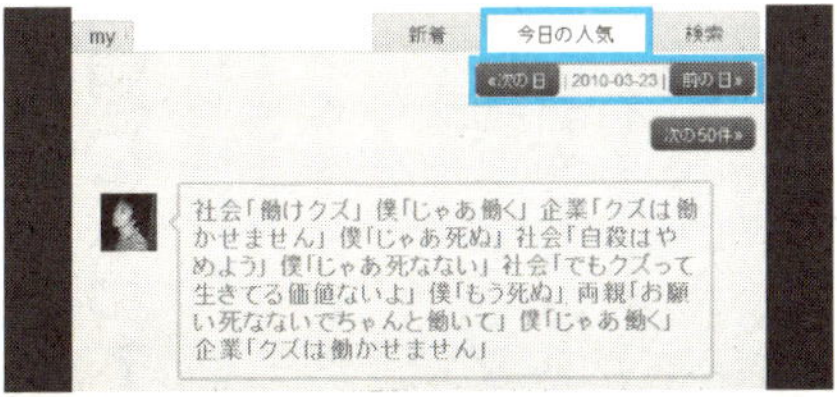

「今日の人気」をクリックすると、日付ごと、ふぁぼられ数順に人気のつぶやきが表示される

画面右上の検索窓にユーザー名を入力して虫眼鏡ボタンをクリックすると、そのユーザーがふぁぼられたつぶやきを探せる

27 いまツイッターで何が話題になっているか調べる

ネットの世界では、多くのユーザーが話題にしている単語を「噂をする」「(虫の) 羽音がうるさい」という意味の英語「buzz」(バズ) から、「バズワード」という。また、単語が話題になっている状態を「バズる」という。

「buzztter」(http://buzztter.com/ja) はツイッターユーザーのつぶやきを解析し、現在ツイッター上でバズられている単語を一覧表示するサービスだ。つまり、**今ツイッターで話題になっているニュースやことがらをチェック**することができるというわけだ。

グーグルなどで「buzztter」を検索。サイトにアクセスすると、画面上段に単語が羅列されている。これらが、現在ツイッター上で特に話題になっているバズワードだ。大きく表示されているものほどよくつぶやかれており、クリックすると、その単語を含む最新のつぶやきが表示される。また、ツイッター上の検索機能と同様、単語一覧の上にある検索窓から、**気になる単語を含むつぶやきを探し**出すことも可能だ。

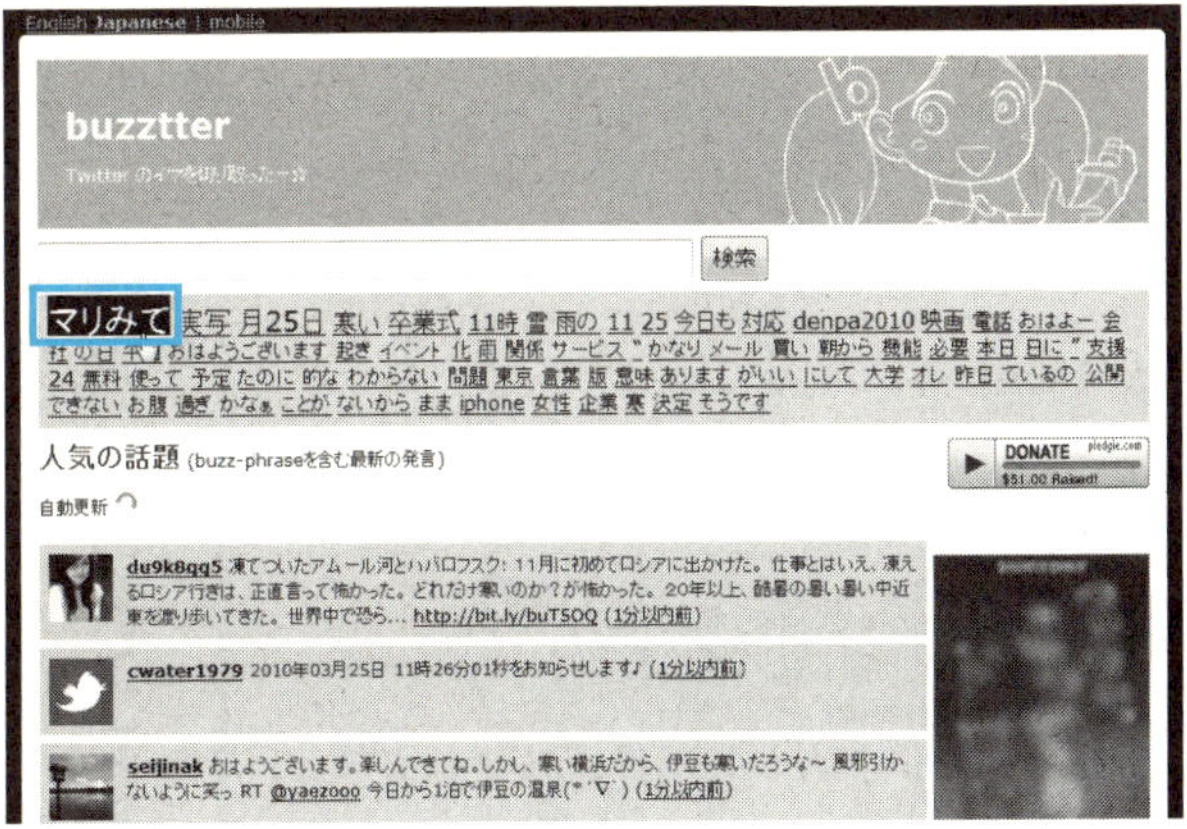
English Japanese | mobile
buzztter
検索
マリみて 実写 月25日 寒い 卒業式 11時 雪 雨の 11 25 今日も 対応 denpa2010 映画 電話 おはよー 会
24 無料 使って 予定 たのに 的な わからない 問題 東京 言葉 版 意味 あります がいい にして 大学 オレ 昨日 ているの 公開
できない お腹 過ぎ かなぁ ことが ないから まま iphone 女性 企業 寒 決定 そうです
人気の話題 (buzz-phraseを含む最新の発言)
DONATE
自動更新
du9k8qq5 凍てついたアムール河とハバロフスク: 11月に初めてロシアに出かけた。仕事とはいえ、凍えるロシア行きは、正直言って怖かった。どれだけ寒いのか？が怖かった。20年以上、酷暑の暑い暑い中近東を渡り歩いてきた。世界中で恐ら… http://bit.ly/buTSOQ (1分以内前)
cwater1979 2010年03月25日 11時26分01秒をお知らせします♪ (1分以内前)
seijinak おはようございます。楽しんできてね。しかし、寒い横浜だから、伊豆も寒いだろうな～ 風邪引かないように笑っ RT @yaezooo 今日から1泊で伊豆の温泉(*´∇`) (1分以内前)

buzztterにアクセスしたら、単語一覧の中から気になるものをクリック

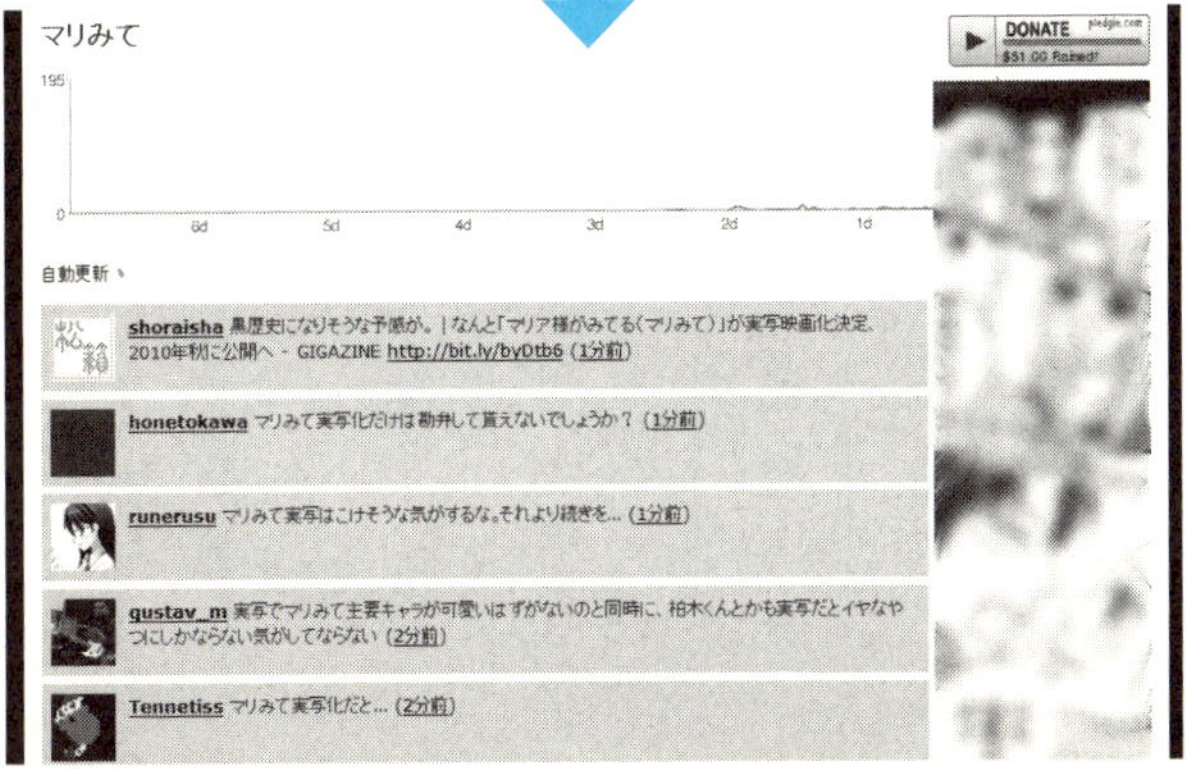
マリみて
DONATE
195
0
6d
5d
4d
3d
2d
1d
自動更新
shoraisha 黒歴史になりそうな予感が。| なんと「マリア様がみてる(マリみて)」が実写映画化決定、2010年秋に公開へ - GIGAZINE http://bit.ly/byDtb6 (1分前)
honetokawa マリみて実写化だけは勘弁して貰えないでしょうか？ (1分前)
runerusu マリみて実写はこけそうな気がするな。それより続きを… (1分前)
gustav_m 実写でマリみて主要キャラが可愛いはずがないのと同時に、柏木くんとかも実写だとイヤなやつにしかならない気がしてならない (2分前)
Tennetiss マリみて実写化だと… (2分前)

1週間でその単語がつぶやかれている量の推移と、その単語を含む最新のつぶやき一覧が表示される

28 ハッシュタグでひとつのテーマについて盛り上がろう

ツイッターでは、ハッシュタグという機能を使って複数のユーザーが特定のテーマについて議論を交わしたり、感想を言い合ったりしているのは、P48で説明したとおり。ここでは、実際にハッシュタグを付けてつぶやいて、**他のユーザーと同じ話題で盛り上がってみよう。**

とはいえ、今ツイッターユーザーの間でどんなハッシュタグが人気を集めているのか、どんなテーマに興味を持っているのかは、タイムラインを見ていただけではわからない。そこで使いたいのが「ハッシュタグクラウド」(http://kiwofusi.sakura.ne.jp/hashtag/)というウェブサイト。ツイッターユーザーがつぶやくハ**ッシュタグを集計し、特に人気のあるものをランキングしている。**それぞれのタグをクリックすれば、最近のハッシュタグ付きつぶやきの一覧や、タグの意味が表示される。タグの意味は有志のユーザーが登録したものしか表示されないが、つぶやき一覧を見れば、だいたいどんな話をしているのかはわかる。さっそく興味のあるタグに参加しよう。

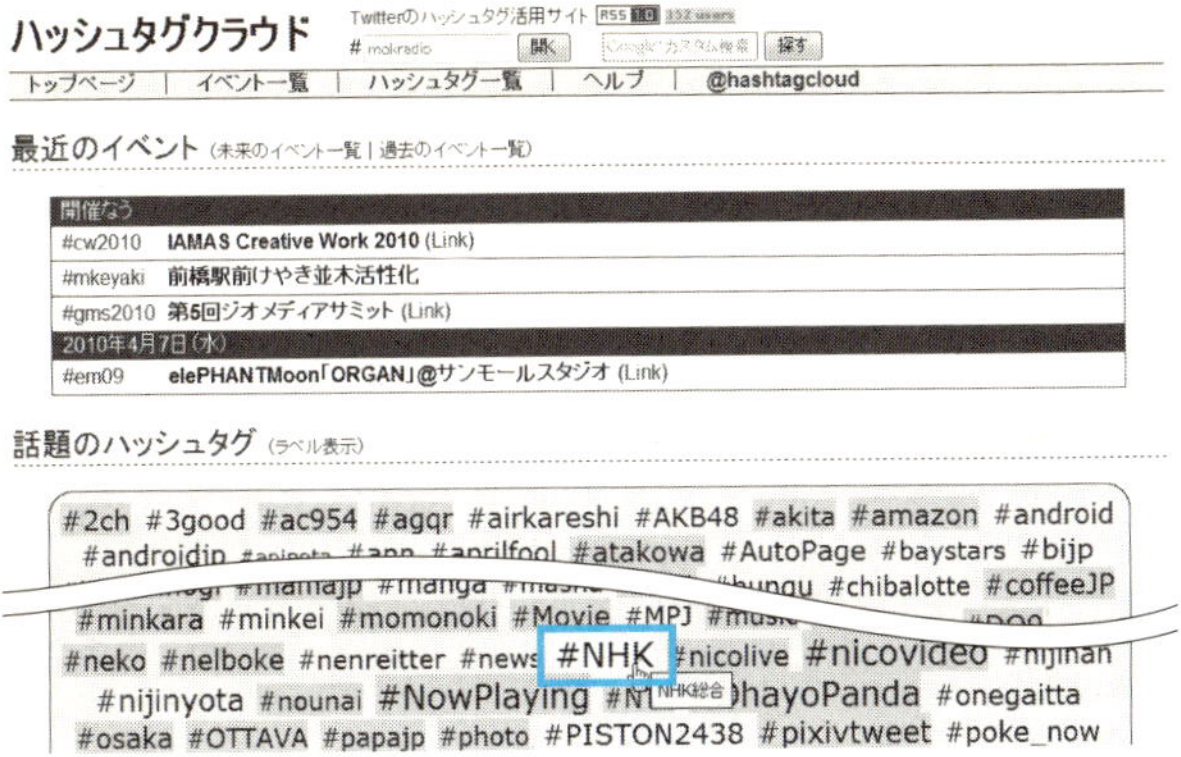
ハッシュタグクラウド
Twitterのハッシュタグ活用サイト
トップページ | イベント一覧 | ハッシュタグ一覧 | ヘルプ | @hashtagcloud
最近のイベント (未来のイベント一覧 | 過去のイベント一覧)
開催なう
#cw2010 IAMAS Creative Work 2010 (Link)
#mkeyaki 前橋駅前けやき並木活性化
#gms2010 第5回ジオメディアサミット (Link)
2010年4月7日(水)
#em09 elePHANTMoon「ORGAN」@サンモールスタジオ (Link)
話題のハッシュタグ (ラベル表示)
#2ch #3good #ac954 #agqr #airkareshi #AKB48 #akita #amazon #android
#androidjp #atakowa #AutoPage #baystars #bijp
#chibalotte #coffeeJP
#minkara #minkei #momonoki #Movie #MPJ
#neko #nelboke #nenreitter #NHK #nicolive #nicovideo
#nijinyota #nounai #NowPlaying #onegaitta
#osaka #OTTAVA #papajp #photo #PISTON2438 #pixivtweet #poke_now

グーグルなどから「ハッシュタグクラウド」で検索するか、前ページのURLを入力して「ハッシュタグクラウド」にアクセス。ハッシュタグ一覧から気になるタグをクリック。なお、文字が大きく、色が付いているタグほど人気が高い

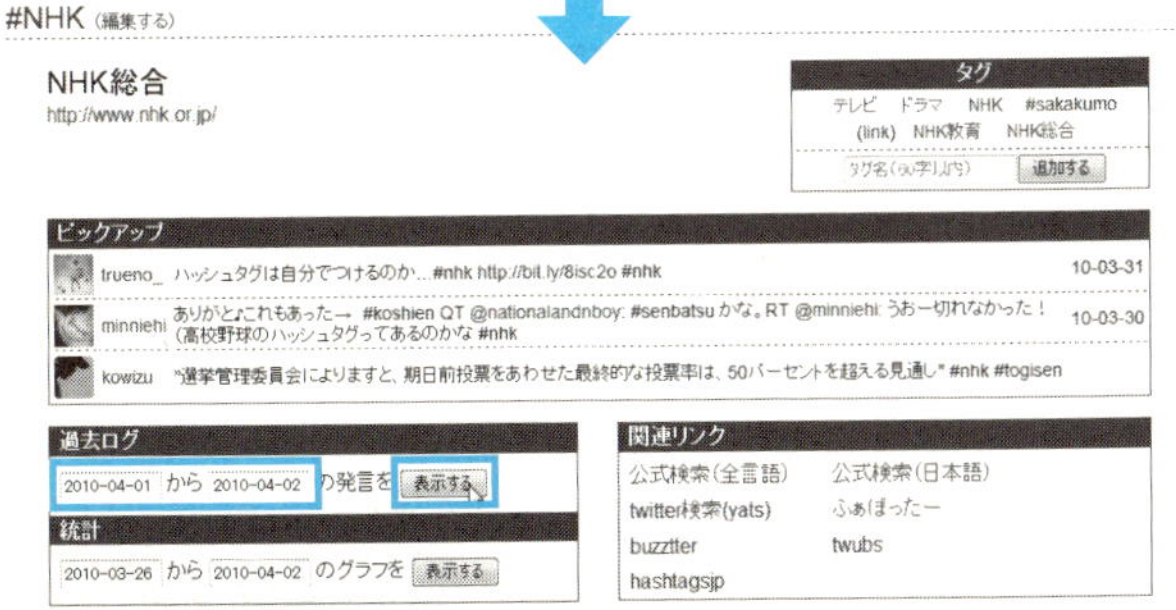
#NHK (編集する)
NHK総合
http://www.nhk.or.jp/
タグ
テレビ ドラマ NHK #sakakumo (link) NHK教育 NHK総合
追加する
ピックアップ
trueno_ ハッシュタグは自分でつけるのか…#nhk http://bit.ly/8isc2o #nhk 10-03-31
minniehi ありがと♪これもあった→ #koshien QT @nationalandnboy: #senbatsu かな。RT @minniehi: うおー切れなかった！(高校野球のハッシュタグってあるのかな #nhk 10-03-30
kowizu "選挙管理委員会によりますと、期日前投票をあわせた最終的な投票率は、50パーセントを超える見通し" #nhk #togisen
過去ログ
2010-04-01 から 2010-04-02 の発言を 表示する
統計
2010-03-26 から 2010-04-02 のグラフを 表示する
関連リンク
公式検索(全言語) 公式検索(日本語)
twitter検索(yats) ふぁぼったー
buzztter twubs
hashtagsjp

ハッシュタグの説明、最近のタグ付きつぶやき、タグのユーザーなどが一覧表示される。最新のつぶやきをチェックするなら、「過去ログ」で抽出する期間を指定し「表示する」をクリックする

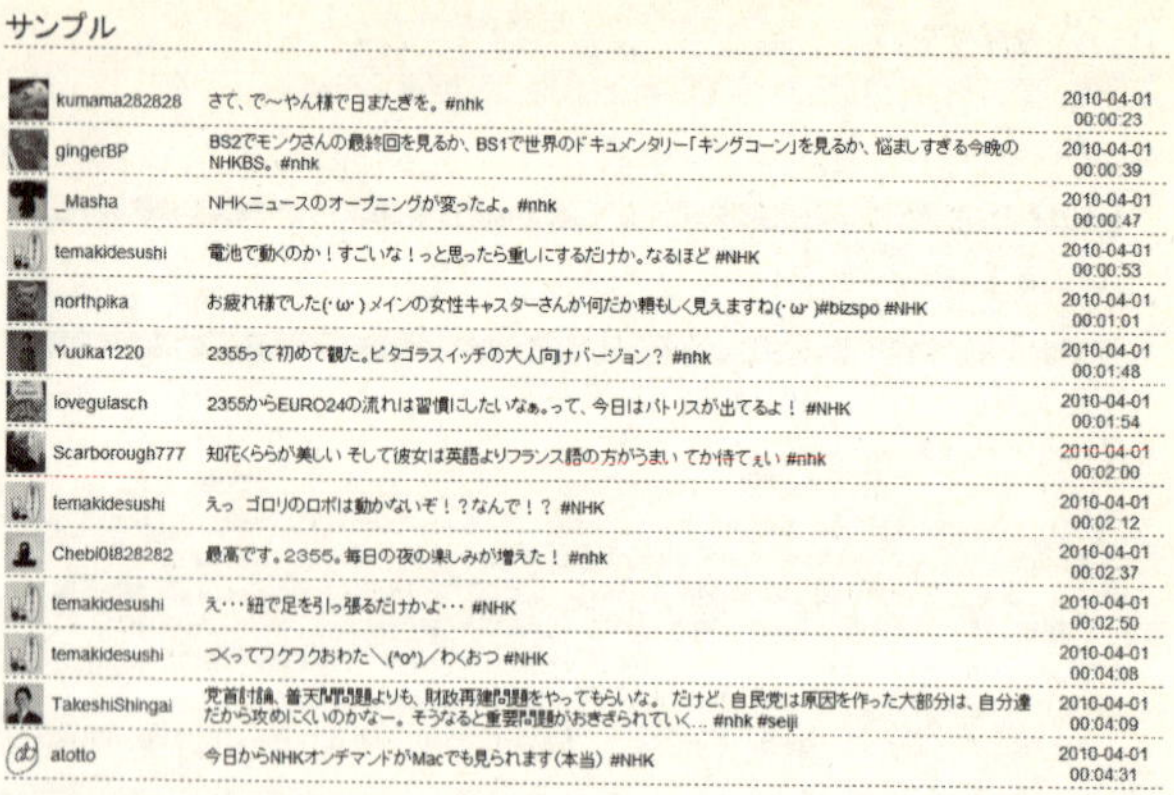
サンプル
kumama282828 さて、で～やん様で日またぎを。#nhk 2010-04-01 00:00:23
gingerBP BS2でモンクさんの最終回を見るか、BS1で世界のドキュメンタリー「キングコーン」を見るか、悩ましすぎる今晩のNHKBS。#nhk 2010-04-01 00:00:39
_Masha NHKニュースのオープニングが変ったよ。#nhk 2010-04-01 00:00:47
temakidesushi 電池で動くのか！すごいな！っと思ったら重しにするだけか。なるほど #NHK 2010-04-01 00:00:53
northpika お疲れ様でした(･ω･)メインの女性キャスターさんが何だか頼もしく見えますね(･ω･)#bizspo #NHK 2010-04-01 00:01:01
Yuuka1220 2355って初めて観た。ピタゴラスイッチの大人向けバージョン？ #nhk 2010-04-01 00:01:48
lovegulasch 2355からEURO24の流れは習慣にしたいなぁ。って、今日はパトリスが出てるよ！ #NHK 2010-04-01 00:01:54
Scarborough777 知花くららが美しい そして彼女は英語よりフランス語の方がうまい てか待てぇい #nhk 2010-04-01 00:02:00
temakidesushi えっ ゴロリのロボは動かないぞ！？なんで！？ #NHK 2010-04-01 00:02:12
Chebi0t828282 最高です。2355。毎日の夜の楽しみが増えた！ #nhk 2010-04-01 00:02:37
temakidesushi え･･･紐で足を引っ張るだけかよ･･･ #NHK 2010-04-01 00:02:50
temakidesushi つくってワクワクおわた＼(^o^)／わくおつ #NHK 2010-04-01 00:04:08
TakeshiShingai 党首討論、普天間問題よりも、財政再建問題をやってもらいな。 だけど、自民党は原因を作った大部分は、自分達だから攻めにくいのかなー。そうなると重要問題がおきざられていく... #nhk #seiji 2010-04-01 00:04:09
atotto 今日からNHKオンデマンドがMacでも見られます(本当) #NHK 2010-04-01 00:04:31

最近のハッシュタグ付きつぶやきが古い順に一覧表示される

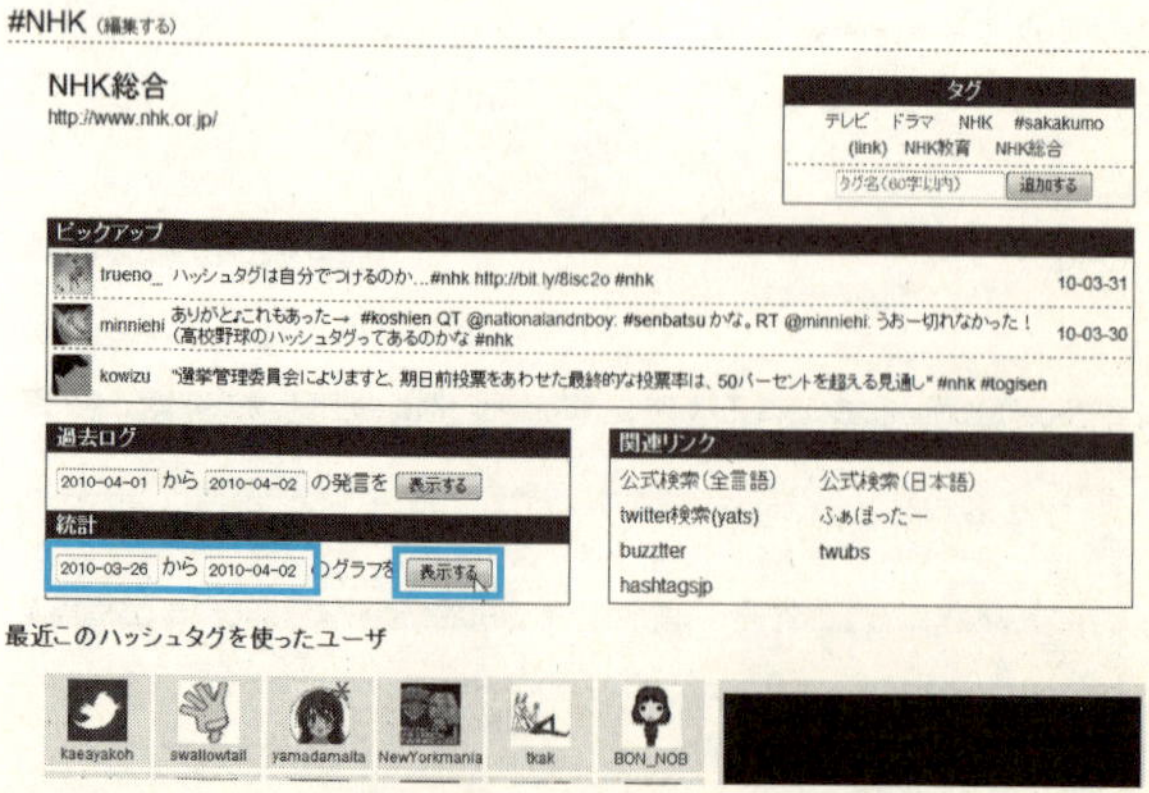
#NHK (編集する)
NHK総合
http://www.nhk.or.jp/
タグ
テレビ ドラマ NHK #sakakumo
(link) NHK教育 NHK総合
タグ名(60字以内) 追加する
ピックアップ
trueno_ ハッシュタグは自分でつけるのか...#nhk http://bit.ly/8isc2o #nhk 10-03-31
minniehi ありがと♪これもあった→ #koshien QT @nationalandnboy: #senbatsu かな。RT @minniehi: うお－切れなかった！(高校野球のハッシュタグってあるのかな #nhk 10-03-30
kowizu "選挙管理委員会によりますと、期日前投票をあわせた最終的な投票率は、50パーセントを超える見通し" #nhk #togisen
過去ログ
2010-04-01 から 2010-04-02 の発言を 表示する
統計
2010-03-26 から 2010-04-02 のグラフを 表示する
関連リンク
公式検索(全言語) 公式検索(日本語)
twitter検索(yats) ふぁぼったー
buzztter twubs
hashtagsjp
最近このハッシュタグを使ったユーザ
kaeayakoh swallowtail yamadamaita NewYorkmania tkak BON_NOB
[redacted]

ハッシュタグがどのくらい使われているのかを知りたいなら、元のページに戻り「統計」で抽出期間を指定し「表示する」をクリック

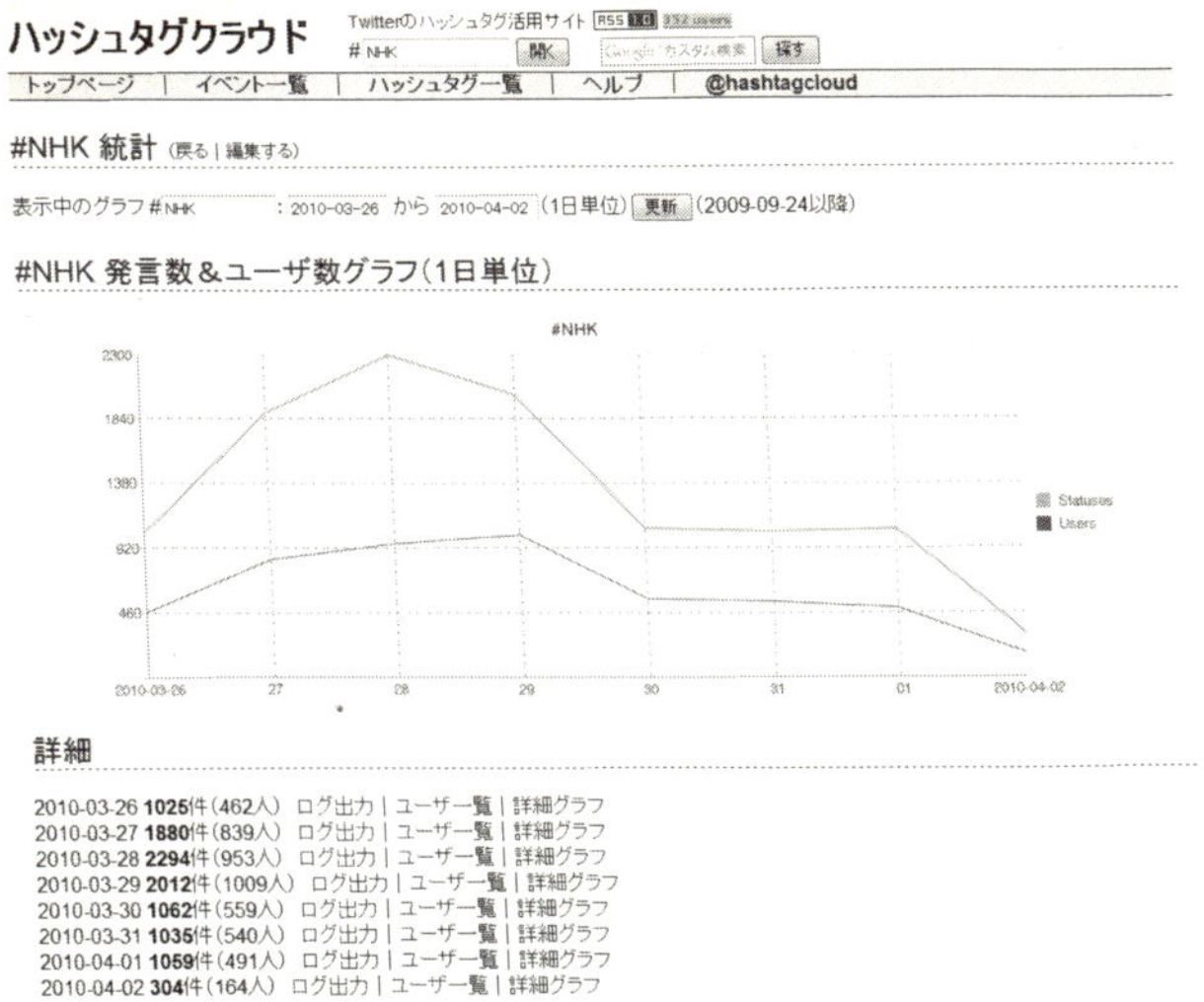

毎日のタグ付きつぶやき数の推移がグラフ表示される

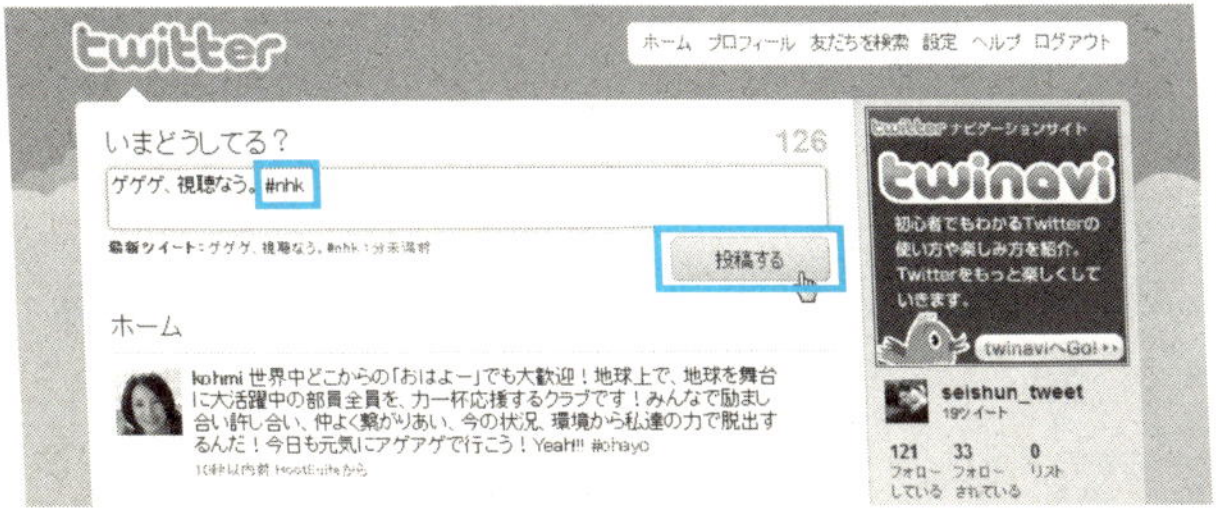

ハッシュタグクラウドから他のユーザーと語り合いたいテーマを見つけたら、入力フォームにつぶやき本文を打ち込み、半角スペースを空けて「#○○」と入力して「投稿する」

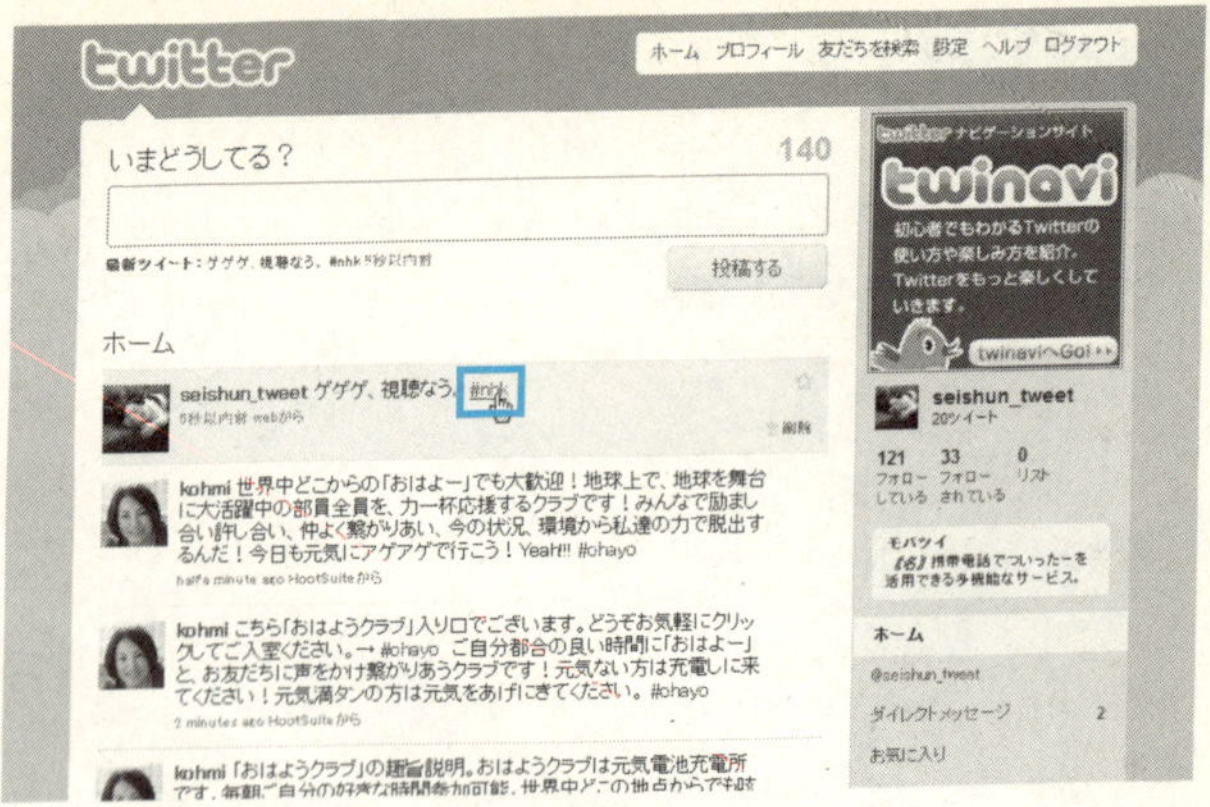
twitter
ホーム　プロフィール　友だちを検索　設定　ヘルプ　ログアウト
いまどうしてる？
140
投稿する
ホーム
seishun_tweet ゲゲゲ、視聴なう。#nhk
kohmi 世界中どこからの「おはよー」でも大歓迎！地球上で、地球を舞台に大活躍中の部員全員を、力一杯応援するクラブです！みんなで励まし合い、許し合い、仲よく繋がりあい、今の状況、環境から私達の力で脱出するんだ！今日も元気にアゲアゲで行こう！Yeah!! #ohayo
kohmi こちら「おはようクラブ」入り口でございます。どうぞお気軽にクリックしてご入室ください。→ #ohayo ご自分都合の良い時間に「おはよー」と、お友だちに声をかけ繋がりあうクラブです！元気ない方は充電しに来てください！元気満タンの方は元気をあげにきてください。#ohayo
kohmi 「おはようクラブ」の趣旨説明。おはようクラブは元気電池充電所です。
twinavi
初心者でもわかるTwitterの使い方や楽しみ方を紹介。Twitterをもっと楽しくしていきます。
twinaviへGo!
seishun_tweet
20ツイート
121 フォロー している
33 フォロー されている
0 リスト
ホーム
ダイレクトメッセージ 2
お気に入り

タイムライン上に表示された自分のつぶやきにあるハッシュタグをクリック

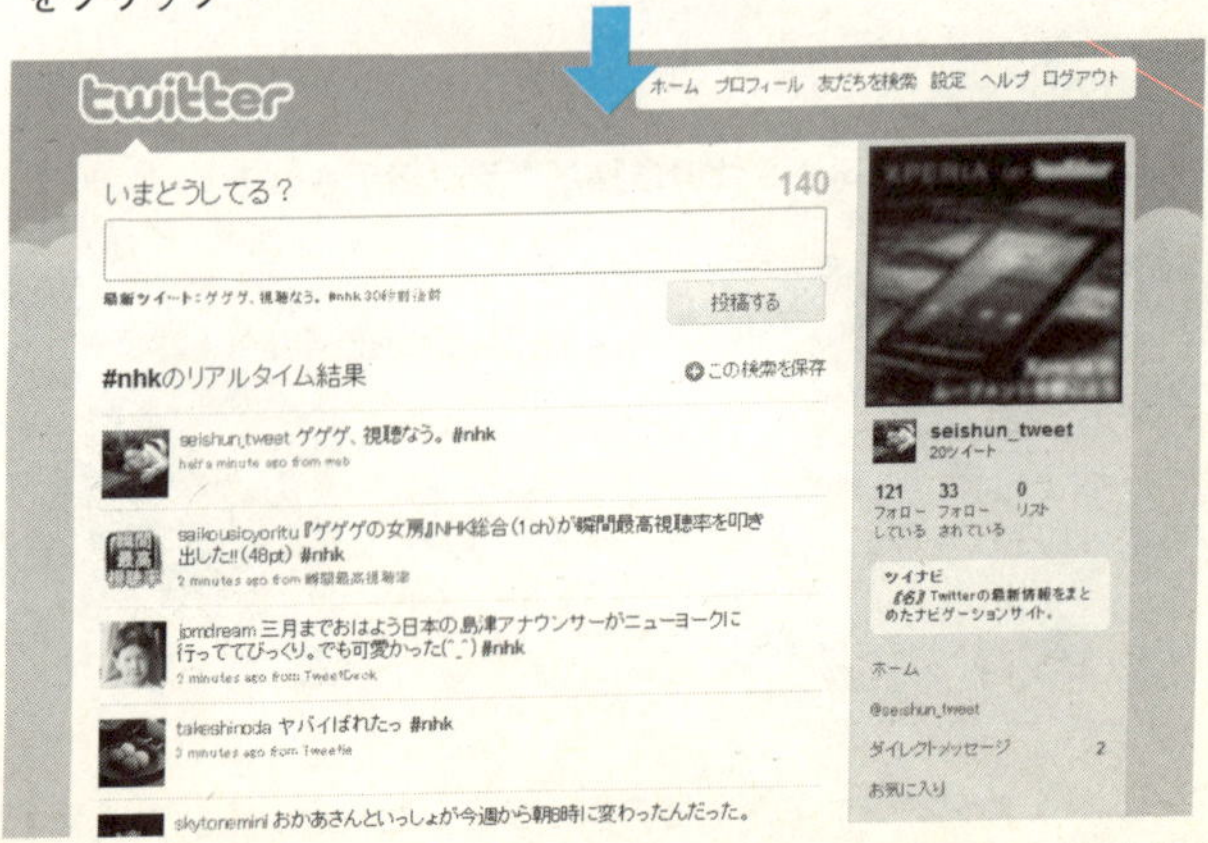
twitter
ホーム　プロフィール　友だちを検索　設定　ヘルプ　ログアウト
いまどうしてる？
140
投稿する
#nhkのリアルタイム結果
この検索を保存
seishun_tweet ゲゲゲ、視聴なう。#nhk
saikousicyoritu『ゲゲゲの女房』NHK総合(1ch)が瞬間最高視聴率を叩き出した!!(48pt) #nhk
ipmdream 三月までおはよう日本の島津アナウンサーがニューヨークに行っててびっくり。でも可愛かった(^_^) #nhk
takeshinoda ヤバイばれたっ #nhk
skytoremini おかあさんといっしょが今週から朝8時に変わったんだった。
seishun_tweet
20ツイート
121 フォロー している
33 フォロー されている
0 リスト
ホーム
ダイレクトメッセージ 2
お気に入り

同じタグ＝同じテーマについての他のユーザーの最新つぶやきが検索、一覧表示される

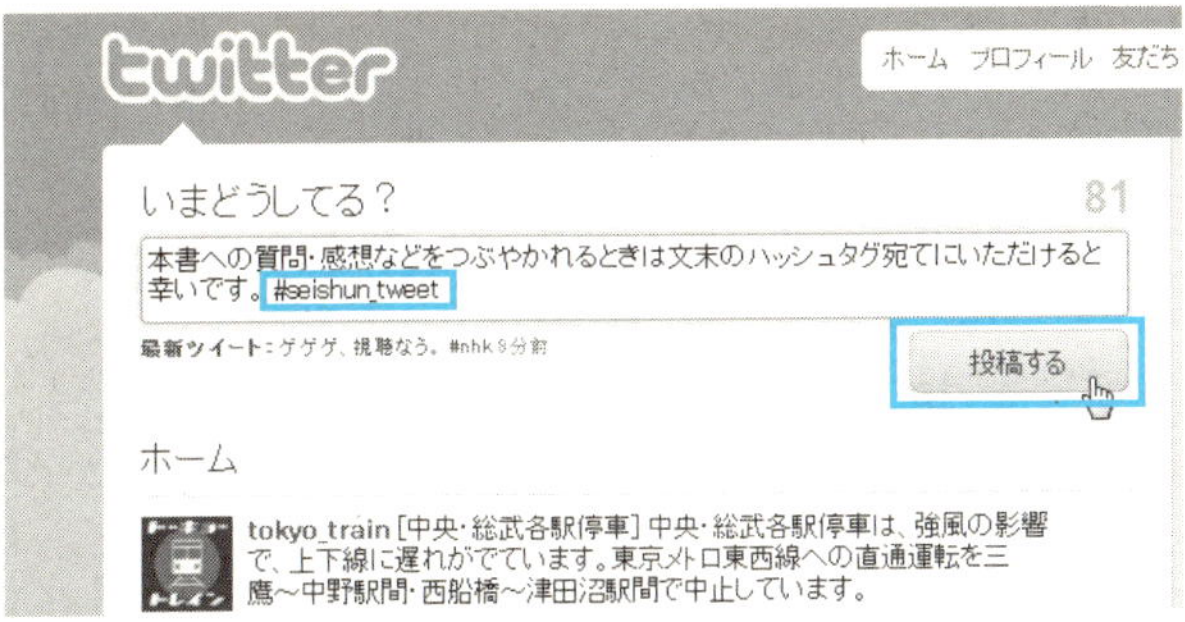
ホーム　プロフィール　友だち
いまどうしてる？
81
本書への質問・感想などをつぶやかれるときは文末のハッシュタグ宛てにいただけると幸いです。#seishun_tweet
最新ツイート：ゲゲゲ、視聴なう。#nhk 8分前
投稿する
ホーム
tokyo_train [中央・総武各駅停車] 中央・総武各駅停車は、強風の影響で、上下線に遅れがでています。東京メトロ東西線への直通運転を三鷹～中野駅間・西船橋～津田沼駅間で中止しています。

ハッシュタグは自分で決めることもできる。どんなタグなのか説明するつぶやきのあと、半角スペースを空けて「#<オリジナルハッシュタグ>」を入力して「投稿する」

ホーム　プロフィール　友だち
いまどうしてる？
140
最新ツイート：どんな内容の本になるんですか？入門書？ twitter社会論の続編？ #seishun_tweet 10秒以内前
投稿する
#seishun_tweetのリアルタイム結果
この検索を保存
narima どんな内容の本になるんですか？入門書？ twitter社会論の続編？ #seishun_tweet
less than 20 seconds ago from web
seishun_tweet 本書への質問・感想などをつぶやかれるときは文末のハッシュタグ宛てにいただけると幸いです。#seishun_tweet
1 minute ago from web

タイムライン上の自分のつぶやきのハッシュタグをクリックしたり、タイムライン右の検索窓からハッシュタグ名で検索をかけると、そのタグを含むつぶやきが一覧表示される

29 検索機能でリアルタイムの情報を手に入れる

ツイッターの大きな魅力のひとつに「検索」機能がある。グーグルやヤフー！のような通常の検索サイトの場合、リンクされている数など、独自の基準でウェブページの重要度が決定され、その重要度の高い順に検索結果が表示される。そのため、公式サイトなどを探すのには便利な半面、今まさに起きている最新情報を追いかけるのには不向きな面がある。

一方、ツイッターの検索機能では、検索語を含むつぶやきを最新のものから順に表示する。たとえば地震が起きたとき、「地震」で検索すれば「タンスから物が落ちてきた」「あんまり揺れなかったよ」など、それぞれの**ユーザーのいる地域のおおよその震度を、リアルタイムで知ることができる**。また、現在放送中のテレビ番組名で検索すれば、視聴者の感想や、放送内容に関する追加情報などのつぶやきを読むことができる。

よく使う検索語の保存機能も搭載しており、気になる書籍名などを保存しておけば、**ワンクリックでその本の最新の感想や書評をチェック**できる。

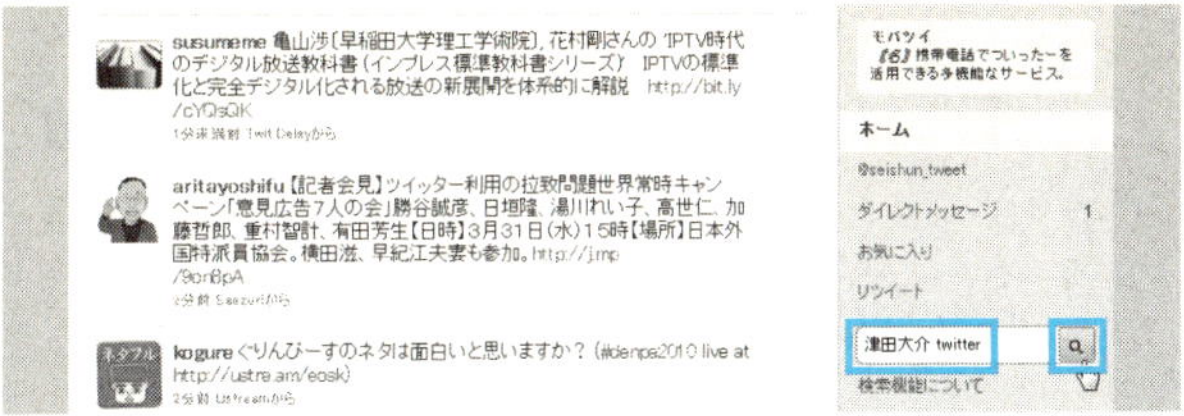

タイムライン右の検索窓に検索語を入力し、虫眼鏡をクリック。通常の検索サイトのように複数語を並べ、そのすべてを含むつぶやきを探す「AND検索」や、「津田大介 OR Twitter」というように、検索語を「OR」で挟んでいずれか一方の単語が含まれるつぶやきを探す「OR検索」も可能

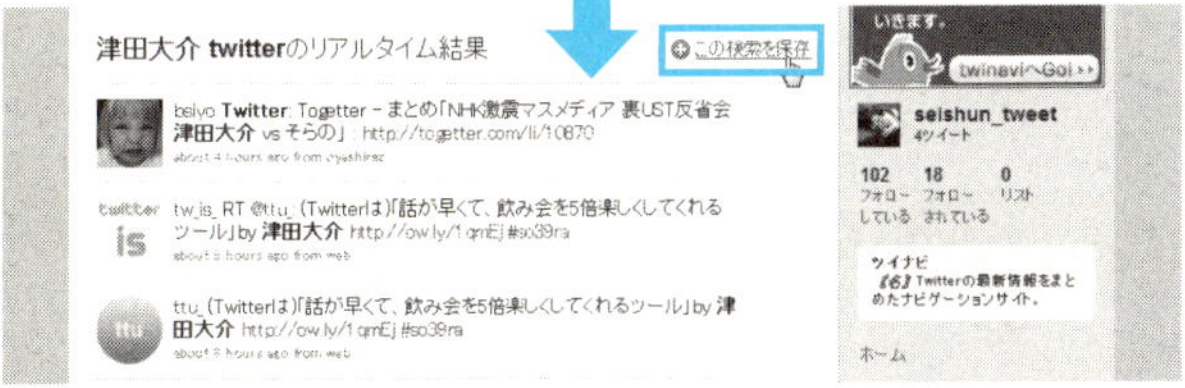

「津田大介」と「Twitter」の両方を含むつぶやきが一覧表示される。この検索語を今後も使うなら、画面上の「この検索を保存」をクリックする

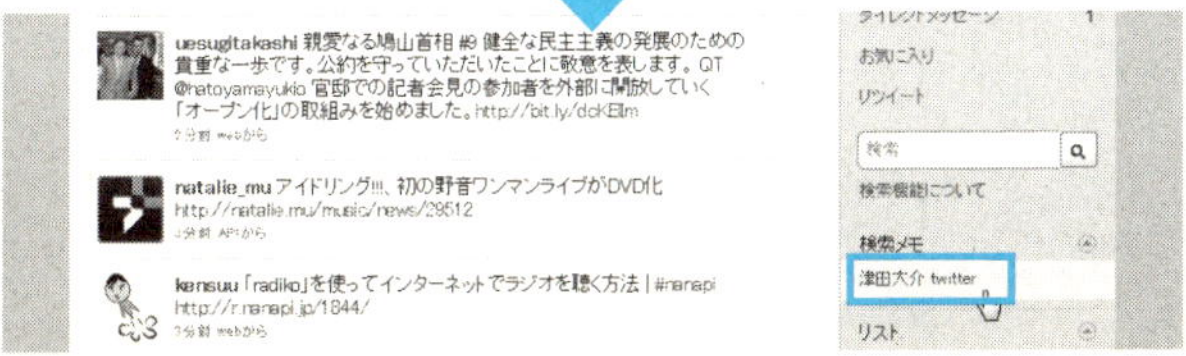

検索窓の下に表示される保存検索語をクリックするだけで、その単語を含むつぶやきをリアルタイムで検索できるようになった

30 リストでつぶやきをテーマごとに分類したい

フォローしている人の数が多くなると、タイムライン上がさまざまな人のつぶやきでにぎわうことになる。ツイッターを満喫するなら、ぜひともフォロー数を増やしておきたい。だが、「友だちのつぶやきを読みたい」「最新ニュースをチェックしたい」というように、特定のつぶやきだけを見たいときは、目当てのものを見つけにくくなってしまう。

　そこで利用したいのが「リスト」機能。友だちや有名人、企業など、**ユーザーの性格やジャンルごとにフォローしている人をグループ化することができる。**たとえば、ニュース関連bot（P104）を同じリストにひとまとめにしておけば、各社が配信する最新ニュース記事だけを一覧表示させることができる。

　タイムラインの「リストを作成する」をクリックして、「news」「friends」など、グループ化するユーザーの性格やジャンルに合ったリスト名を入力。空のリストが作成されるので、フォローしているユーザー一覧から、リストに登録したい人にチェックを入れよう。

kotoripiyopiyo え！ 50centとSimonが契約？！ RT @zeebrathedaddy 何ぃー！やっぱ満月の日は何かが起きる！祝！ RT @DJTYKOH @DJDEENYC すげー50CentのサイトにSimonさんが載るよー！ レコード契約結びたいらしいですよ！Whoa!
tospo_mobile【芸能情報】ゴジラ松井が憧れのアントニオ猪木と感激の対面――ディアブロ・スタジアム正面に黒塗りの巨大リムジンが横付けされる。中から現れたのは猪木だ http://j.mp/difGls #tospo #geinou #followmejp
mainichijpnews センバツ：北照が初の8強 自由ケ丘を振り切る http://bit.ly/9H8VQk
mainichijpedit #senbatsu 北照（北海道）が最終盤、自由ケ丘（福岡）との息づまる攻防を制して初のベスト8進出。http://bit.ly/aB3ZyU ←試合の詳報です。
owarai_natalie ロンブーのトリックスターで芸人がスゴ技に挑戦 http://natalie.mu/owarai/news/29764
ExciteJapan「藤子・F・不二雄ミュージアム」が川崎にできますね！オープンは、11年9月 http://bit.ly/bQhdnF
リツイート
検索機能について
検索メモ
リスト
リストは自分自身で作り上げるタイムラインで、友達、家族、同僚、スポーツチーム別などなんでも自由に作成できます。
リストを作成する
トレンド：Worldwide
変更する
#tebaklagu
#nowplaying
Ricky Martin
#YouMightWannaStop
#GoodMan
#dead
#YouCantBeSerious
#RIPAprilBieber
Justin Bieber

タイムライン右の「リストを作成する」をクリックする

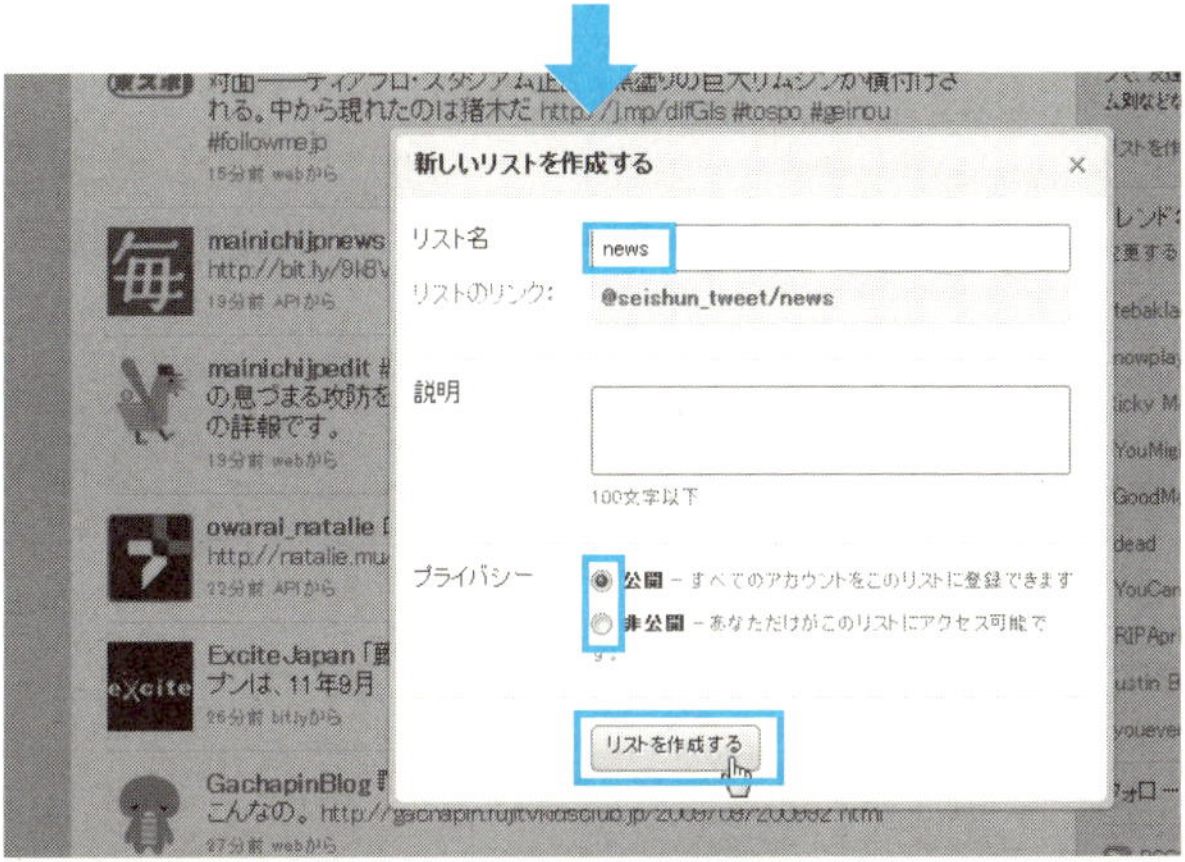
新しいリストを作成する
リスト名
news
リストのリンク：
@seishun_tweet/news
説明
100文字以下
プライバシー
公開 － すべてのアカウントをこのリストに登録できます
非公開 － あなただけがこのリストにアクセス可能です。
リストを作成する

リスト名を半角英数字で入力し、リストを他のユーザーに「公開」するか「非公開」にするかを選択（P100）。「リストを作成する」をクリックする

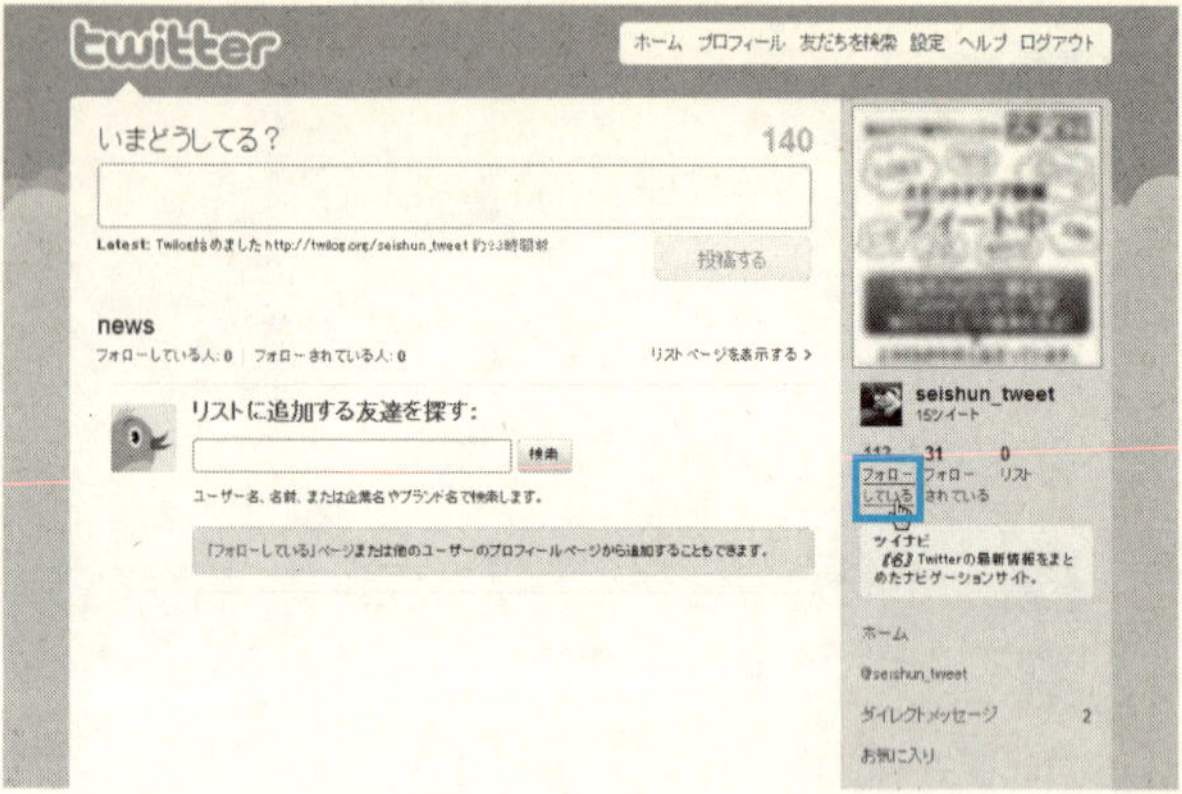

タイムライン右の「フォローしている」をクリックする

リストに入れたいユーザー名右のボタンをクリックし、先ほど作成したリスト名にチェックを入れる

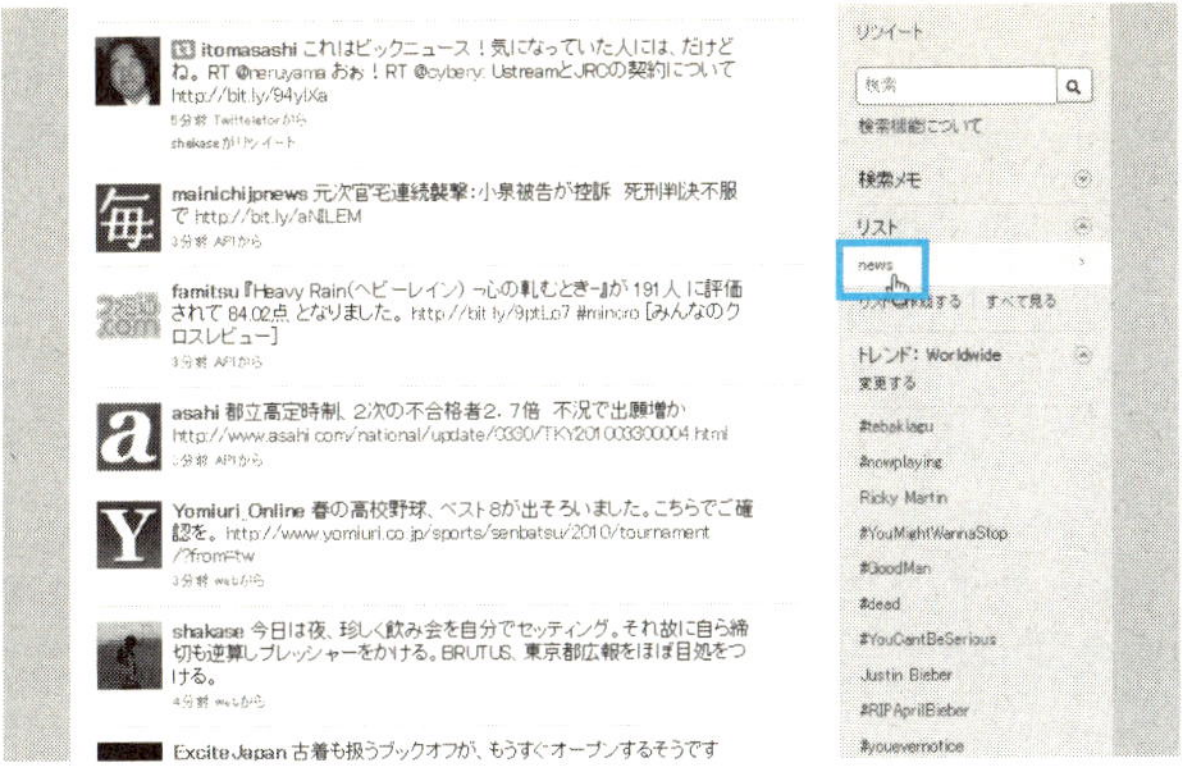
itomasashi これはビックニュース！気になっていた人には、だけどね。RT @neruyama おお！RT @cybery: UstreamとJRCの契約について http://bit.ly/94ylXa
mainichijpnews 元次官宅連続襲撃：小泉被告が控訴　死刑判決不服で http://bit.ly/aNlLEM
famitsu『Heavy Rain(ヘビーレイン) -心の軋むとき-』が 191人 に評価されて 84.02点 となりました。http://bit.ly/9ptLo7 #mincro [みんなのクロスレビュー]
asahi 都立高定時制、2次の不合格者2.7倍　不況で出願増か http://www.asahi.com/national/update/0330/TKY201003300004.html
Yomiuri_Online 春の高校野球、ベスト8が出そろいました。こちらでご確認を。http://www.yomiuri.co.jp/sports/senbatsu/2010/tournament/?from=tw
shakase 今日は夜、珍しく飲み会を自分でセッティング。それ故に自ら締切も逆算しプレッシャーをかける。BRUTUS、東京都広報をほぼ目処をつける。
Excite Japan 古着も扱うブックオフが、もうすぐオープンするそうです
リツイート
検索
検索機能について
検索メモ
リスト
news
すべて見る
トレンド: Worldwide
変更する
#nowplaying
Ricky Martin
#YouMightWannaStop
#GoodMan
#dead
#YouCantBeSerious
Justin Bieber
#RIPAprilBieber
#youevernotice

前ページの手順でリストに登録したいユーザーすべてにチェックを入れたら、タイムラインに戻る。右の「リスト」の項に作成したリスト名が表示されているので、クリックする

news
フォローしている人：20　フォローされている人：0
リストページを表示する ›
mainichijpnews 元次官宅連続襲撃：小泉被告が控訴　死刑判決不服で http://bit.ly/aNlLEM
asahi 都立高定時制、2次の不合格者2.7倍　不況で出願増か http://www.asahi.com/national/update/0330/TKY201003300004.html
Yomiuri_Online 春の高校野球、ベスト8が出そろいました。こちらでご確認を。http://www.yomiuri.co.jp/sports/senbatsu/2010/tournament/?from=tw
Excite Japan 古着も扱うブックオフが、もうすぐオープンするそうです http://bit.ly/dbt6ud
itmedia 派手さがないところこそが持ち味？ "宮本："派手さ"とは無縁な「ThinkPad X201」の奥深さを知る(1/2) http://ow.ly/1svb5
tospo_mobile【芸能情報】ゴジラ松井が憧れのアントニオ猪木と感激の対面――ディアブロ・スタジアム正面に黒塗りの巨大リムジンが横付けされる。中から現れたのは猪木だ http://j.mp/difGls #tospo #geinou #followmejp
› ENTER DS3 Special Site
seishun_tweet
15ツイート
113 フォローしている
31 フォローされている
0 リスト
モバツイ
携帯電話でついったーを活用できる多機能なサービス。
ホーム
@seishun_tweet
ダイレクトメッセージ 2
お気に入り
リツイート
検索
検索機能について
検索メモ
リスト
news

リストに登録したユーザーのつぶやきだけが抽出表示される

31 公開リストをまるごとフォローして情報力アップ

ツイッターのリストには、ほかのユーザーも見ることのできる「公式リスト」と、作成した本人以外見られない「非公式リスト」の2種類がある。

たとえば「面白いつぶやきをする人」というリストを作ると、リストから外れた人のつぶやきが面白くない、ということになってしまう。このようなリストは非公開にしておくべきだろう。

半面、ニュースｂｏｔ（Ｐ１０４）やミュージシャン、作家など、多くのユーザーの興味をひきそうなリストは公開しておこう。**公開リストはフォローできる**ので、便利なリストを作っておけば、きっと他のユーザーから喜ばれるはずだ。

当然、自分も他のユーザーのリストをフォローすることができる。特定のジャンルのリストをフォローすれば、リスト中に登録された各ユーザーをいちいち選んでフォローしなくても、彼らの**つぶやきを一気に読むことができる**。

まずは、フォローしている人のリストをチェックしてみて、興味のありそうなものをフォローしてみよう。

してもらいたいところ。
約1時間前 webから
4/1開始ってことは明日の深夜24時になった瞬間からやれるってことだな。
約1時間前 webから
いやー2003年からこの問題にずっとコミットしてきて、結局状況動かねーなーって諦めてた。これだけ迅速に状況が動いたってのは、Ust（& Twitter)の「話の早さ」パワーと、音楽業界が今置かれてる厳しい状況ががっちりタイミング合ったってことなんだろうね。
約1時間前 webから
期待してます！ 御社が動けば業界全体が変わっていくと思うので。RT @ken_ohtake: @tsuda こういうの増えます。ってか増やしたいと思います！
約1時間前 webから
うわごめん！ 4/1からだった！www RT @heatwave_p2p: @tsuda 無粋な突っ込みですが、有効なのは4月1日からでは…。
約1時間前 webから
ホワイトリスト、人大杉でアクセスしにくくなってるな。
約1時間前 webから
今日の夜とか原盤OKな曲だけ使ったUst DJをみんなで同時多発的にやればいいと思う。そうやって合法的に音楽を利用したいユーザーがたくさんいて、ニーズがあるってことを示せれば、それがムーブメントになっていき、頑なな音楽業界も変わるかもしれない。
約1時間前 webから
リスト
@tsuda/dragons
@tsuda/yorutoko
@tsuda/unique
@tsuda/life-crew
@tsuda/journalist
@tsuda/kitazono-high-school
すべて見る
操作
tsudaにダイレクトメッセージ
tsudaをブロックする
スパム報告する

他のユーザーのタイムラインにアクセスし、右の「リスト」一覧から、興味のあるものをクリック

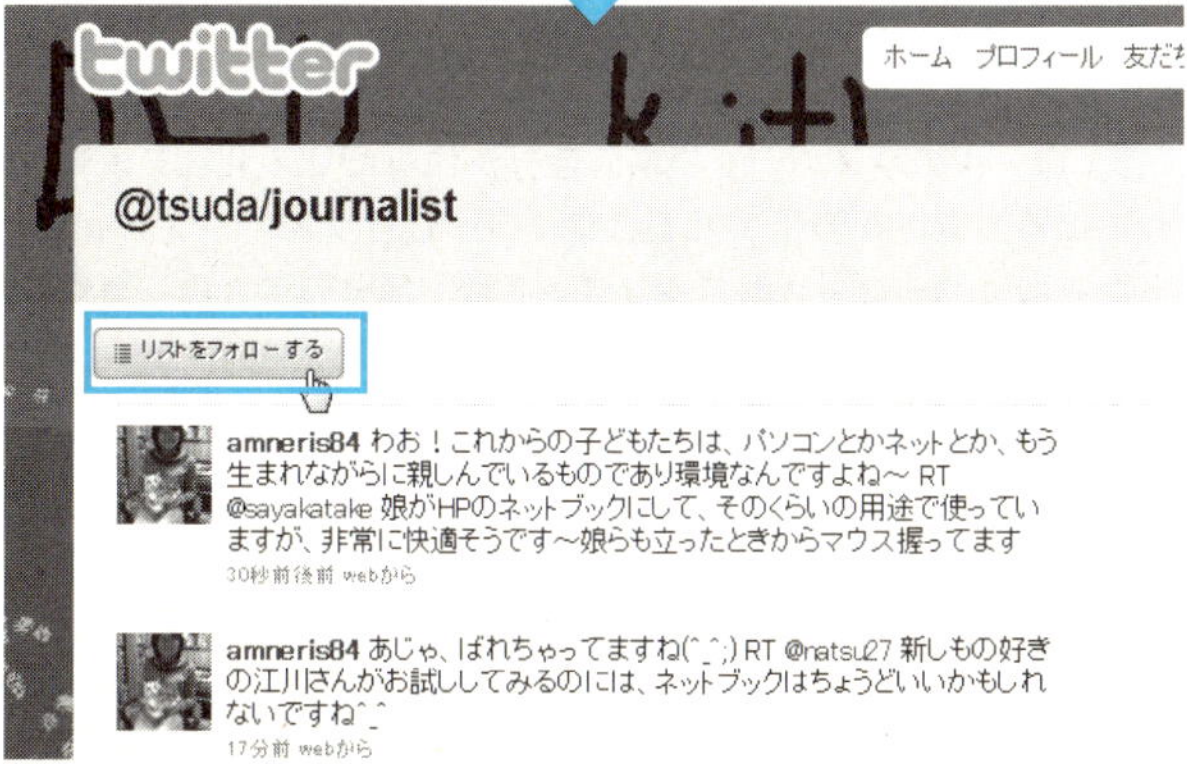
twitter
ホーム
プロフィール
@tsuda/journalist
リストをフォローする
amneris84 わお！これからの子どもたちは、パソコンとかネットとか、もう生まれながらに親しんでいるものであり環境なんですよね～ RT @sayakatake 娘がHPのネットブックにして、そのくらいの用途で使っていますが、非常に快適そうです～娘らも立ったときからマウス握ってます
amneris84 あじゃ、ばれちゃってますね(^_^;) RT @natsu27 新しもの好きの江川さんがお試ししてみるのには、ネットブックはちょうどいいかもしれないですね^_^
17分前 webから

そのユーザーが作成したリストが表示される。面白そうなメンバーが登録されているなら「リストをフォローする」をクリック

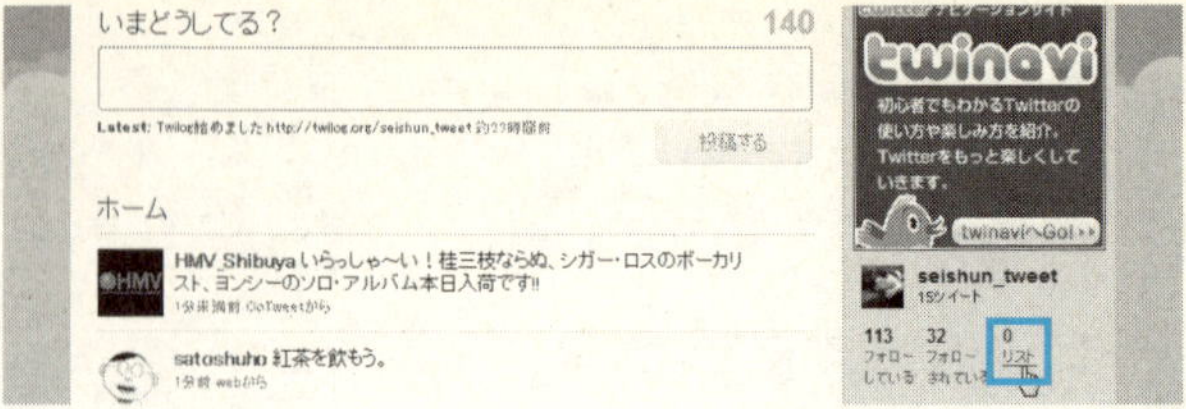

フォローしたリストの詳細を確認するには、自身のタイムラインに戻り、ユーザーアイコン下の「リスト」をクリック。フォローしたリストに直接アクセスしたいなら、「検索メモ」下の「リスト」から目当てのものをクリックしてもよい

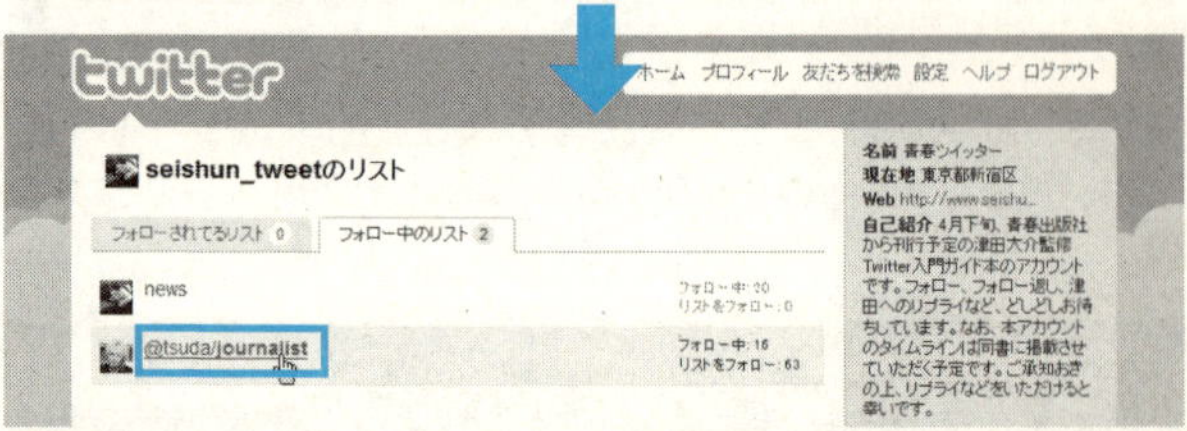

「フォロー中のリスト」タブに、自分が作ったリストとフォローしているリストが表示される。フォローしたリストをクリック。ちなみに「フォローされてるリスト」は、自分のアカウントが登録されているリスト一覧だ

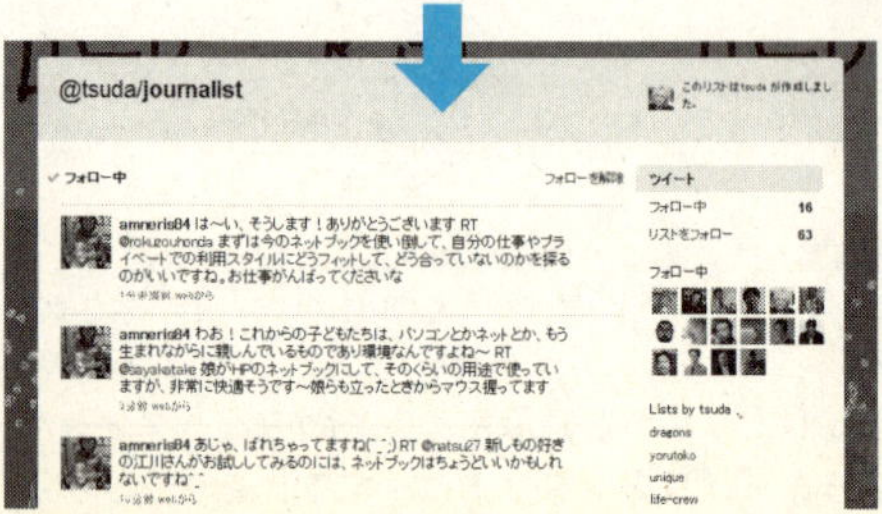

フォローしているリストにアクセスできる

Part 3

欲しい情報を最速で手に入れるワザ

32 ニュース系「ｂｏｔ」をフォローして最新情報を入手

ツイッターのアカウント（ユーザー）の中には「ｂｏｔ」（ボット）と呼ばれるものがある。これは「Ｒｏｂｏｔ」の略で、**自動的につぶやきを吐き出すプログラム**のことをいう。

中でも多くのフォロワーを集めているのが、大手新聞各社のｂｏｔ。各社のニュースサイト上に新しいニュース記事が公開されると、自動的にその見出しと記事へのアクセスURLをつぶやく。フォローしておけば、**最新ニュースをツイッター上でチェックできる**ようになる。そのほか、自社のニュース専門チャンネルの最新ニュースを随時つぶやくテレビ局のｂｏｔや、株式市況をリアルタイムでつぶやく経済系ニュースサイト、証券会社のｂｏｔもある。

フォローのしかたは通常のユーザーの場合と同じ。ｂｏｔのタイムラインにアクセスして「フォローする」をクリックすればよい。

本項ではそのフォローのしかたと、代表的なニュース系ｂｏｔを紹介するので、ぜひ参考にしてほしい。

asahi (asahi) on Twitter - Mozilla Firefox
ファイル(F) 編集(E) 表示(V) 履歴(S) ブックマーク(B) ツール(T) ヘルプ(H)
http://twitter.com/asahi
asahi (asahi) on Twitter
twitter
ホーム プロフィール 友だちを検索 設定 ヘルプ ログアウト
asahi
asahiをフォロー
フォローする
リスト
東京スカイツリー、東京タワーを超える高さに http://www.asahi.com/national/update/0329/TKY201003290091.html
名前 asahi
現在地 東京都中央区

ツイッターにアクセスし、次ページ以降で紹介するニュース系bot一覧から、フォローしたいもののアカウント名を「http://twitter.com/」の後に半角で入力。botのタイムラインにアクセスしたら「フォローする」をクリック

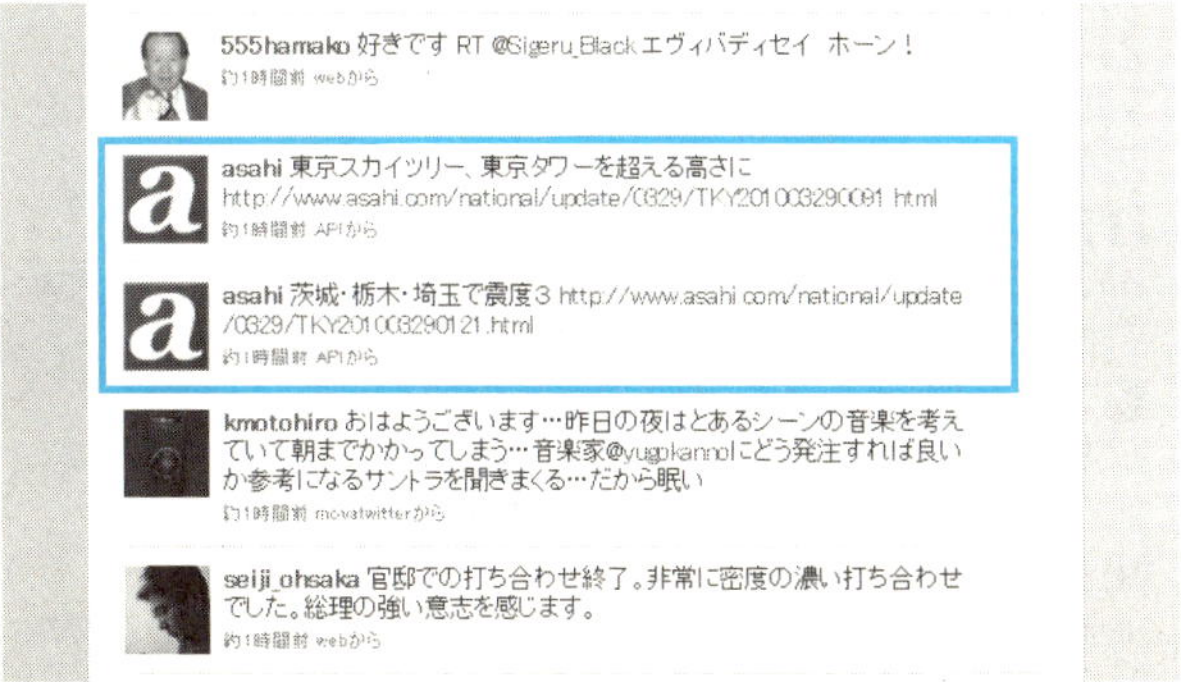
555hamako 好きです RT @Sigeru_Black エヴィバディセイ ホーン！
asahi 東京スカイツリー、東京タワーを超える高さに http://www.asahi.com/national/update/0329/TKY201003290091.html
asahi 茨城・栃木・埼玉で震度3 http://www.asahi.com/national/update/0329/TKY201003290121.html
kmotohiro おはようございます…昨日の夜はとあるシーンの音楽を考えていて朝までかかってしまう…音楽家@yugokannoにどう発注すれば良いか参考になるサントラを聞きまくる…だから眠い
seiji_ohsaka 官邸での打ち合わせ終了。非常に密度の濃い打ち合わせでした。総理の強い意志を感じます。

ニュースサイトが配信する記事の見出しが、自分のタイムライン上に随時つぶやかれるようになった。URLをクリックすると、記事本文を読むことができる

主なニュース系bot 1

朝日新聞 ▶ asahi
朝日新聞のサイト「アサヒ・コム」が配信する最新ニュース記事の見出しとアクセスURLを随時つぶやく

アサヒ・コム編集部 ▶ asahicom
アサヒ・コムの女性編集部員のアカウント。サッカー日本代表戦の模様を感情豊かに実況するなど、素顔が見えるつぶやきがウリ

毎日jpニュース速報 ▶ mainichijpnews
毎日新聞のサイト「毎日jp」が配信する最新ニュース記事の見出しとアクセスURLを随時つぶやく

毎日jp編集部 ▶ mainichijpedit
「毎日jp」のマスコットキャラクター、ジャン・ピエール・コッコが同サイトのオススメ記事の見出しとURLをつぶやく

読売新聞YOL ▶ Yomiuri_Online
読売新聞のニュースサイト「YOMIURI ONLINE」が配信する最新ニュース記事の見出しとアクセスURLを随時つぶやく

ZAKZAK ▶ zakdesk
夕刊フジのニュースサイト「ZAKZAK」が配信する最新ニュースとアクセスURLを随時つぶやく

日刊スポーツ ▶ nikkansportscom
日刊スポーツのニュースサイト「nikkansports.com」が配信する最新ニュースとアクセスURLを随時つぶやく

東スポ芸能 ▶ tospo_mobile
東京スポーツの携帯電話向けサイト「東スポ芸能」のニュース速報。つぶやき中のURLにアクセスできるのは携帯電話のみ

NHKニュース ▶ nhk_rss
NHKの動画付きニュースサイト「NHKニュース」が配信する記事の見出しとアクセスURLを随時つぶやく

日テレNEWS24 ▶ news24ntv
日本テレビのニュース専門チャンネル「日テレNEWS24」のアカウント。URLのアクセス先では動画も観られる

主なニュース系bot 2

MSN Japan ▶ MSNJapan
マイクロソフトのポータルサイト「MSN Japan」が配信する最新ニュースの見出しとURLをつぶやく

ExciteJapan ▶ ExciteJapan
ポータルサイト「Excite」が配信するニュースやコラムの見出しとURLをつぶやく。担当者自身のつぶやきも

Infoseek みんなのニュース ▶ RakutenMinnew
ポータルサイト「インフォシーク」のユーザー参加型ニュース配信サービスの見出しとURLをつぶやく

ITmedia Top ▶ topitmedia
IT系サイト「IT Media」のシステム、パソコン、ゲームなど、全カテゴリの記事から厳選した見出し、URLをつぶやく

ギズモード ▶ gizmodojapan
デジタルガジェット系ニュースを配信する「ギズモード」の最新記事の見出しとURLをつぶやく

japan.internet.com ▶ jic_news
IT系情報サイト「japan.internet.com」の配信する最新ニュースやコラム、リサーチ結果などの見出しとURLをつぶやく

CNET Japan ▶ cnet_japan
IT情報サイト「CNET Japan」の配信するニュースの見出しとURLをつぶやく。編集部員自身のつぶやきもあり

モーニングスター ▶ morningstarjp
総合金融情報サイト「モーニングスター」の配信する金融・経済関連ニュースの見出しとURLをつぶやく

東経ニュース ▶ tokyokeizai
調査会社・東京経済が自サイトで配信する経済ニュースや企業の倒産情報などの見出し、URLをつぶやく

カブドットコム証券 ▶ kabucom
ネット専業証券会社「カブドットコム証券」のbot。経済系最新ニュースや株式市況、円相場についてつぶやく

33 天気予報をピンポイントでチェックする

ツイッターは「今まさに起きている」できごとを伝え合うサービス。それだけに、まさに今、**多くの人が必要としている気象情報などと相性がよい**。そのため、天気予報を伝えるｂｏｔも多数用意されている。

数ある天気予報ｂｏｔの中でもとりわけユニークなのが、「お天気ＢＯＴ」(otenki_bot)。このｂｏｔをフォローし、「@otenki_bot　今日の東京の天気は?」とつぶやくと、数分後にお天気ＢＯＴから、その地域のその日の天気と最高気温が返信されてくる。

この情報はライブドアが提供する気象情報をもとに配信されており、今日と明日とあさってについて、各都道府県の県庁所在地の天気を問い合わせることができる(明日、あさっての場合は天気予報のみ。最高気温予報には非対応)。また、北海道であれば「道北」「道央」「道東」「道南」というように、地域を指定することも可能だ。そのほか、一部ではあるが「八戸」や「浜松」など、県庁所在地以外の大都市の天気にも対応している。

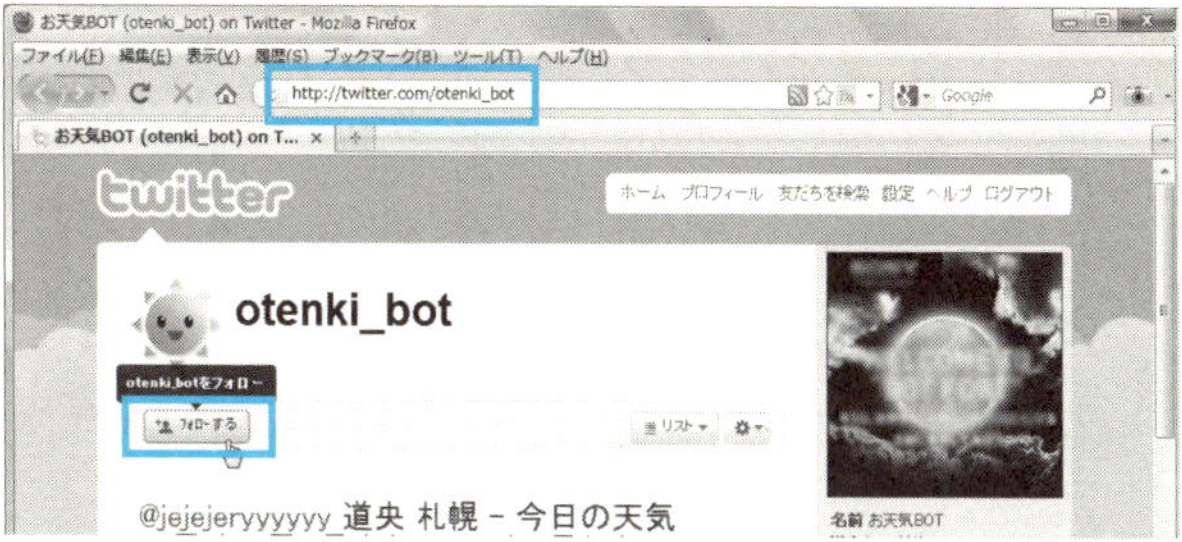

ブラウザのアドレス欄に「http://twitter.com/otenki_bot」と入力し、「お天気BOT」のタイムラインにアクセスしたら「フォローする」をクリック

ツイッターのロゴマークをクリックするなどして自分のタイムラインに戻り、入力フォームに「@otenki_bot <天気を知りたい日>の<天気を知りたい地域>の天気は？」と入力し「返信」をクリック。「今日東京」というように、日にちと地域だけを入力してもOK

数分後、お天気BOTから指定した地域、指定した日付の天気情報が返信されてくる

34 ツイッターで鉄道の運行状況を調べる

ツイッター上には、全国各地の**鉄道の運行状況を伝えるｂｏｔ**も存在している。この手のｂｏｔをフォローしておけば、携帯電話やｉＰｈｏｎｅを使って「○○線が車輌故障で遅延している」「人身事故で××線が運転見合わせ中」といったリアルタイムの情報を入手できる。

鉄道関係のｂｏｔには、東急電鉄の「tokyulines」のように鉄道会社自身が運営するもの、ＪＲ中央線の運行状況を知らせる「JR_ChuoKaisoku」などがあるが、すべてのＪＲ、私鉄が網羅されているというわけではない。

また、複数の路線の情報を知りたいときなどに、いちいちいくつものｂｏｔを探し出してフォローするのは非常に面倒だ。そこでオススメしたいのが、「<地域名>_train」というｂｏｔ。

次ページのとおり、**北海道から沖縄まで11地域のｂｏｔ**が用意されており、自分が住んでいる地域や職場のある地域のものをフォローしておけば、その地域のＪＲ、私鉄各線の運行状況が3分おきに随時配信される。

tokyo_train (tokyo_train) on Twitter - Mozilla Firefox
http://twitter.com/tokyo_train
tokyo_train
tokyo_trainをフォロー
フォローする
[東京メトロ東西線] 東陽町駅で車両点検を行った影響で、現在も一部列車に遅れが出ています。
[東京メトロ丸ノ内線] 銀座駅でホームドア点検を行った影響で、現在も列車に遅れが出ています。

ツイッターにアクセスし、下にある表のうち、よく使う路線が含まれている地域のユーザー名をブラウザのアドレス欄の「http://twitter.com/」の後ろに入力してENTERキーを押す。botのタイムラインにアクセスしたら「フォローする」をクリック

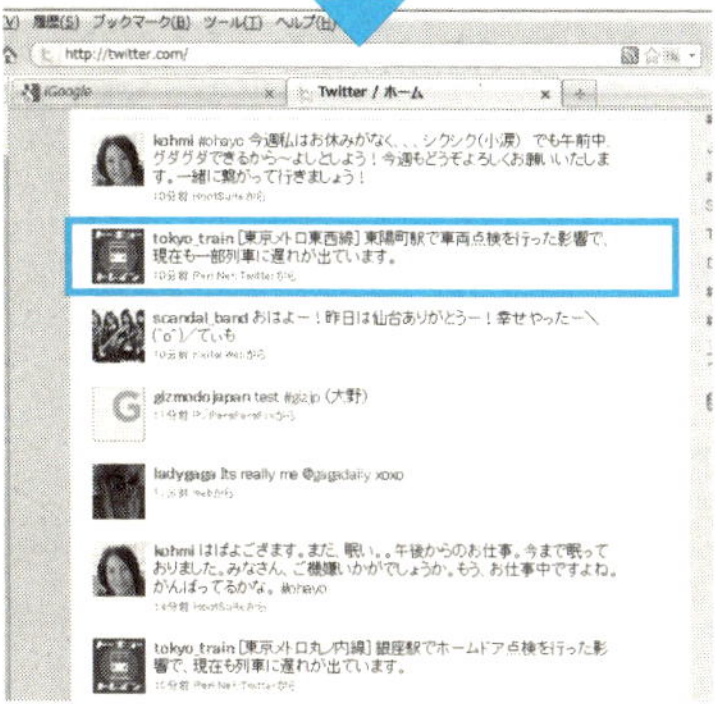
http://twitter.com/
Twitter / ホーム
tokyo_train [東京メトロ東西線] 東陽町駅で車両点検を行った影響で、現在も一部列車に遅れが出ています。
ladygaga Its really me @gagadaily xoxo
tokyo_train [東京メトロ丸ノ内線] 銀座駅でホームドア点検を行った影響で、現在も列車に遅れが出ています。

地域のJR、私鉄各線に事故や遅延があった場合、自分のタイムライン上にその情報がつぶやかれるようになった

■各地の鉄道運行状況bot

北海道	▶ hokkaido_train	東海	▶ tokai_train
東北	▶ tohoku_train	近畿	▶ kinki_train
北陸	▶ hokuriku_train	中国	▶ chugoku_train
関東	▶ tokyo_train	四国	▶ shikoku_train
信越	▶ shinetsu_train	九州	▶ kyushu_train
		沖縄	▶ okinawa_train

35 ネットで話題のことがらをつぶやきから知る

つぶやきの中には、今見ているサイトや、最近気になっているサイトのURLとあわせて、そのサイトについての感想や意見を書き込んでいるものも多い。

「TweetBuzz」(http://tweetbuzz.jp/)は、国内のツイッターユーザーのつぶやきに記載されたURLを集計するネットサービス。特につぶやかれているページやサイトを「IT」「ライフスタイル」「政治・経済」「芸能・エンタメ」など、12のジャンルごとに分類して紹介している。

今まさに**大勢のユーザーにつぶやかれているということは、大きな注目を集めている、つまり今話題のウェブサイト**というわけだ。

各人気サイト紹介ページには、サイトのURLや見出し、冒頭部分のテキストに加えて、そのURLについて言及している最新のつぶやき一覧も表示される。

また、「この話題についてつぶやく」機能も用意されており、人気サイトをチェックするだけでなく、そのサイトについて「TweetBuzz」からツイッターにつぶやくことも可能だ。

tweetbuzz
トップ 総合 IT 社会 政治・経済 生活 芸能 ゲーム・アニメ 話題 教育 動画 画像 2ch ユーザ
「IT」のTwitterでの注目サイト一覧
このサイトについて
554 tweets
2chで見かけたauの新型Androidスマフォ(IS01)の自称関係者燃焼まとめ - メモ帳
267 tweets
らばQ:本当にこんな場所に…?ドミノピザのiPhoneアプリで、実際に公園で注文してみたら…
320 tweets
【お知らせ】Twitterフォロワー3万人突破記念～有料iPhoneアプリ100本まとめてプレゼント - iPhone・iPod touch ラボ
188 tweets
Twitter、新しいダイナミックなホームページを公開
はてブとTwitterは競合する？ はてな伊藤直也氏に聞いてみた：インタ
Twitterでつぶやかれている URLを収集し「いま」旬のサイトがわかるWEBサービスです。各ジャンルの人気サイトがわかるのでWEBマーケターの方にも便利です。
IT・新着エントリー

グーグルなどから「TweetBuzz」を検索するか、前ページのURLをブラウザのアドレス欄に入力。画面上段のカテゴリから好きなものをクリックすると、ツイッターで話題になっているサイトの一覧と、各サイトのツイッター上でのつぶやき数が表示される。気になるサイトのつぶやき数をクリック

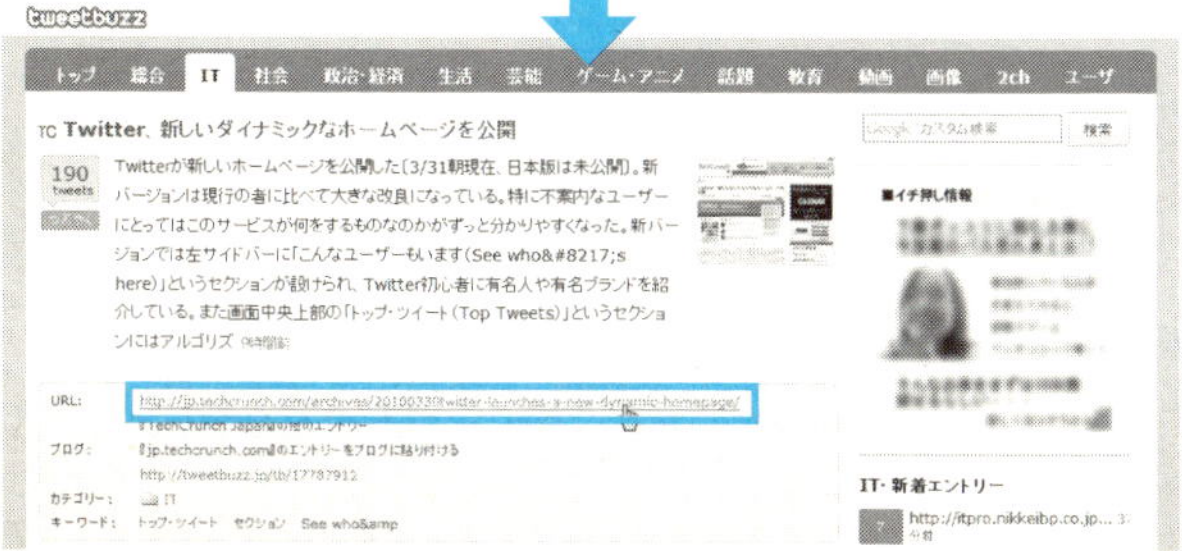

tweetbuzz
トップ 総合 IT 社会 政治・経済 生活 芸能 ゲーム・アニメ 話題 教育 動画 画像 2ch ユーザ
TC Twitter、新しいダイナミックなホームページを公開
190 tweets
Twitterが新しいホームページを公開した(3/31朝現在、日本版は未公開)。新バージョンは現行の者に比べて大きな改良になっている。特に不案内なユーザーにとってはこのサービスが何をするものなのかがずっと分かりやすくなった。新バージョンでは左サイドバーに「こんなユーザーもいます(See who’s here)」というセクションが設けられ、Twitter初心者に有名人や有名ブランドを紹介している。また画面中央上部の「トップ・ツイート(Top Tweets)」というセクションにはアルゴリズ
URL:
ブログ:
カテゴリー:
キーワード:
IT・新着エントリー

サイトの概要と、そのサイトについての最新のつぶやき一覧が表示される。まずは「URL」をクリック

TweetBuzzで紹介されたサイトにジャンプして、その内容を読むことができる

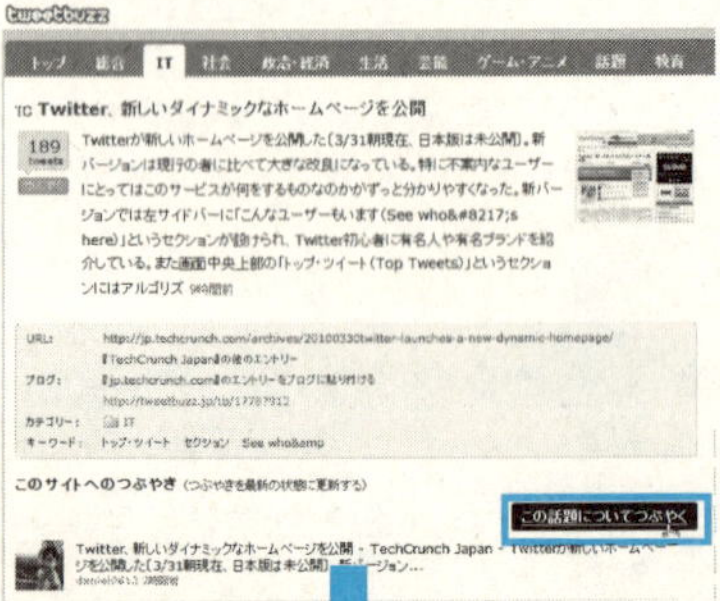

興味を惹かれるサイトについては、TweetBuzz上からツイッターに向けてつぶやくことができる。「この話題についてつぶやく」をクリック

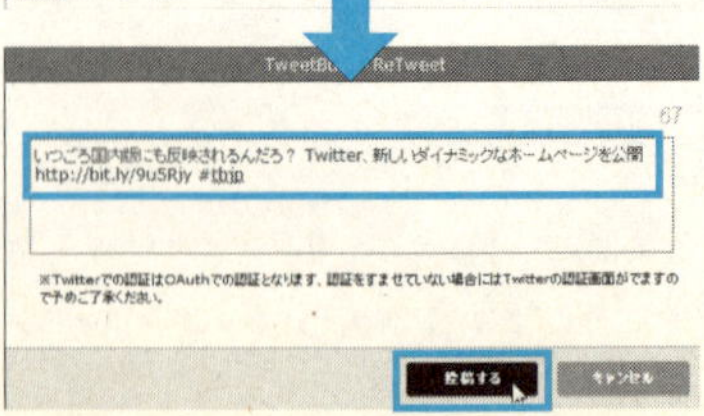

サイトの見出しとURLが自動入力された入力フォームが表示されるので、感想などを打ち込んで「投稿する」をクリックする

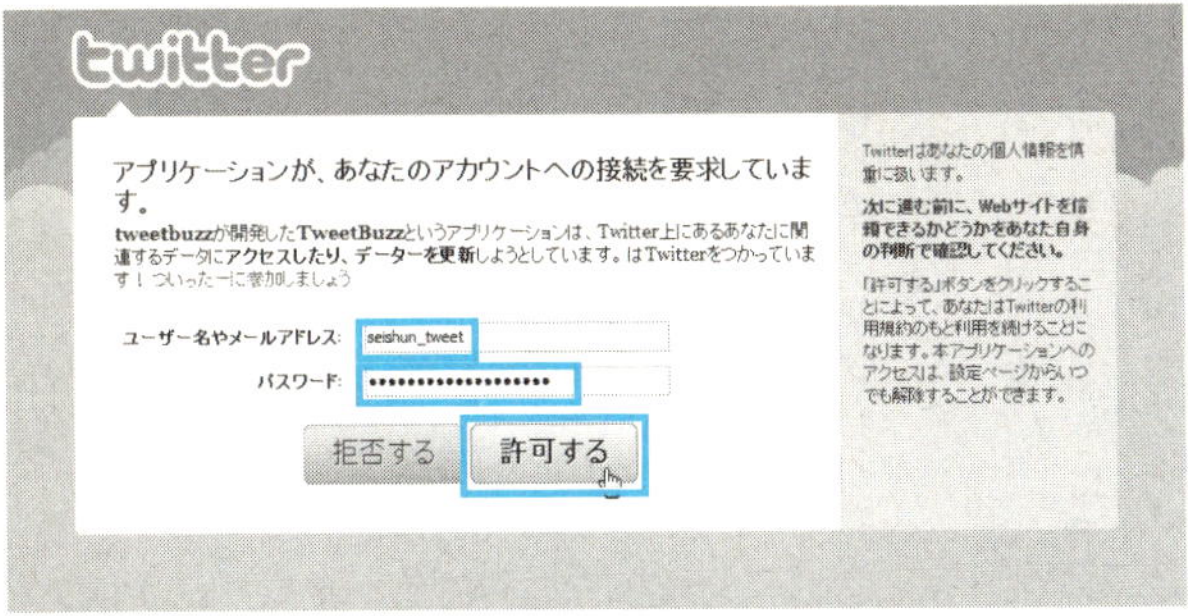
twitter
アプリケーションが、あなたのアカウントへの接続を要求しています。
tweetbuzzが開発したTweetBuzzというアプリケーションは、Twitter上にあるあなたに関連するデータにアクセスしたり、データーを更新しようとしています。はTwitterをつかっています！ついったーに参加しましょう
ユーザー名やメールアドレス:
seishun_tweet
パスワード:
拒否する
許可する
Twitterはあなたの個人情報を慎重に扱います。
次に進む前に、Webサイトを信頼できるかどうかをあなた自身の判断で確認してください。
「許可する」ボタンをクリックすることによって、あなたはTwitterの利用規約のもと利用を続けることになります。本アプリケーションへのアクセスは、設定ページからいつでも解除することができます。

ツイッターのユーザー名とパスワードを入力して「許可する」をクリックする

twitter
ホーム　プロフィール　友だち
いまどうしてる？
140
最新ツイート:いつごろ国内版にも反映されるんだろ？ Twitter、新しいダイナミックなホームページを公開 http://bit.ly/9u5Rjy #tbjp 10秒以内前
投稿する
ホーム
seishun_tweet いつごろ国内版にも反映されるんだろ？ Twitter、新しいダイナミックなホームページを公開 http://bit.ly/9u5Rjy #tbjp
10秒以内前 TweetBuzzから
MariahCarey http://twitpic.com/1o4of7
30秒前後前 webから
natalie_mu 書籍「大槻ケンヂが語る江戸川乱歩」で名作の魅力を紐解く http://natalie.mu/music/news/29806
3分前 APIから

ツイッターの自分のタイムラインにアクセスすると、TweetBuzz上からつぶやいた内容が反映されていることがわかる

36 ツイッターに関する最新情報をチェックする

ネットの世界が刻一刻と進化、成長を続けているのと同じく、**ツイッターも日々進歩している。**新機能が実装されたり、企業や有志のユーザーが運営する新たな連動サービスがオープンしたり、有名人や企業が続々と参加したり――。新機能をいち早く使いこなし、有名人や企業をフォローすれば、ツイッターライフはより充実することだろう。

　ツイッターの最新情報を知りたいなら、「ツイナビ」（P61）にアクセスしよう。これは、日本版ツイッターの運営管理を行うデジタルガレージの関連会社が運営している、ツイッターナビゲーションサイト。ツイッターに搭載される新機能の情報や、企業や有名人がツイッター上で展開するイベントの情報、有名人や企業、ネットサービスなど、新しい公認ユーザーの情報が随時更新されている。

　ツイナビには、ツイッター上に最新のニュースを配信するｂｏｔ（twinavi）もある。これをフォローしておけば、**ツイッターの新機能情報が随時タイムライン上に流れてくるようになる。**

グーグルなどから「ツイナビ」と入力して検索するか、URL（http://twinavi.jp/）をブラウザのアドレス欄に入力して「ツイナビ」にアクセス。「新着情報を見る」をクリックする

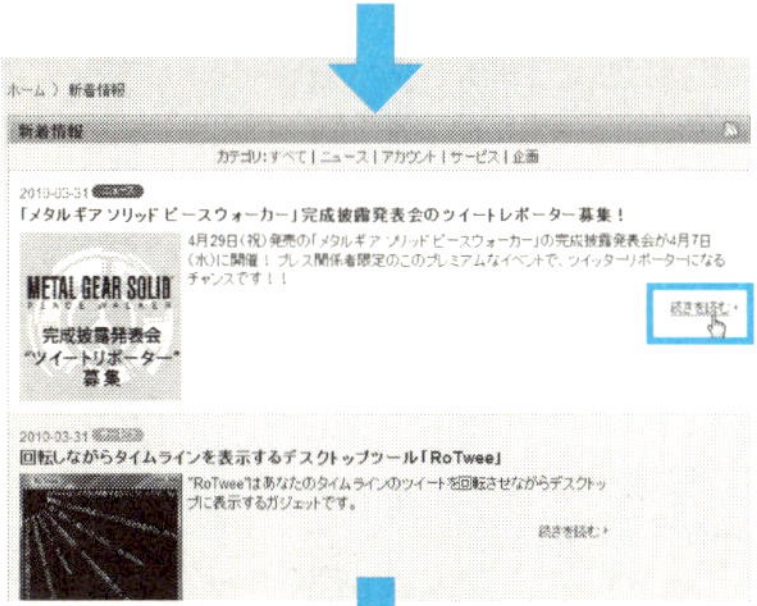

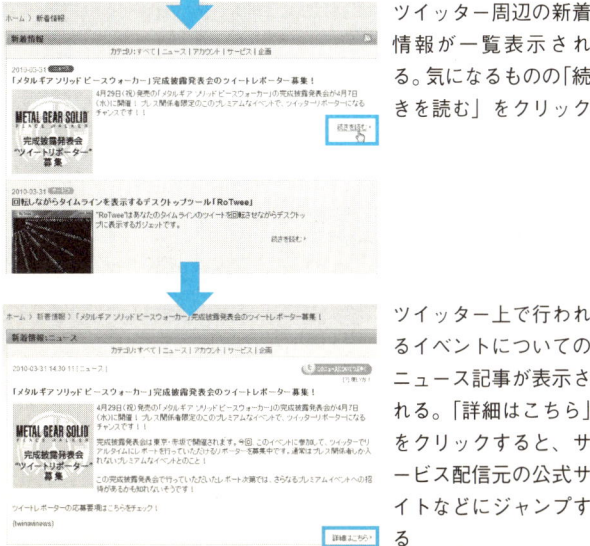

ツイッター周辺の新着情報が一覧表示される。気になるものの「続きを読む」をクリック

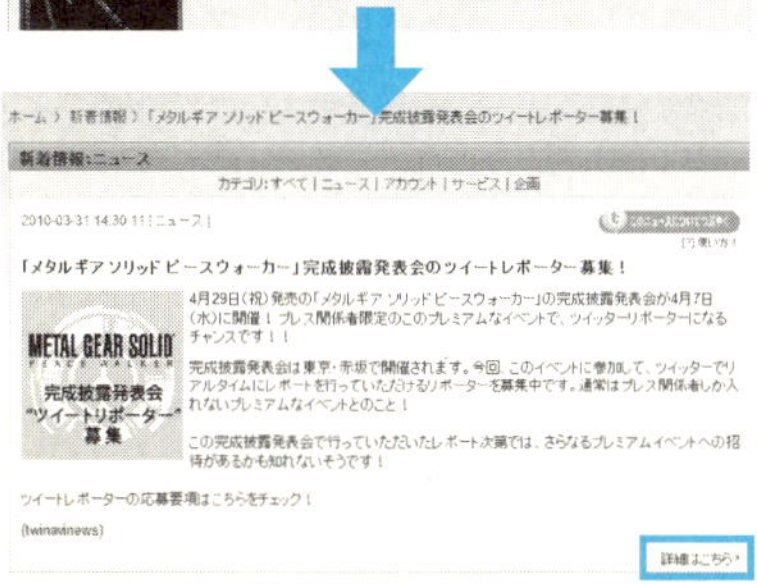

ツイッター上で行われるイベントについてのニュース記事が表示される。「詳細はこちら」をクリックすると、サービス配信元の公式サイトなどにジャンプする

37

他にもまだまだある便利で面白いｂｏｔ

ツイッター上には、ニュースや鉄道の運行状況、天気予報以外にも**さまざまなｂｏｔが存在している。**たとえば、「時報」というｂｏｔは、毎時00分になると「【時報】17時（午後5時）をお知らせします」と、その時間をつぶやく。ツイッターを見ているだけで、だいたい今何時ごろなのかがわかるというわけだ。また「れしぴったー」という人気のｂｏｔは「＠recipetter　豚肉」などと食材を書いたつぶやきをリプライすると、レシピサイト「クックパッド」から**その食材を使ったレシピを返信してくれる。**

一方、まるで役には立たないものの、その面白さがウケて人気のｂｏｔもある。「shuzo_matsuoka Bot」は、元プロテニスプレーヤーの松岡修三氏をイメージしたｂｏｔ。テレビ番組やテニススクールなどで彼が発しがちな、熱いメッセージを真似たつぶやきを随時配信する。そのほか各界有名人の名言を紹介する「名言ｂｏｔ」もある。

以下ではオススメｂｏｔを紹介するので、ぜひフォローしてみてほしい。

フォローしたいオススメbot 1

時報 ▶ jihou	毎時00分になると、その時間を自動的に通知してくれる
れしぴったー ▶ recipetter	「@recipetter」宛に食材をつぶやくと、その食材を使ったレシピを返信
日経平均 ▶ nikkeiave	株式市場が開いている時間中、20分ごとに日経平均株価を配信する
buzztter ▶ buzztter	P86の「buzztter」のbot。30分おきにツイッターのバスワードをつぶやく
J-WAVE ▶ jwave	FMラジオ局・J-WAVEのbot。同局で現在オンエア中の曲名をつぶやく
FM802NowOnAir ▶ FM802NowOnAir	FMラジオ局・FM802のbot。同局で現在オンエア中の曲名をつぶやく
野球バカ28号（仮） ▶ npbresult	プロ野球12球団の試合予定と経過、結果をつぶやくbot
地震速報 ▶ earthquake_jp	気象庁らのデータをもとに地震速報をつぶやくbot
Jリーグニュース ▶ jleaguenews	Jリーグの試合経過やチーム情報などを随時つぶやく
食べったー ▶ tabetter	「@tabetter」宛に食べたものをつぶやくとカレンダー形式で保存される
円為替レートbot ▶ jpy	円・ドル・ユーロの為替レートを30分ごとにつぶやく
今日は何の日？ ▶ nannohi	毎日、今日はなんの記念日、なにが起きた日なのかをつぶやく
実況ったー ▶ jikkyo	2ちゃんねるの「実況板」の投稿の多いスレッドを紹介。話題のTV番組がわかる
Wikr ▶ wikr	「@wikr」宛に意味を知りたい言葉をつぶやくと、Wikipediaの該当URLを返信
まんがbot ▶ comics_ja	その日に発売されるマンガ単行本の名前とアマゾンURLをつぶやく
関東のアニメ番組 ▶ AnimeKanto	関東一円のテレビ局で放送されるアニメの情報を放送10分前につぶやく
関西のアニメ番組 ▶ AnimeKansai	関西一円のテレビ局で放送されるアニメの情報を放送10分前につぶやく
徹子の部屋 ▶ tetsuko_room	テレビ番組『徹子の部屋』の今日と次回のゲスト情報をつぶやく
best_amz ▶ best_amz	アマゾンの書籍売上げランキング（全体を随時つぶやく
nanapi ▶ nanapi	情報サイト「nanapi」のbot。ちょっとした生活の役立ち情報をつぶやく

フォローしたいオススメbot 2

名言bot ▶ meigenbot	古今東西、さまざまな人々の名言を随時つぶやくbot
shuzo_matsuoka Bot ▶ shuzo_matsuoka	松岡修造風の熱い言葉を配信。「@shuzo_matsuoka」にリプライすると返事も
訃報くん ▶ fuhou	その日に亡くなった人の享年や肩書きをつぶやく
酢鶏 ▶ sudori	会話プログラム・人工無能のbot。意味不明なつぶやきを連発
尾崎放哉 ▶ housai	「咳をしても一人」で知られる俳人・尾崎放哉風の自由律俳句をつぶやく
ムーミン谷の名言bot ▶ moomin_valley	トーベ・ヤンソン「ムーミン」シリーズ中に登場する名言を随時つぶやく
北方謙三 ▶ kitakata_kenzo	「@kitakata_kenzo」宛に悩みをつぶやくと作家・北方謙三風の回答をくれる
ハーレクイン ▶ Harlequin_JP	ハーレクイン社がその時間にあった自社作品中の甘い名言を随時つぶやく
ガチャピン【Gachapin】 ▶ GachapinBlog	幼児番組『ポンキッキ』のガチャピンブログのbot。更新情報を随時配信
森田一義bot ▶ MoritaKazuyoshi	いかにもタモリが言いそうなジョーク、皮肉、ダジャレを随時つぶやく
村上春樹 ▶ Murakami_Haruki	村上春樹作品の中に登場するフレーズ、一節をつぶやく
スヌーピー bot ▶ SNOOPYbot	「スヌーピーと愉快な仲間たち」に登場する名言・迷言をつぶやく
ピーター・ドラッカー BOT ▶ druckerBOT	経営学者・哲学者、ピーター・ドラッカーの名言を紹介するbot
有吉bot ▶ ariyoshi_bot	「@ariyoshi_bot」とつぶやくと、芸人・有吉弘行よろしくヒドいあだ名をつけてくれる
タモリ倶楽部 ▶ TAMORIclub_info	テレビ番組「タモリ倶楽部」の次回放送内容を適当なタイミングでつぶやく
圧縮新聞 ▶ asshuku	その日のニュースの各見出しを適当に合体させて珍文を生成し、つぶやく
笑っていいとも次回のゲストお知らせbot ▶ iitomorrow	『笑っていいとも』の「テレホンショッキング」コーナーの次回ゲストをつぶやく
ラーメン二郎情報bot ▶ jirolian	関東で展開するラーメン店・ラーメン二郎各店の混雑状況を逐次つぶやく
たろっとさん ▶ tarot3	「@tarot3」宛にリプライすると、タロットカードをめくりその日の運勢を占ってくれる
アインシュタイン名言集 ▶ Einstein_ja	理論物理学者、アルベルト・アインシュタインの名言の数々をつぶやく

Part 4

さらにハマる一歩進んだ使いこなし術

38 ツイッターがさらに便利になる専用ソフト

ツイッターをもっと使いこなしたいなら、**「クライアント」と呼ばれる専用ソフト**を導入してみてもいいだろう。ツイッター用のクライアントは数多く用意されている。たいていのものは、ユーザー名とパスワードを登録しておくと、フォローしているユーザーが新しく何かをつぶやくと、その内容をポップアップで表示してくれる。自分宛にリプライやダイレクトメッセージが送られてきたときなども同様に知らせてくれる。また、タイムライン、受信したリプライ、ダイレクトメッセージ、お気に入りなど、ツイッター**上のあらゆる情報を一画面中で確認、管理することもできる。**

また、「Twitpic」（Ｐ１３４）などのサイトにアクセスしなくても、写真を投稿できるクライアントもある。

ここで紹介するのは、「TweetDeck」(http://www.tweetdeck.com/)というヘビーユーザーに人気のクライアント。設定に少し手間はかかるが、正しく設定することができれば、ツイッターライフが格段に充実するはずだ。

TweetDeckの公式サイトにアクセスし、「Instaling TweetDeck」をクリック。「Adobe AIRインストール」というウィンドウの「はい」をクリックし、以降、表示される画面の指示に従ってインストール作業を進める

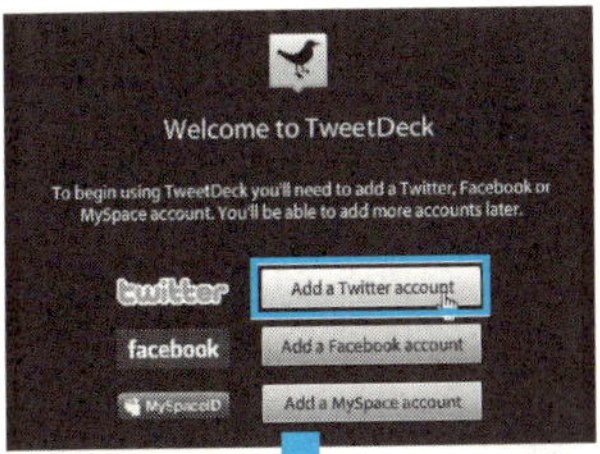

インストールが完了すると、自動的にTweetDeckが起動。「Add a Twitter account」をクリックする

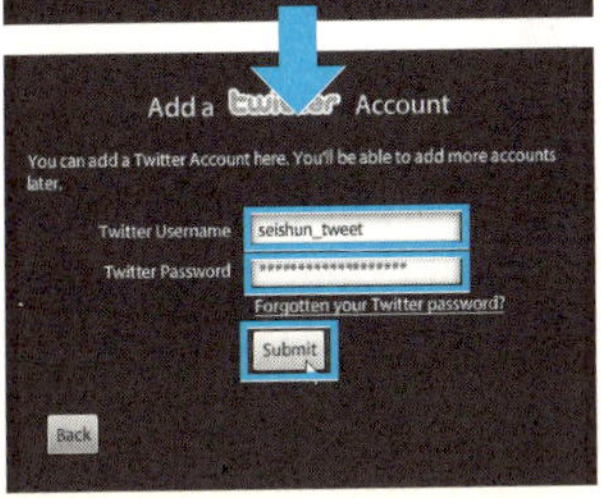

ツイッターのユーザー名とパスワードを入力して、「Submit」をクリックする。このあとにTweetDeckに登録するか尋ねられるが、とりあえず無視して「Skip this step」をクリック

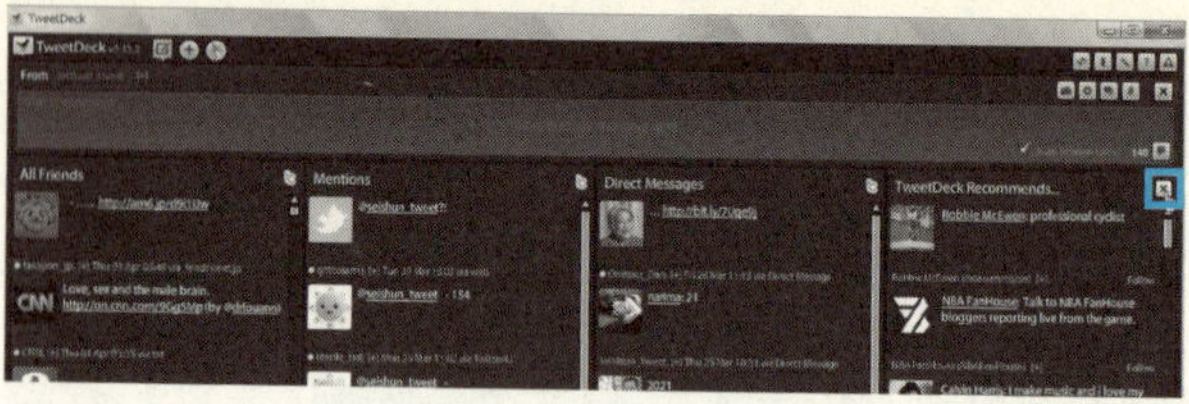

自分のタイムライン（All Friends）と受信したリプライ一覧（Mentions）、やり取りしたダイレクトメッセージ一覧（Direct Messages）、TweetDeckオススメするユーザー（TweetDeck Recommends）が表示される。まずは一覧右上の×ボタンから不要な一覧を閉じる

TweetDeckは海外のソフトのため、初期状態では日本語のつぶやきが正しく表示されていない。画面上段にあるスパナマークのボタンをクリック

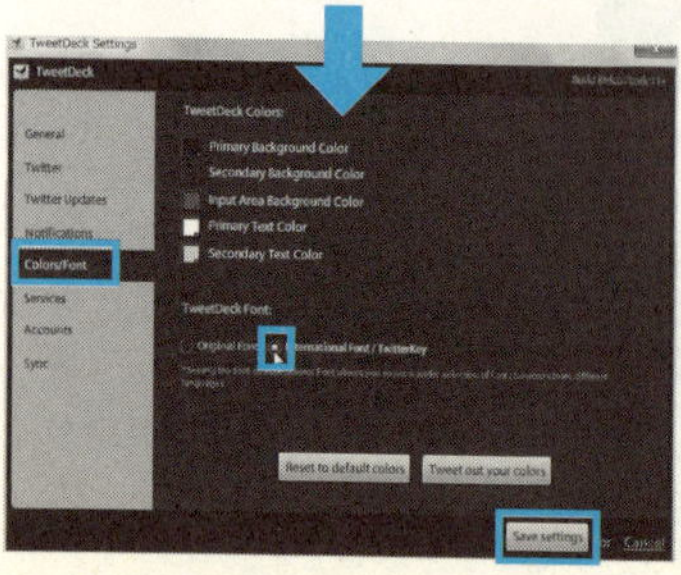

設定画面の左から「Colors/Font」を開き「International Font/TwitterKey」を選択して「Save Settings」をクリック。これで日本語が正しく表示される

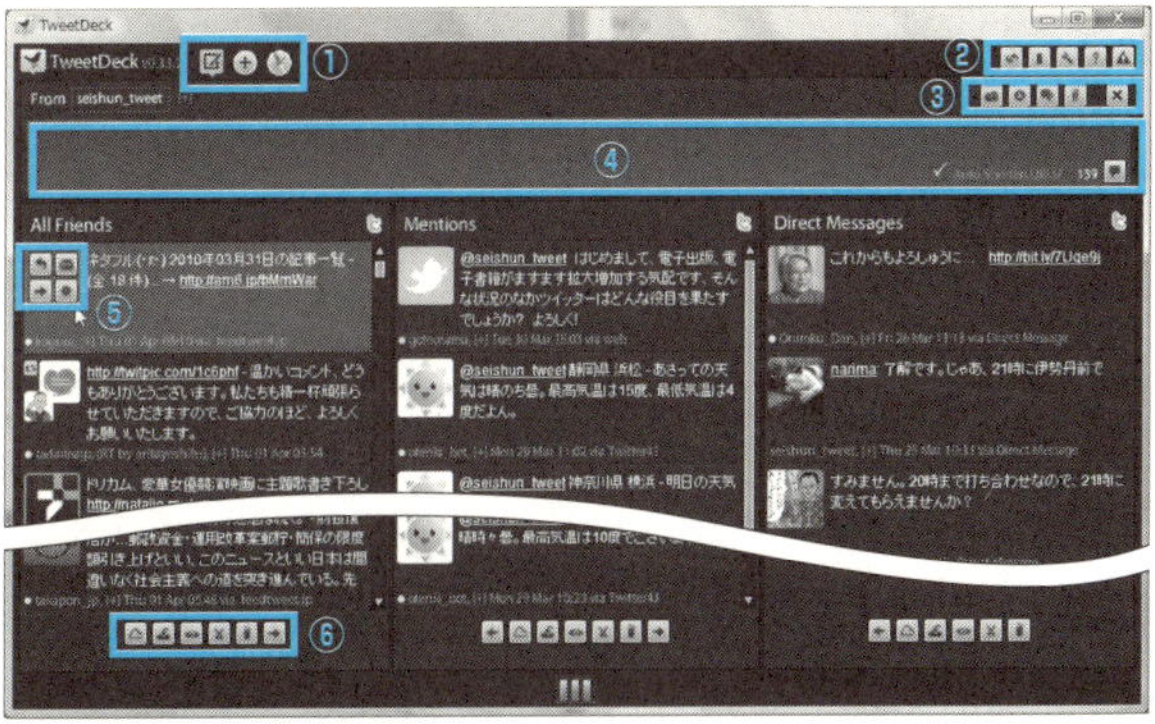

自分のタイムライン(All Friends)と受信したリプライ一覧（Mentions）、やり取りしたダイレクトメッセージ一覧(Direct Messages)、TweetDeckオススメユーザー（TweetDeck Recommends）が表示される。まずは一覧右上の×ボタンから不要な一覧を閉じる

■TweetDeckの各機能

①左から「入力フォームの表示」、お気に入りなど「一覧の追加」「ユーザー検索」ボタン
②左から「表示中の一覧を最新情報に更新」「左端の列のみを表示」「設定」「ヘルプ」「ログアウト」ボタン
③「PC上の写真を投稿」「つぶやいたURLを短縮」「つぶやきを翻訳」「最近利用したハッシュタグを入力」「入力フォームを閉じる」ボタン
④つぶやき入力フォーム
⑤つぶやきの顔アイコンをクリックすると、そのつぶやきに対する機能ボタンが表示される。左上から時計回りで「リプライ」「ダイレクトメッセージ」「フォローやお気に入り追加など」「公式リツイート」ボタン
⑥絞り込み検索、既読つぶやきの消去など、一覧上の情報を操作できるボタン群
⑦TweetDeckを起動しておくと、新着のつぶやきやダイレクトメッセージなどがあったとき、その内容がデスクトップ上に自動表示される

39 ツイッターがもっと便利になるiPhoneアプリ

外出先で「＜居場所＞なう」とつぶやくのが定番になっているツイッター。当然、**携帯電話やiPhoneと相性がよ**く、それだけに数多くのツイッター用のiPhoneアプリが公開されている。携帯電話版ツイッターはおろか、パソコン版よりも高機能なアプリもあるので、iPhoneユーザーは使ってみよう。

数あるiPhoneアプリの中でも特にオススメなのが、「Echofon for Twitter」と「SimpleTweet」。

「Echofon」は、シンプルな操作系と機能性がウリのiPhoneアプリ。特に検索機能に優れ、ツイッター全体のつぶやきに加え、タイムラインや受信リプライ、ダイレクトメッセージをキーワード検索できる。単につぶやくだけでなく、手早く必要な情報を探し出せる。

「SimpleTweet」の自慢は、動作の機敏さと豊富な機能。115円と有料ながら、表示速度はiPhoneアプリで一番ともいわれ、複数ユーザーへの同時リプライや、ツイッターに投稿された画像のキーワード検索にも対応している。

iPhoneアプリを検索・インストール

iTunesを起動し、画面左から「iTunesStore」にアクセス。右上の検索窓からアプリ名でキーワード検索し、該当するアプリのページの価格ボタン（無料アプリの場合は「無料App」）をクリック。ダウンロード後、画面左からiPhoneの設定画面を開き、iPhoneにアプリをインストールする

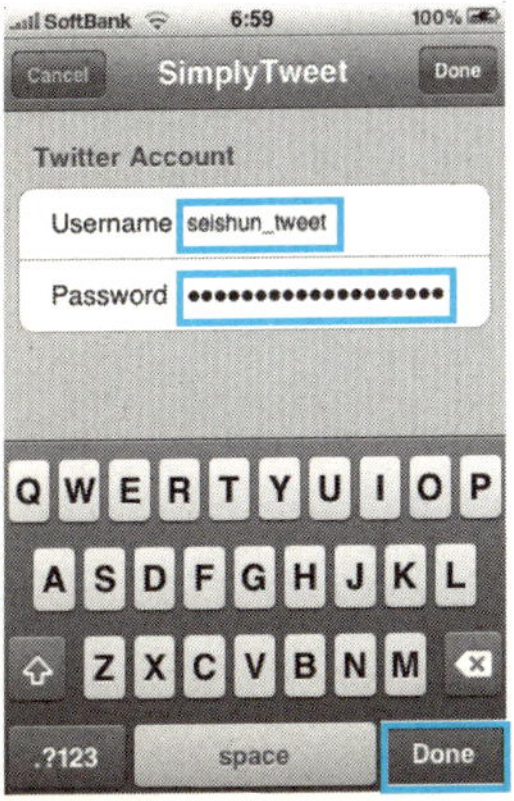

ツイッター用iPhoneアプリを起動するとログイン画面が表示されるので、ツイッターのユーザー名とパスワードを入力して「Done」をクリックする

「Echofon for Twitter」を使ってみよう

SoftBank 7:44 100%
Menu ① Home ②
@seishun_tweet
Search Timeline ③
④
"激安"家メガネ通販
www.contactlens.co.jp/
topitmedia ヤフーと２ちゃんが微妙にネタ被っているｗ ^宮本 ：今年もすごいぞ！　エイプリルフールネタ合戦、円谷プロから2ちゃんまで http://ow.ly/1tlbV
1 minute ago
kohmi おはようブログ）木曜日は「大人の音楽の時間」を読む日だよ☆☆☆ - ☆本日夜７時よりTV出演致します！ 19:00〜20:54 日本テレビ「検索@ベストアンサー」 名曲「贈る言葉..→ http://am6.jp/c8TOKN
1 minute ago
masatomatsuura 足の怪我のせい
⑤
Home Mentions Messages Lists Search

Echofon for Twitterのメイン画面。タイムライン上のつぶやきをタップすると、そのつぶやきのみが表示され、つぶやき主のプロフィールなどを確認できる。各ボタンは①自分のつぶやき履歴やプロフィールなどの確認。②つぶやきの入力画面の表示。③タイムラインの更新。④タイムラインのキーワード検索窓。リプライ一覧やダイレクトメッセージ一覧にも表示される。⑤左から「タイムライン」「リプライ一覧」「ダイレクトメッセージ一覧」「リスト一覧」「ツイッター上の全つぶやき検索」となる

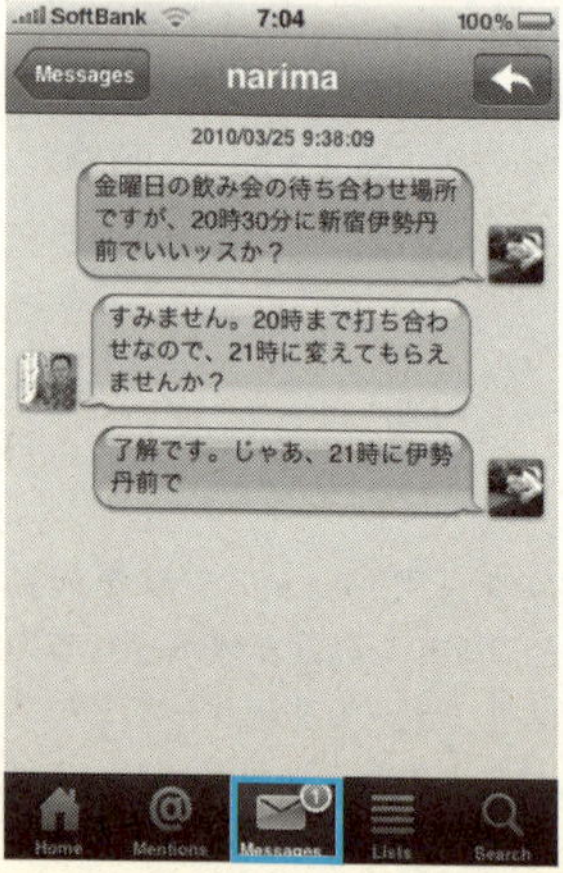
SoftBank 7:04 100%
Messages narima
2010/03/25 9:38:09
金曜日の飲み会の待ち合わせ場所ですが、20時30分に新宿伊勢丹前でいいッスか？
すみません。20時まで打ち合わせなので、21時に変えてもらえませんか？
了解です。じゃあ、21時に伊勢丹前で
Home Mentions Messages Lists Search

ダイレクトメッセージ画面はEchofon for Twitterの特徴のひとつ。自分が送信したメッセージと送信先から返信されたメッセージがマンガのように順番にフキダシで表示される

Simpletweetを使ってみよう

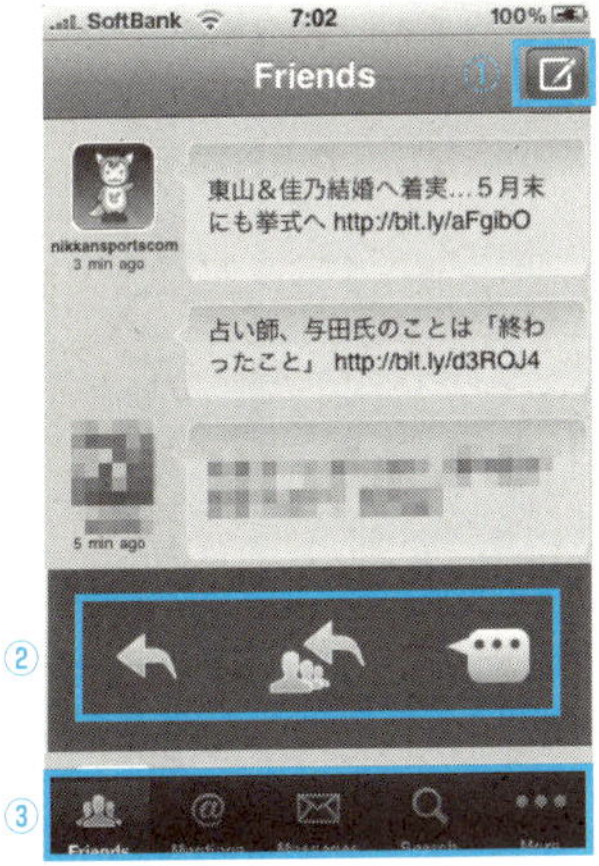

左がSimpletweetのメイン画面。Echofon for Twitter同様、タイムライン上のつぶやきをタップするとそのつぶやきのみが表示され、つぶやき主のプロフィールなどを確認できる。各ボタンは①つぶやき入力画面の表示。②つぶやきをフリックする（横になぞる）とメニューが表示される。左から「リプライ」「このつぶやき主を含む複数ユーザーへのリプライ」「つぶやき単体の表示」となる。③左から「タイムライン」「リプライ一覧」「ダイレクトメッセージ一覧」「ツイッター上の全つぶやき検索」「画像検索やユーザー検索など、その他機能」

メイン画面右下の「More」から「Photos」を選び、キーワードを入力すると、ツイッターに投稿された写真のうち、つぶやき中にその単語を含むものを探し出せる。好きなものをタップすれば、全画面表示される

40 自分のつぶやきを自動でブログにまとめる

ツイッターでつぶやけるの最大文字数は１４０文字。しかし、日に何度もつぶやくと情報量はあっという間に膨大になる。そのため、リアルタイムで日常を追った、**ちょっとした日記のようなコンテンツ**がをつくることもできる。

「Ｔｗｉｌｏｇ」(http://twilog.org)は、つぶやきをブログ形式で管理・保存するサービス。ツイッター上でつぶやくと、その内容がＴｗｉｌｏｇ上に反映される。つまり、つぶやくだけで自動的にブログまで作れるというわけだ。３月29日分というように日付単位でつぶやきを表示させたり、リプライを送った相手ごと、ハッシュタグごとにつぶやきをまとめて見たり、過去のつぶやきをキーワード検索したりすることもできる。そのほか「Twitpic」（Ｐ１３４）に投稿した写真や「twitvideo」（Ｐ１３８）に投稿した動画もつぶやきと一緒に表示させられる。

登録はＴｗｉｌｏｇの「新規登録」をクリックし、ツイッターのユーザー名とパスワードを入力するだけ。**自動的にブログ形式のページが生成される。**

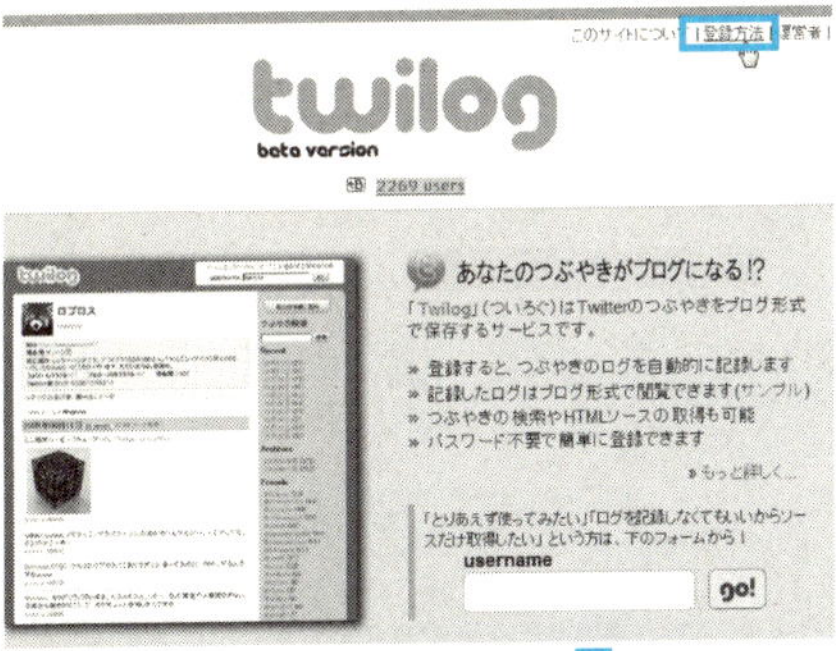
このサイトについて | 登録方法 | 運営者 |
twilog
beta version
2269 users
あなたのつぶやきがブログになる!?
「Twilog」(ついろぐ)はTwitterのつぶやきをブログ形式で保存するサービスです。
» 登録すると、つぶやきのログを自動的に記録します
» 記録したログはブログ形式で閲覧できます(サンプル)
» つぶやきの検索やHTMLソースの取得も可能
» パスワード不要で簡単に登録できます
» もっと詳しく…
「とりあえず使ってみたい」「ログを記録しなくてもいいからソースだけ取得したい」という方は、下のフォームから！
username
go!

グーグルなどから「Twilog」で検索するか、前ページのURLから「Twilog」にアクセスし、画面最上段の「登録方法」をクリックする

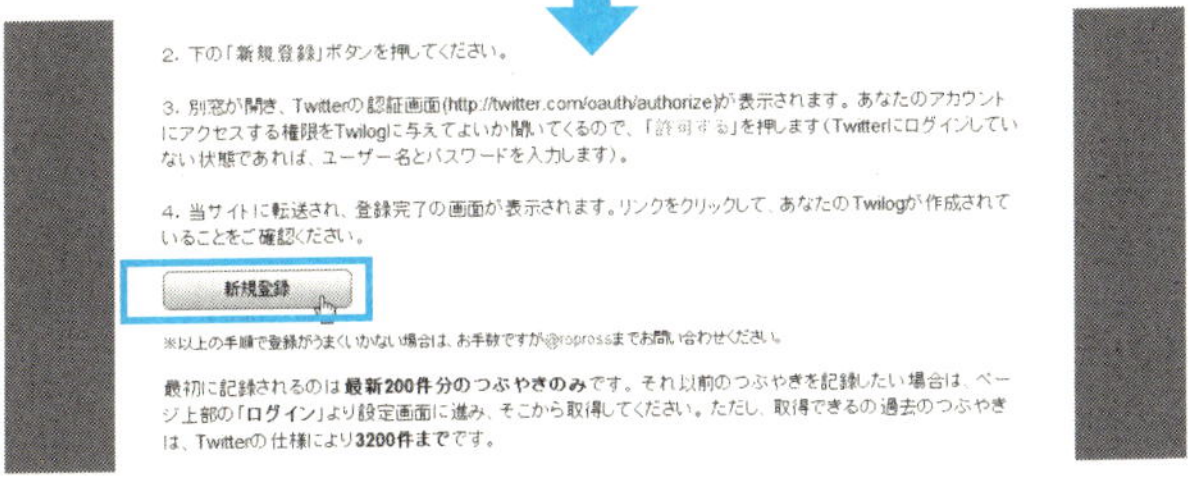
2. 下の「新規登録」ボタンを押してください。
3. 別窓が開き、Twitterの認証画面(http://twitter.com/oauth/authorize)が表示されます。あなたのアカウントにアクセスする権限をTwilogに与えてよいか聞いてくるので、「許可する」を押します(Twitterにログインしていない状態であれば、ユーザー名とパスワードを入力します)。
4. 当サイトに転送され、登録完了の画面が表示されます。リンクをクリックして、あなたのTwilogが作成されていることをご確認ください。
新規登録
※以上の手順で登録がうまくいかない場合は、お手数ですが@ropross までお問い合わせください。
最初に記録されるのは最新200件分のつぶやきのみです。それ以前のつぶやきを記録したい場合は、ページ上部の「ログイン」より設定画面に進み、そこから取得してください。ただし、取得できるの過去のつぶやきは、Twitterの仕様により3200件までです。

登録方法ページ中央の「新規登録」をクリック

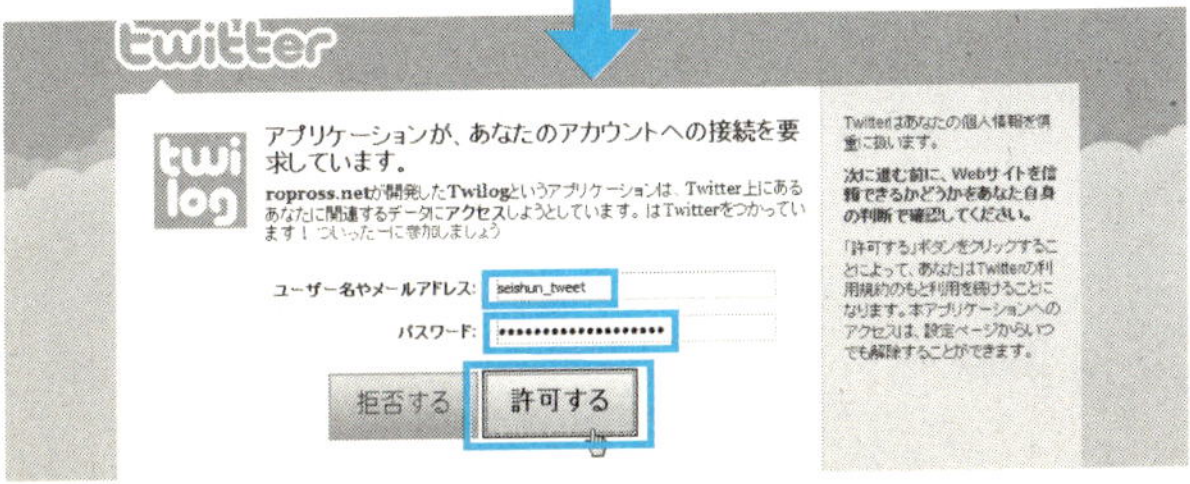
twitter
twi log
アプリケーションが、あなたのアカウントへの接続を要求しています。
ropross.netが開発したTwilogというアプリケーションは、Twitter上にあるあなたに関連するデータにアクセスしようとしています。はTwitterをつかっています！ ついったーに参加しましょう
ユーザー名やメールアドレス: seishun_tweet
パスワード: ••••••••••••••••••••
拒否する
許可する
Twitterはあなたの個人情報を慎重に扱います。
次に進む前に、Webサイトを信頼できるかどうかをあなた自身の判断で確認してください。
「許可する」ボタンをクリックすることによって、あなたはTwitterの利用規約のもと利用を続けることになります。本アプリケーションへのアクセスは、設定ページからいつでも解除することができます。

ツイッターのユーザー名とパスワードを入力して「許可する」をクリックする

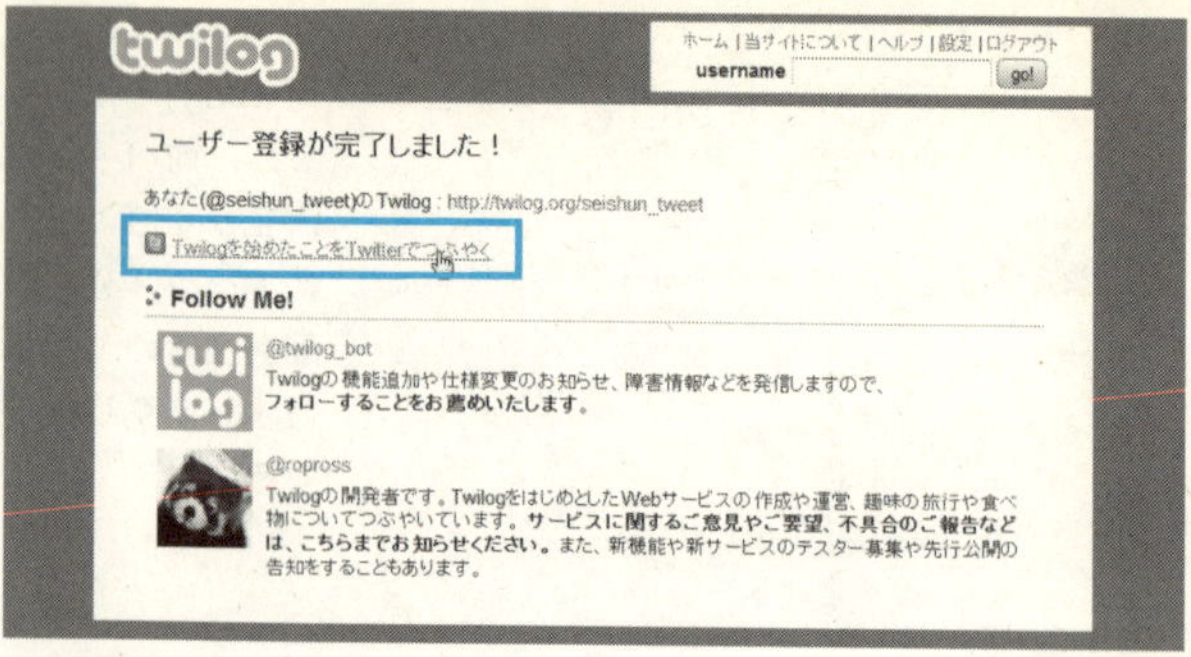
twilog
ホーム | 当サイトについて | ヘルプ | 設定 | ログアウト
username
go!
ユーザー登録が完了しました！
あなた(@seishun_tweet)の Twilog : http://twilog.org/seishun_tweet
Twilogを始めたことをTwitterでつぶやく
Follow Me!
@twilog_bot
Twilogの機能追加や仕様変更のお知らせ、障害情報などを発信しますので、
フォローすることをお薦めいたします。
@ropross
Twilogの開発者です。Twilogをはじめとした Webサービスの作成や運営、趣味の旅行や食べ物についてつぶやいています。サービスに関するご意見やご要望、不具合のご報告などは、こちらまでお知らせください。また、新機能や新サービスのテスター募集や先行公開の告知をすることもあります。

Twilogのユーザー登録は完了。フォロワーに向けて、Twilogブログをオープンしたことをアナウンスしておこう。「Twilogを始めたことをTwitterでつぶやく」をクリックする

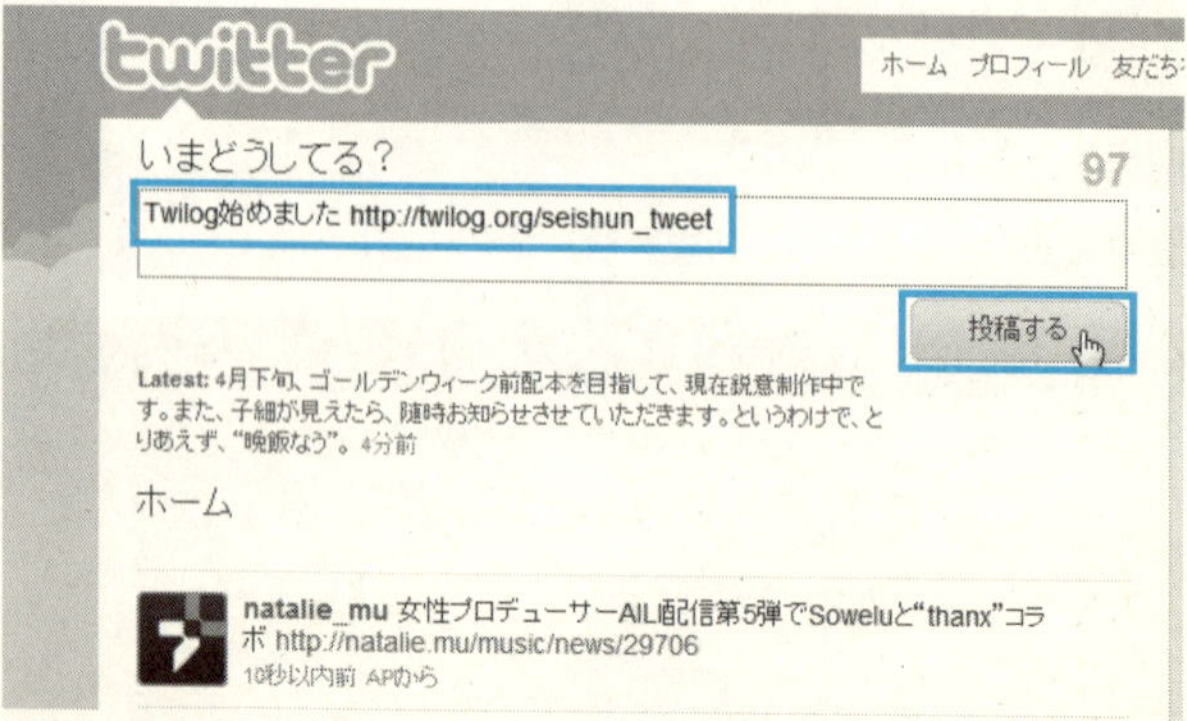
twitter
ホーム　プロフィール　友だち
いまどうしてる？
97
Twilog始めました http://twilog.org/seishun_tweet
投稿する
Latest: 4月下旬、ゴールデンウィーク前配本を目指して、現在鋭意制作中です。また、子細が見えたら、随時お知らせさせていただきます。というわけで、とりあえず、"晩飯なう"。4分前
ホーム
natalie_mu 女性プロデューサーAIL配信第5弾でSoweluと"thanx"コラボ http://natalie.mu/music/news/29706
10秒以内前 APIから

ツイッターの入力フォームにTwilogを開始した旨と、自分のつぶやきをまとめたブログページのURLが自動入力される。「投稿する」をクリック

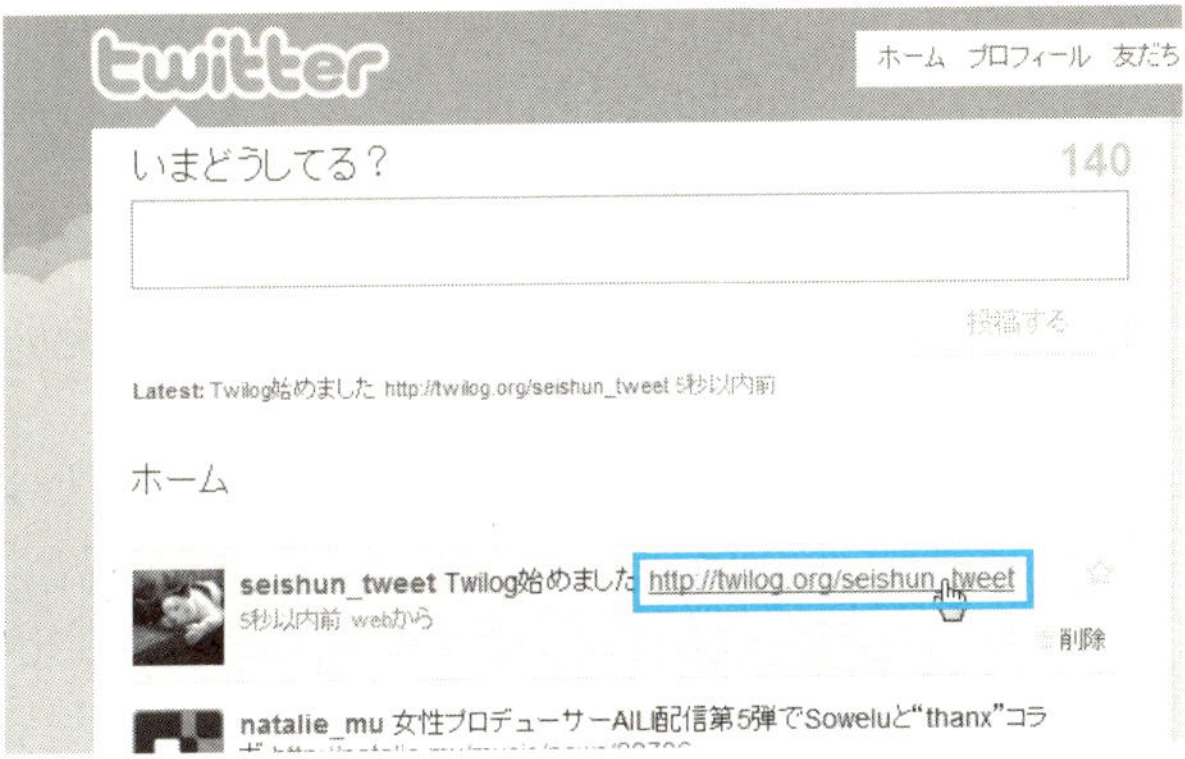

「Twilog始めました」のつぶやき中のURLをクリック

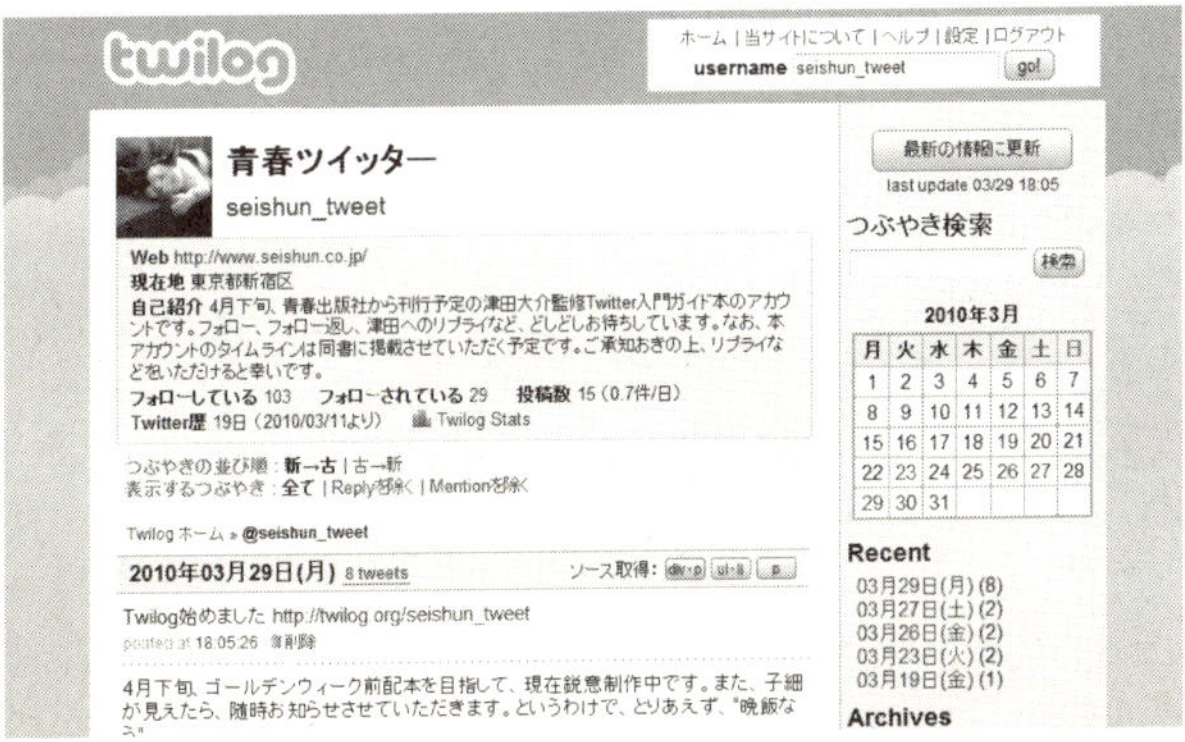

Twilog上の自分のブログページにアクセスする。このページを「お気に入り」に登録しておけば、アクセスするたびに、ツイッター上のつぶやきを反映したブログを読めるようになる

41 写真付きのつぶやきで、より伝わる情報にする

１４０字以内であれば、ツイッターに何を投稿してもいいのはすでに説明したとおり。さらに、つぶやく内容は文字でなくてもかまわない。専用のネットサービスと連携すれば、**写真をツイッターに投稿することだってできる**のだ。

「Ｔｗｉｔｐｉｃ」(http://twitpic.com/)は、ツイッターとの連携に特化している写真・画像の投稿サイト。ツイッターのユーザー名とパスワードでＴｗｉｔｐｉｃにログインし、パソコン上に保存されたお気に入りの一枚と、その写真の説明や感想などのつぶやきを投稿。すると、そのつぶやきと写真がアップロードされたＵＲＬが、ツイッターに自動的に投稿される。

フォロアーがそのつぶやきにあるＵＲＬをクリックすると、Ｔｗｉｔｐｉｃに自動的にジャンプして投稿した写真が表示される。たとえば外出先で起こった出来事、ちょっとした風景、お店での食事風景など、**文字だけでは説明しきれないような状況も、写真があればよりリアルに伝えられる**というわけだ。

twitpic
seishun_tweet
Remember me
Login
carolific
Neverland
What is TwitPic?
TwitPic lets you share photos on Twitter
How do I use TwitPic?
You can post pictures to TwitPic from your phone, our API, or through the site itself.
There are also popular twitter clients that have built-in support for TwitPic.
How do I create an account?
If you have a Twitter account then you already have a Twitpic account, just login to Twitpic with your Twitter username and password and you are all set.
If you don't have a Twitter account you can sign up for

グーグルから「Twitpic」で検索したり前ページのURLを入力したりして、「Twitpic」にアクセス。画面右上にツイッターのユーザー名とパスワードを入力して「Login」をクリック

twitpic
Home Public Timeline Upload photo Settings Logout
seishun_tweet
OLDER >>
About
Name 青春ツイッター
Location ??????
Web http://www.seishun.co.jp/
Bio 4月下旬、青春出版社から刊行予定の津田大介監修Twitter入門ガイド本のアカウントです。フォロー、フォロー返し、津田へのリプライなど、どしどしお待ちしています。なお、本アカウントのタイムラインは同書に掲載させていただく予定です。ご承知おきの上、リプライなどをいただけると幸いです。

「Upload photo」をクリックする

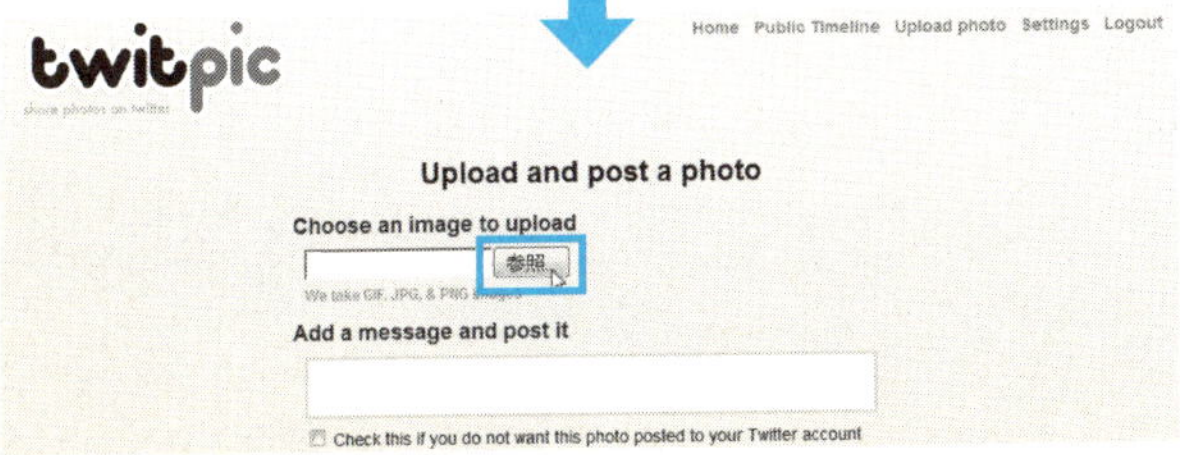
twitpic
Home Public Timeline Upload photo Settings Logout
Upload and post a photo
Choose an image to upload
参照
Add a message and post it
Check this if you do not want this photo posted to your Twitter account

「Choose an image to upload」の「参照」をクリックする

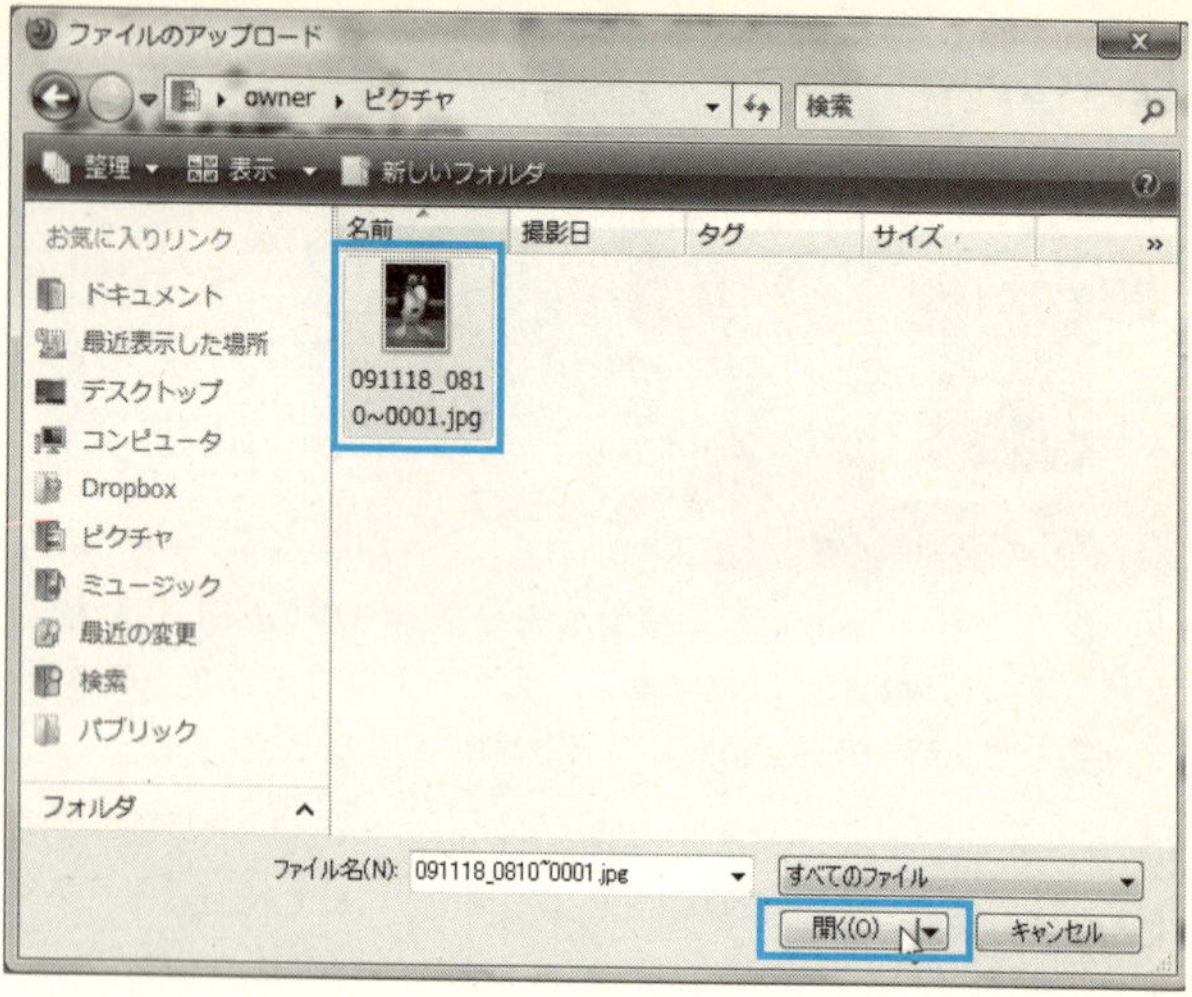

パソコン上の投稿したい写真が保存されているフォルダを開き、写真を選択。「開く」をクリックする

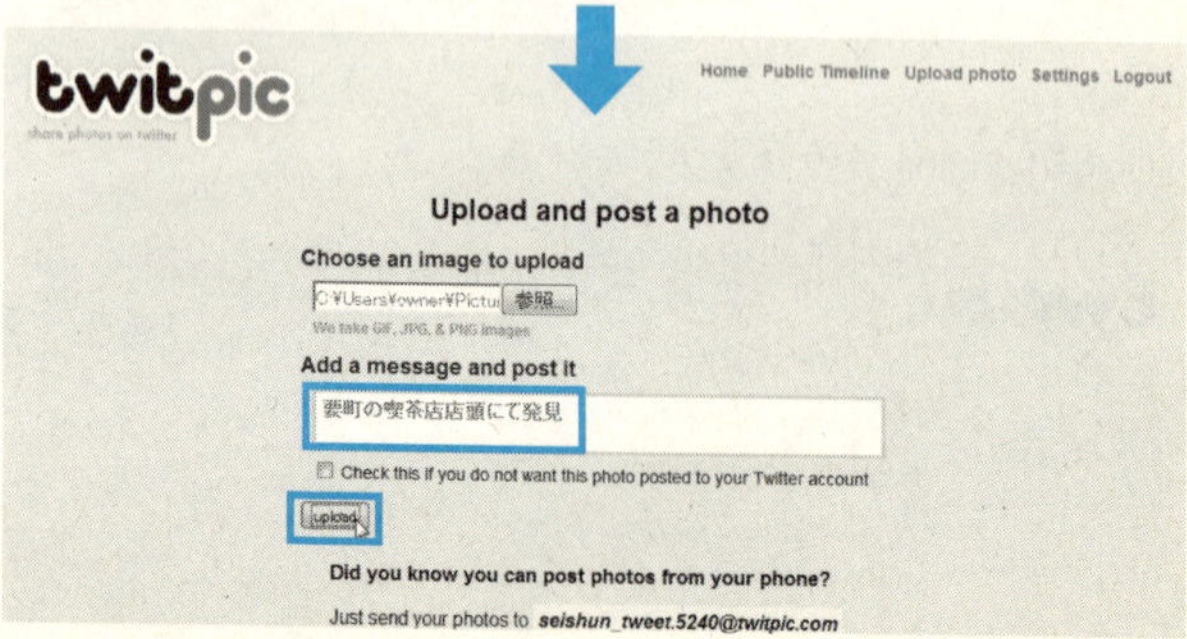

「Add a message and post it」に、写真に関するつぶやきを入力して「upload」をクリック

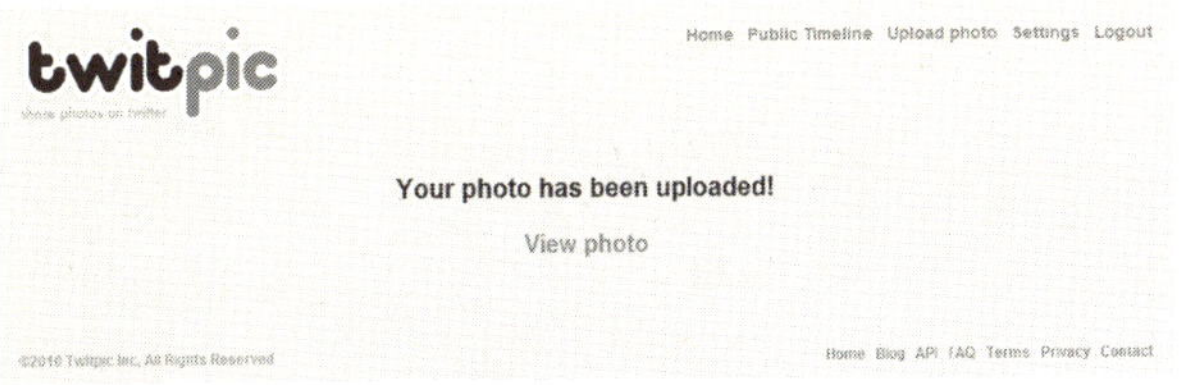

この画面が表示されたら投稿完了

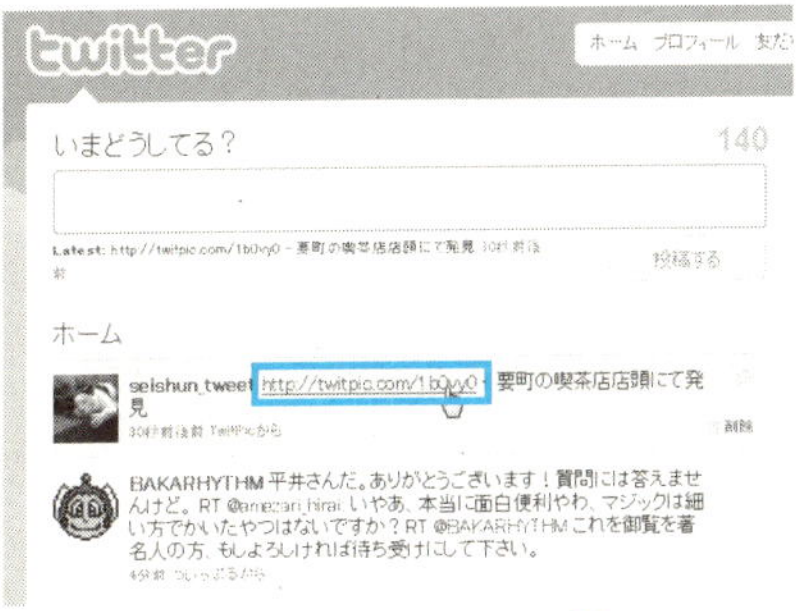

ツイッターにアクセスすると、TwitPicにアップロードした写真のURLとつぶやきが自動的に投稿されている。URLをクリックしてみよう

TwitPicに自動的にアクセスし、投稿した写真が表示される

42 動画を投稿して、さらにわかりやすく伝える

「ｔｗｉｔｖｉｄｅｏ」（http://twitvideo.jp/）というサイトを利用すれば、ツイッター上に自ら撮影した**動画のＵＲＬをつぶやきを添えて投稿できる**。ここ数年、メモリカードなどに動画を記録するビデオカメラの価格が安くなり、また、携帯電話やデジタルカメラの動画撮影機能が向上した。そうしたこともあり、写真を撮るような感覚で気軽に動画を撮影している人も多いはず。面白い作品が撮れたらフォロワーにも観てもらおう。

ｔｗｉｔｖｉｄｅｏの使い方は、前項のＴｗｉｔｐｉｃによく似ている。ツイッターのユーザー名とパスワードでログインし、動画をアップロード。動画に関するつぶやきを書き加えて投稿すると、ツイッターにその動画のＵＲＬとつぶやきが反映される。見る側がＵＲＬをクリックすれば、自動的にｔｗｉｔｖｉｄｅｏにアクセスし、動画の再生が始まる。

なお、投稿する**動画のサイズには注意が必要**。パソコンから投稿できるのは最大20ＭＢ、携帯電話からは最大２ＭＢまでの動画なので気をつけてほしい。

グーグルなどから「twitvideo」で検索したり、前ページのURLを入力して「twitvideo」にアクセス。画面右上にツイッターのユーザー名とパスワードを入力して「ログイン」をクリック

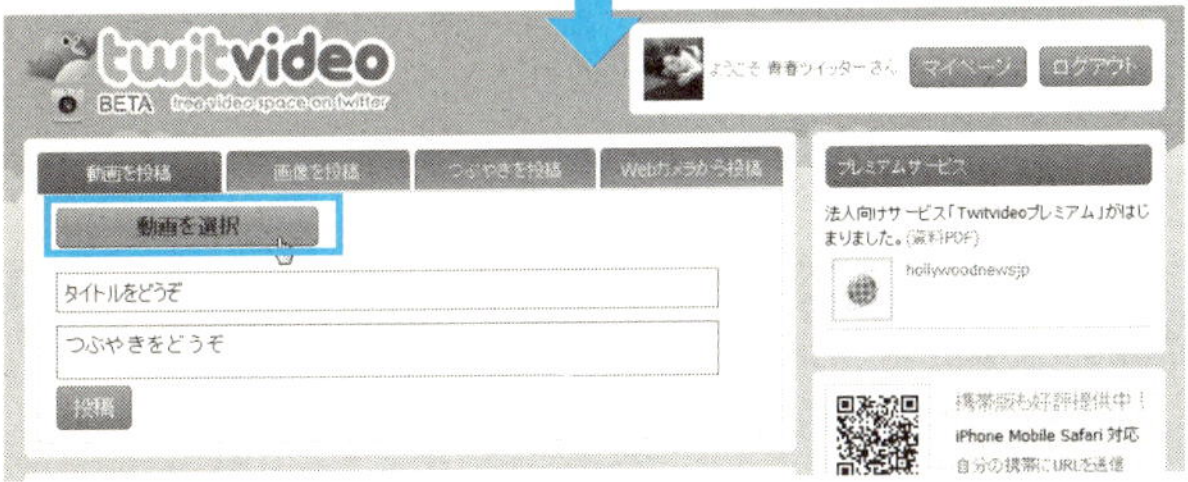

「動画を選択」をクリックする

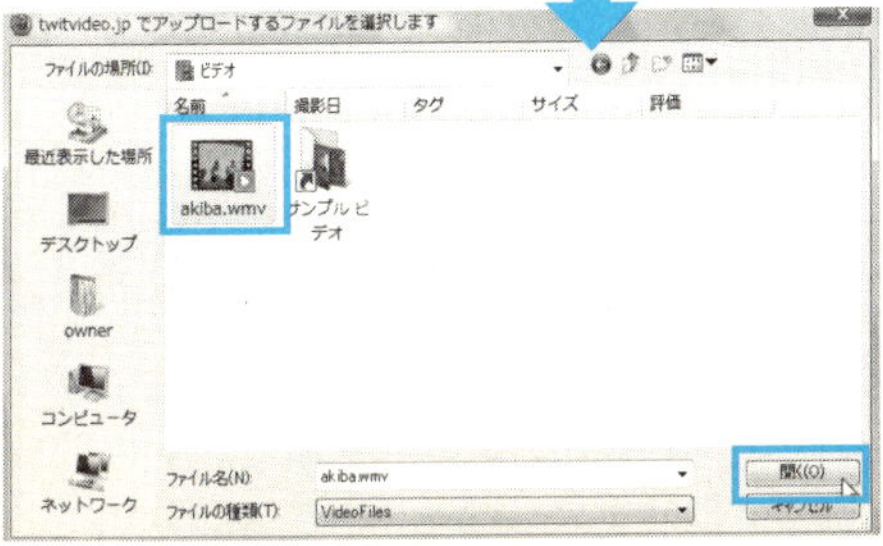

パソコン上の動画を保存してあるフォルダを開き、投稿したい動画を選択。「開く」をクリックする

動画がサイトにアップロードされた

アップロードが完了したら動画のタイトルと説明を入力して、「投稿」をクリック。動画の説明はツイッターにも反映される

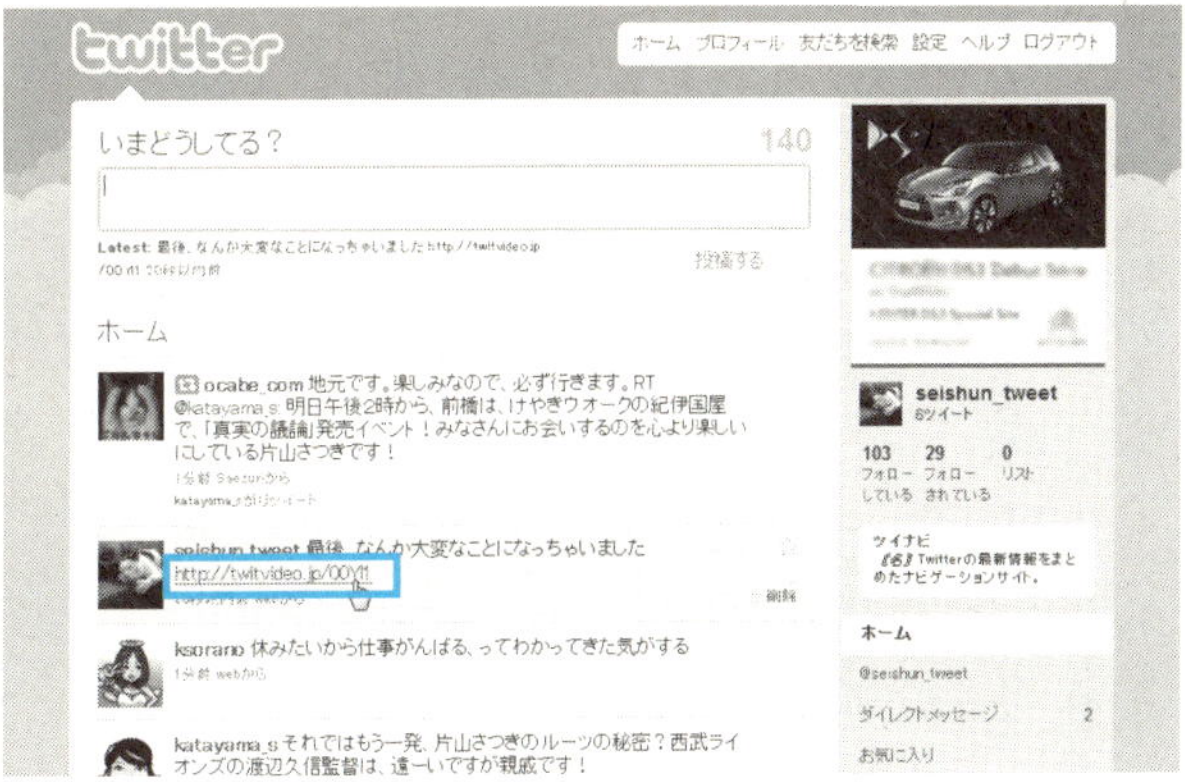

ツイッターに、動画の説明と動画へのアクセスURLが投稿された。URLをクリックすると……

twitvideoにジャンプして動画の再生が始まる

43 お気に入りの曲をみんなに紹介したい

「iPhoneで聴いているお気に入りの曲をみんなに知ってもらいたい」「知らない名曲に出合いたい」。そんなときに使うと便利なのが、iPhone・iPodTouchの有料アプリ「TwitMusic」(115円)だ。

TwitMusic上から、iPhoneやiPodTouchの音楽再生アプリ「iPod」を起動でき、その**楽曲名やアーティスト名、アルバム名、ジャンルなどを、ツイッター上に自動的につぶやいてくれる。**

つぶやきには自動的に「#TwitMusic」というハッシュタグが付けられており、自分のつぶやき中の#TwitMusicタグをクリックすれば、ほかのTwitMusicユーザーが今まさに聴いている楽曲が一覧表示される。また、#TwitMusicタグはほかのiPhoneアプリなどでも使用されているので、TwitMusicユーザー以外が聴いている楽曲も知ることができる。

ここから発展して、趣味の合うユーザーをフォローしてみても面白いだろう。

iPhone、iPodTouchからはじめてTwitMusicを起動するときは、ツイッターのユーザー名とパスワードを登録して「DONE」をタップ。この画面では「アーティスト名や楽曲名、アルバム名など、つぶやき中にどの楽曲情報を表示するか」「『Playingなう♪』など、つぶやき中に必ず表示する文字列」などの設定が行える

2回目以降は起動時にこの画面が表示される。虫眼鏡マークをタップ

聴きたいアーティスト、アルバム、楽曲をタップ

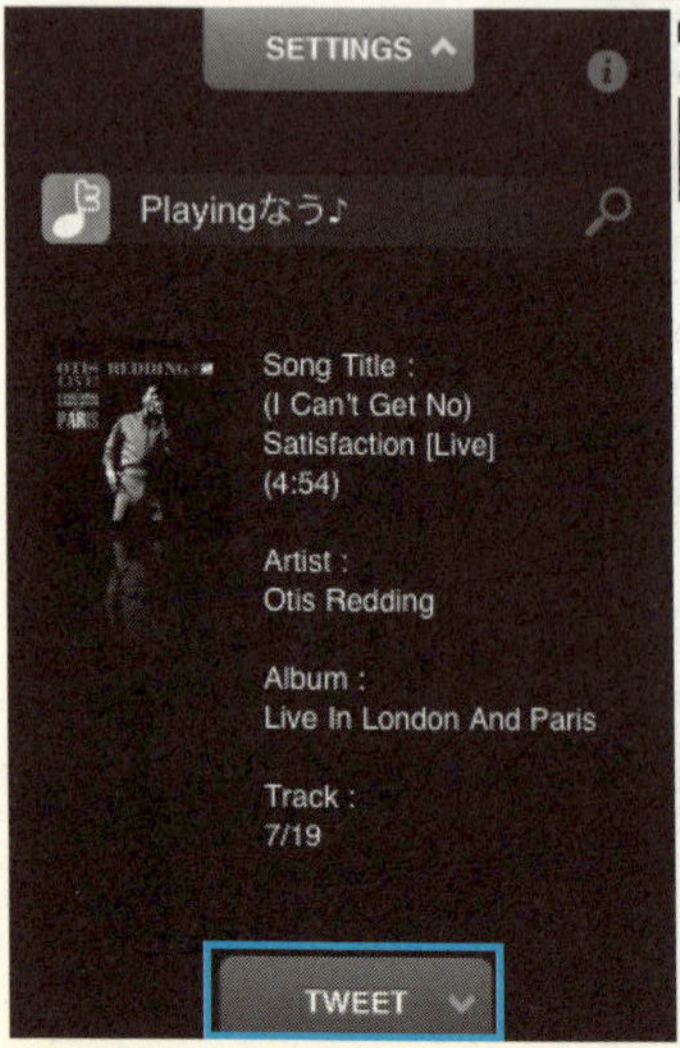

再生が始まったら「TWEET」をタップする

ツイッター上につぶやく内容が自動表示されるので、必要があれば書き換えて「SEND」をタップする

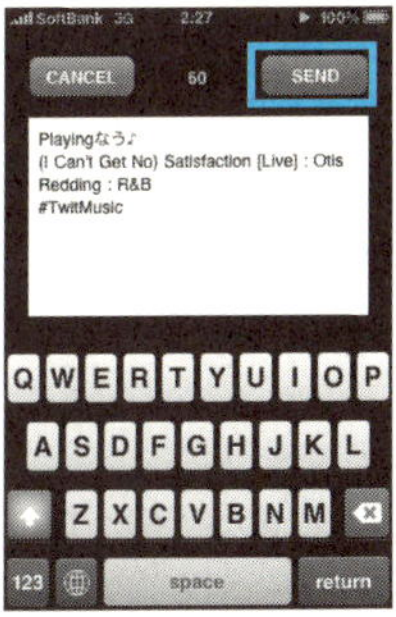

ツイッター上に自分が聴いている楽曲の内容がつぶやかれた。ハッシュタグ「#TwitMusic」をクリック

#TwitMusicタグを含むつぶやき、つまり、みんなが聴いている楽曲に関するつぶやきが一覧表示される

44 フォロワー数からウケるつぶやきを分析する

フォロワーの増減をグラフ化してくれる「TwitterCounter」(http://twittercounter.com/)というサービスがある。ツイッターのユーザー名とパスワードから登録をすると、**自動的にそのユーザーの毎日のフォロワー数情報を収集**し、ここ1週間の推移、1カ月の推移、3カ月の推移を折れ線グラフで表示する。

日々のフォロワー数の増減と、毎日のつぶやきの内容を照らし合わせることで、「つぶやき数とフォロワー数は比例する」「RTやハッシュタグを使ってほかのユーザーとコミュニケーションを図ると、そのやり取りを見ていただけのユーザーもフォローしてくれる」といった、**ツイッターをより楽しく使うためのつぶやき方**を分析できるはずだ。

また、最大3ユーザーのフォロワー数の推移を1つのグラフにまとめることもできる。企業アカウントを複数管理している人が、どのアカウントが一番人気があるか、フォロワーの増加率一位はどのアカウントか、などということを調べるのにも役に立つだろう。

グーグルなどから「TwittrerCounter」で検索するか、前ページのURLをブラウザのアドレス欄に入力。「I am @」の後にツイッターのユーザー名を入力し、「show me」をクリックする

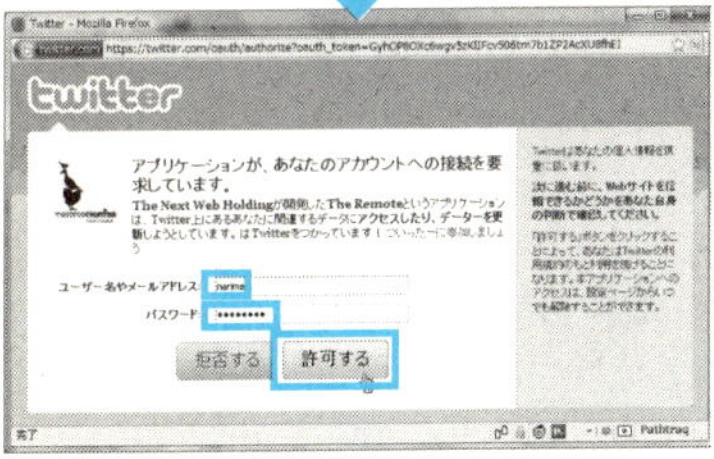

ツイッターのユーザー名とパスワードを入力して、「許可する」をクリック

「TwittrerCounter」上段の「@<ユーザー名>」をクリックすると、ユーザーのフォロワー数の推移が折れ線グラフで表示される。グラフ右上の「Last ～」のボタンで過去1週間、1カ月、3カ月の推移を確認できる。グラフ下の「@」以降にユーザー名を並べれば、他のユーザーとのフォロワー数の違いを、グラフで比較もできる。「Twitter rank」はツイッターでのユーザーの人気を表す

45 自分がどんな時につぶやいているか知りたい

ユーザー名を入力すると、そのユーザーのつぶやきを解析するのが「TweetStats」(http://tweetstats.com/)。**月や曜日、時間帯ごとにつぶやきの数をグラフ化**するネットサービスだ。自分は何曜日の何時ごろによくつぶやくのか、今までで最もたくさんつぶやいた月はいつかなど、ツイッターの利用動向を知ることができる。「よく飲み会を開いている金曜日の18時から22時の間につぶやきがち」など、自分のライフスタイルを振り返るという使い方も可能だ。

ブログなどでは、いかに多くの人に注目してもらえるかを解析するアクセスアップのテクニックがある。記事の数を更新した時間帯や曜日ごとに分類し、その情報と記事のタイトルやアクセス数を比較することで、どういう記事をどの時間に書けばいいのかを分析するのだ。

同じように、前項ですでに紹介した「TwitterCounter」のデータと組み合わせれば、**何曜日の何時ごろつぶやくと多くの人に注目してもらえるか**、などという分析もできるはずだ。

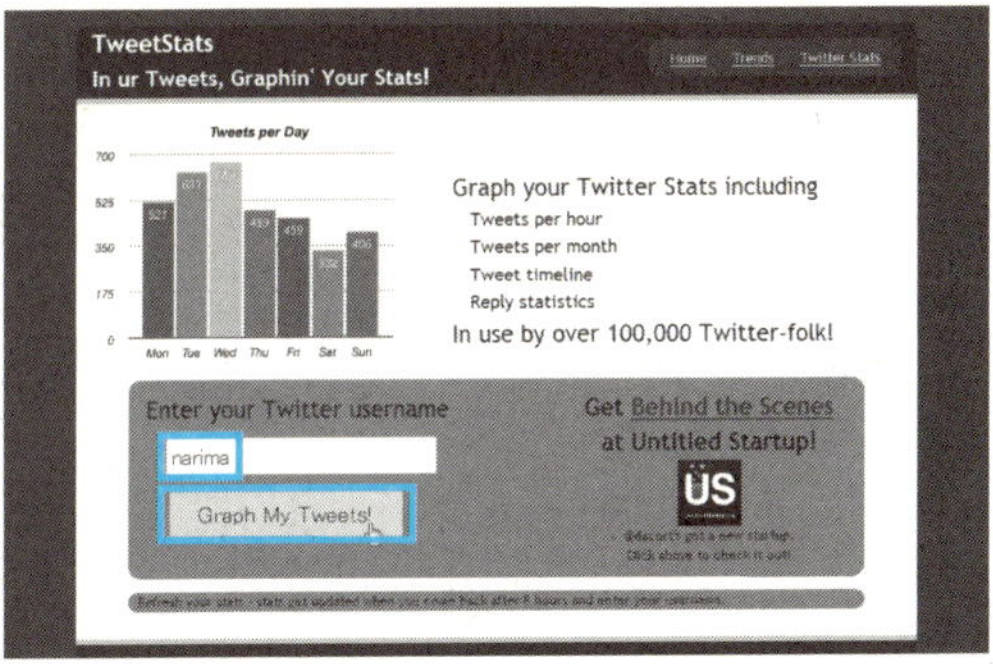

グーグルなどから「TweetStat」で検索するか、前ページのURLを入力して「TweetStat」にアクセス。ツイッターのユーザー名を入力し、「Graph My Tweets!」をクリックする

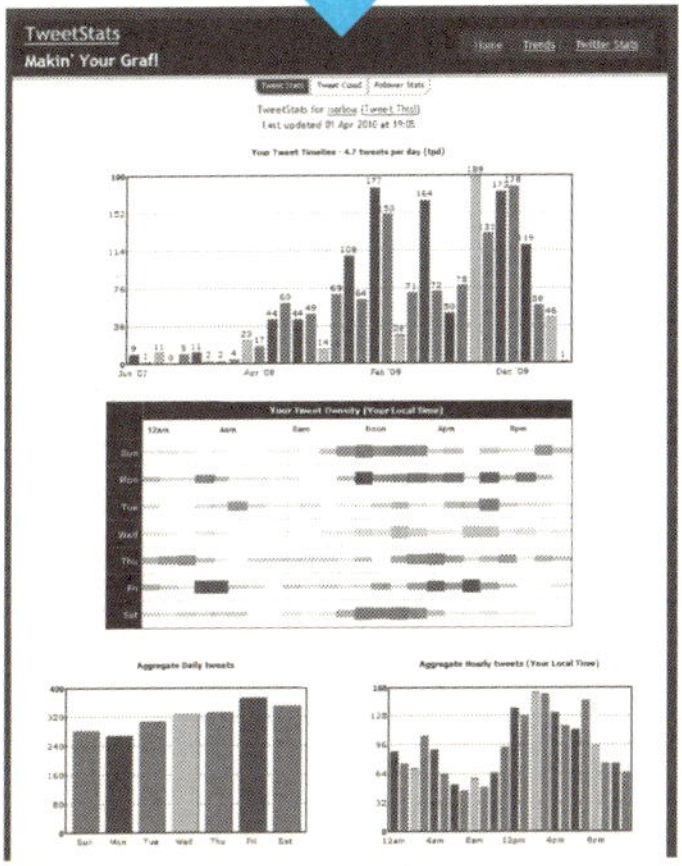

数分後、ユーザーのつぶやきの解析が完了すると、月ごとのつぶやき数（Your Tweet Timeline）、曜日と時間帯ごとのつぶやき数（Your Tweet Density）、曜日ごとの合計つぶやき数（Aggregate Dairy tweets）、時間帯ごとの合計つぶやき数（Aggregate Hour tweets）などが表示される。そのほか、最もよくリプライを送ったユーザーや、最もリツイートしたユーザーなども確認できる

46 自分のフォローを外したユーザーを知りたい

ツイッターでは、これまでフォローしてくれていたユーザーがフォローを外す（リムーブする）と、タイムライン上の「フォローしている」の数は減る。しかし、どのユーザーがリムーブしたのかは通知されない。もしそれを知りたいなら、「りむったー」をフォローしよう。

りむったーは、ユーザーのフォロワー情報を収集するｂｏｔ。これをフォローしておくと、ユーザーのフォロワーのうち、数人からリムーブされる度に、ダイレクトメッセージでリムーブしたユーザー名を通知してくれる。

ただし、P13で紹介したとおり、ツイッターはユーザー同士が〝ユルく〟つながることが魅力のサービス。ミクシィなどのソーシャルネットワークのように、他のユーザーをフォローする際、その人の承認を受ける必要はなく、また**自由にリムーブできることが最大のウリのひとつ**。りむったーで自分をリムーブしたユーザーの名前がわかったからといって、腹を立てたり、むやみにその人を攻撃したりしないようにしよう。

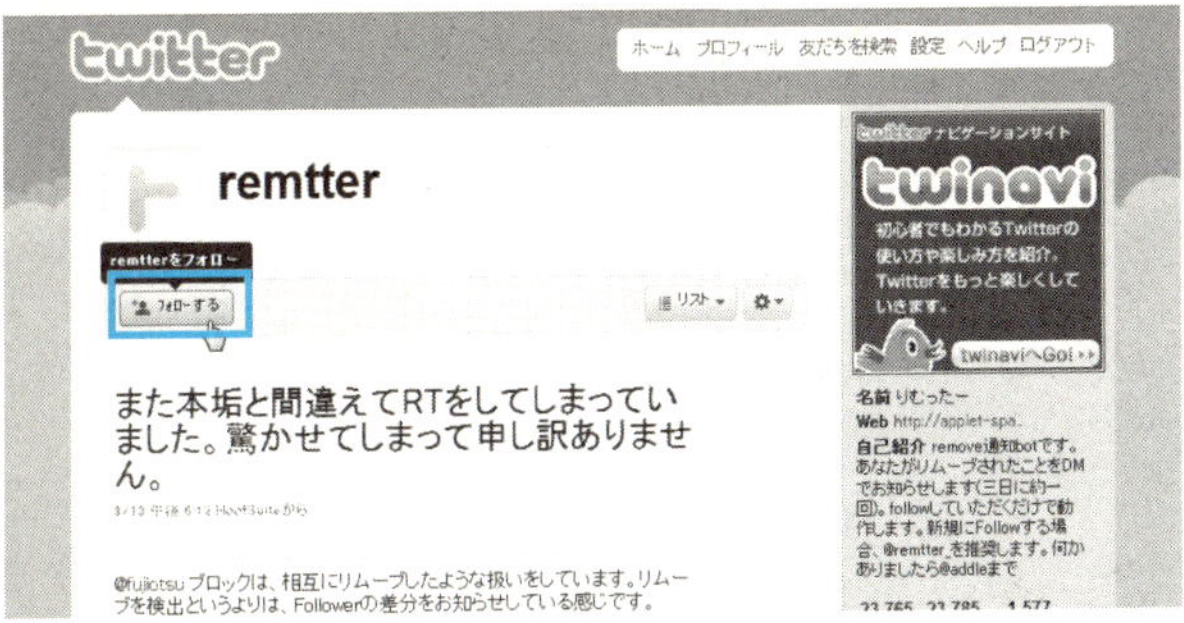
twitter
ホーム プロフィール 友だちを検索 設定 ヘルプ ログアウト
remtter
remtterをフォロー
フォローする
リスト
また本垢と間違えてRTをしてしまっていました。驚かせてしまって申し訳ありません。
@fujiotsu ブロックは、相互にリムーブしたような扱いをしています。リムーブを検出というよりは、Followerの差分をお知らせしている感じです。
twitter ナビゲーションサイト
twinavi
初心者でもわかるTwitterの使い方や楽しみ方を紹介。Twitterをもっと楽しくしています。
twinaviへGo!
名前 りむったー
Web http://applet-spa...
自己紹介 remove通知botです。あなたがリムーブされたことをDMでお知らせします(三日に約一回)。followしていただけで動作します。新規にFollowする場合、@remtter_を推奨します。何かありましたら@addleまで

りむったーのタイムライン（http://twitter.com/remtter）にアクセスして、「フォローする」をクリック

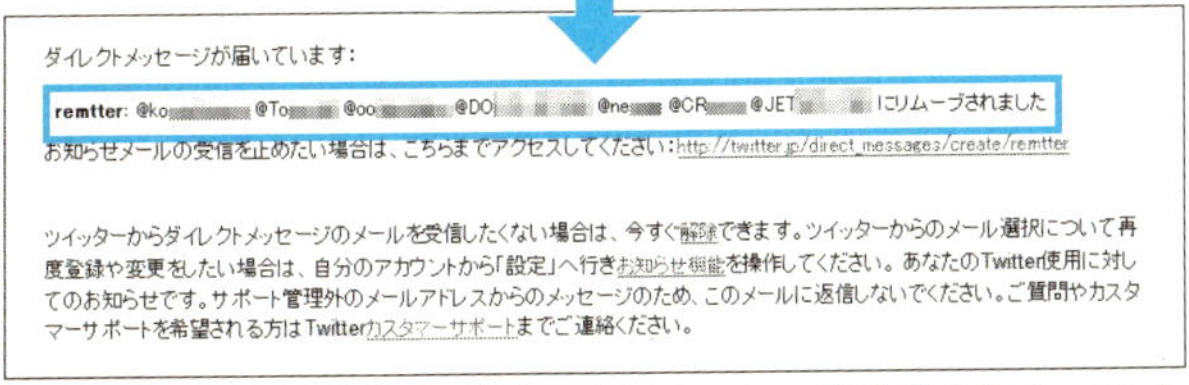
ダイレクトメッセージが届いています:
remtter: @ko @To @oo @DO @ne @CR @JET にリムーブされました
お知らせメールの受信を止めたい場合は、こちらまでアクセスしてください：http://twitter.jp/direct_messages/create/remtter
ツイッターからダイレクトメッセージのメールを受信したくない場合は、今すぐ解除できます。ツイッターからのメール選択について再度登録や変更をしたい場合は、自分のアカウントから「設定」へ行きお知らせ機能を操作してください。あなたのTwitter使用に対してのお知らせです。サポート管理外のメールアドレスからのメッセージのため、このメールに返信しないでください。ご質問やカスタマーサポートを希望される方はTwitterカスタマーサポートまでご連絡ください。

りむったーからの通知はダイレクトメッセージで届くため、ツイッター登録時に指定したメールアドレスにも同内容のメールが届けられる。ダイレクトメッセージの仕組みについてはP44参照

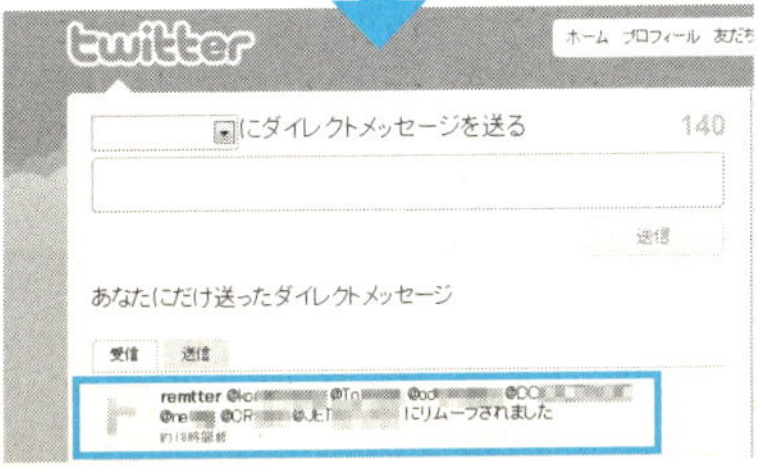
twitter
ホーム プロフィール 友だち
にダイレクトメッセージを送る
140
送信
あなたにだけ送ったダイレクトメッセージ
受信 送信
remtter @ko @To @oo @DO @ne @CR @JET にリムーブされました

りむったーからのダイレクトメッセージは、当然ツイッターの画面上でも確認可能

47 注目のつぶやきをまとめて一気読みしたい

タイムラインを眺めていると、ほかのユーザー同士がリプライを使って興味深い会話を繰り広げていることがある。また、あるユーザーが注目すべきつぶやきを連続で投稿することもある。

しかし、タイムラインにはそれらのユーザー以外のつぶやきも流れてくるため、**会話のやりとりやひとりのつぶやきだけを追うのは難しい**。リストを作ったところで、会話や一連のつぶやきが終わってしまえば、無用の長物と化してしまう。

気になるつぶやきをまとめて読みたいのなら、特定のつぶやきのみをまとめてくれる「Togetter」（http://togetter.com/）を使ってみよう。**気になる会話を順番に並べたり、ひとりのユーザーのあるテーマについてのつぶやきだけを抽出して**、ブログのようなウェブページとして表示できる。作成したページは他のユーザーにも公開できるので、面白いつぶやきは多くの人に見てもらおう。

また、他のユーザーがまとめたつぶやきページをチェックすれば、今ツイッターで話題のつぶやきを知ることができる。

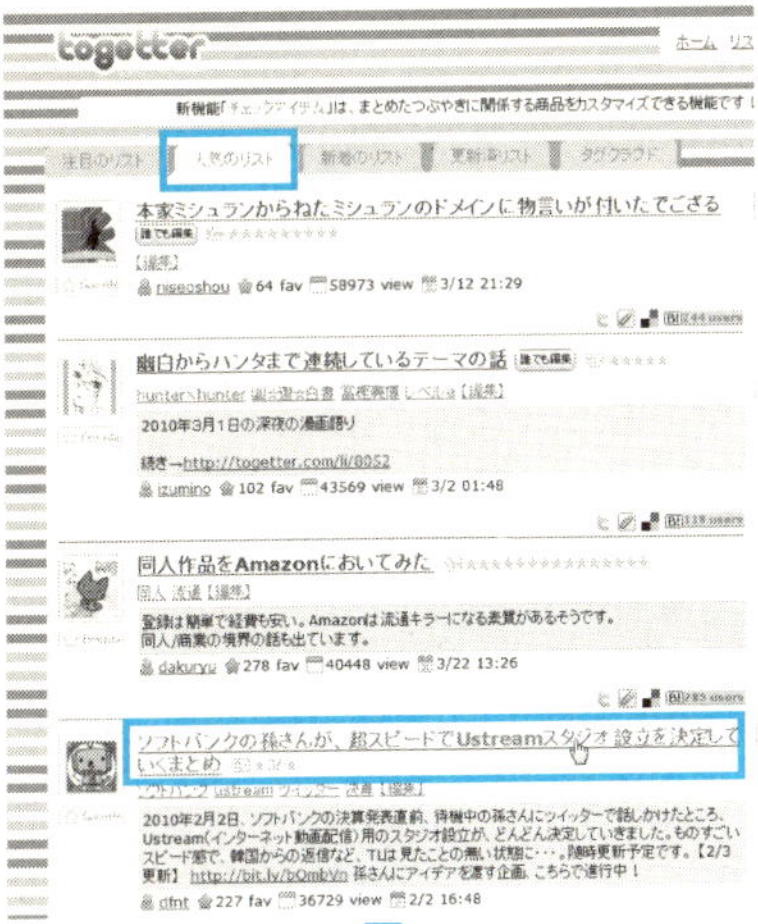
togetter
ホーム
新機能「チェックアイテム」は、まとめたつぶやきに関係する商品をカスタマイズできる機能です！
注目のリスト
人気のリスト
新着のリスト
更新順リスト
タグクラウド
本家ミシュランからねたミシュランのドメインに物言いが付いたでござる
誰でも編集
niseoshou 64 fav 58973 view 3/12 21:29
幽白からハンタまで連続しているテーマの話
誰でも編集
2010年3月1日の深夜の漫画語り
続き→http://togetter.com/li/8052
izumino 102 fav 43569 view 3/2 01:48
同人作品をAmazonにおいてみた
登録は簡単で経費も安い。Amazonは流通キラーになる素質があるそうです。
同人/商業の境界の話も出ています。
dakuryu 278 fav 40448 view 3/22 13:26
ソフトバンクの孫さんが、超スピードでUstreamスタジオ設立を決定していくまとめ
2010年2月2日、ソフトバンクの決算発表直前、待機中の孫さんにツイッターで話しかけたところ、Ustream(インターネット動画配信)用のスタジオ設立が、どんどん決定していきました。ものすごいスピード感で、韓国からの返信など、TLは見たことの無い状態に・・・。随時更新予定です。【2/3更新】 http://bit.ly/bOmbVn 孫さんにアイデアを渡す企画、こちらで進行中！
dfnt 227 fav 36729 view 2/2 16:48

グーグルなどから「Togetter」で検索するか、前ページのURLをブラウザのアドレス欄に入力。多くのアクセスを集めるつぶやきまとめページを紹介する、「注目のリスト」「人気のリスト」タブを開き、気になるタイトルをクリック

まとめられたつぶやき
▼メニューを開く
@masason Ustreamへの出資凄いニュースですね！表参道店に誰でも使えるUstreamスタジオ作って下さい！アメーバスタジオの向かいですし！
himanainu_kawai
了解。作りましょう!! RT @himanainu_kawai @masason Ustreamへの出資凄いニュースですね！表参道店に誰でも使えるUstreamスタジオ作って下さい！
masason
僕ら個人が簡単に用意できないのがブルーバック背景なので、青部屋もあるとうれしいです。（ついでにUstに青色を任意の画像に抜く機能も...）RT @masason: 了解。作りましょう!! RT @himanainu_kawai 表参道店に誰でも使えるUstreamスタジオ作って下さ
dfnt
この際、それも行きましょう!! RT @kuromog RT @dfnt: 僕ら個人が簡単に用意できないのがブルーバック背景なので、青部屋も（ついでにUstに青色を任意の画像に抜く機能も...）
masason
う、うそ。。孫さんから返信きたし。しかもちゃんとアメーバ部分を削除してる。。。
himanainu_kawai
ぎゃー！ソフトバンクの孫さんから返事が来た！ RT @masason: この際、それも行きましょう!! RT @kuromog RT @dfnt: 僕ら個人が簡単に用意できないのがブルーバック背景なので、青部屋も（ついでにUstに青色を任意の画像に抜く機能も...）
dfnt
ksorano
こりゃマジでできるな。Amebaスタジオの向かいじゃん！RT @masason: 了解。作りましょう!! RT @himanainu_kawai @masason Ustreamへの出資凄いニュースですね！表参道店に誰でも使えるUstreamスタジオ作って下さい！
tsuda

タイトルどおり、テーマに沿ったツイッターのつぶやきをまとめたページが表示された

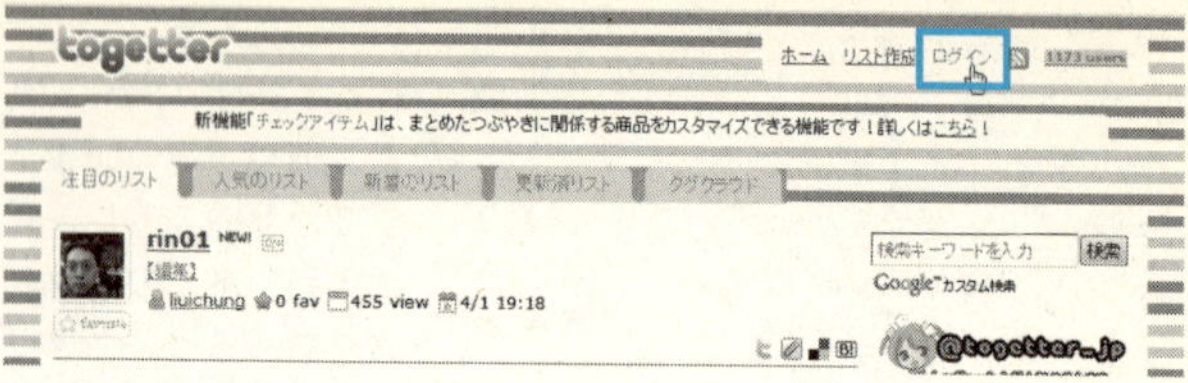
togetter
ホーム
リスト作成
ログイン
新機能「チェックアイテム」は、まとめたつぶやきに関係する商品をカスタマイズできる機能です！詳しくはこちら！
注目のリスト
rin01
liuichung
0 fav
455 view
4/1 19:18
検索キーワードを入力
検索
Google カスタム検索
@togetter_jp

つぶやきをまとめたページを作りたいなら、画面最上段の「ログイン」をクリックする

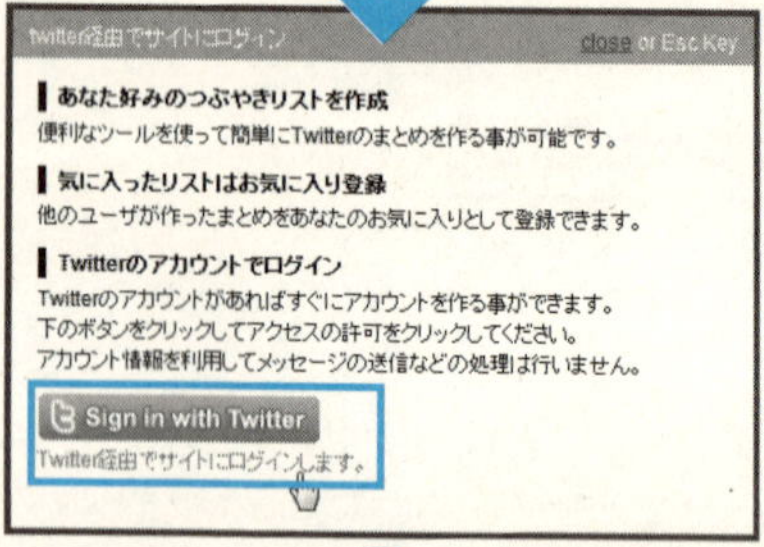
twitter経由でサイトにログイン
close or Esc Key
あなた好みのつぶやきリストを作成
便利なツールを使って簡単にTwitterのまとめを作る事が可能です。
気に入ったリストはお気に入り登録
他のユーザが作ったまとめをあなたのお気に入りとして登録できます。
Twitterのアカウントでログイン
Twitterのアカウントがあればすぐにアカウントを作る事ができます。
下のボタンをクリックしてアクセスの許可をクリックしてください。
アカウント情報を利用してメッセージの送信などの処理は行いません。
Sign in with Twitter
Twitter経由でサイトにログインします。

「Twitter経由でサイトにログインします。」をクリック

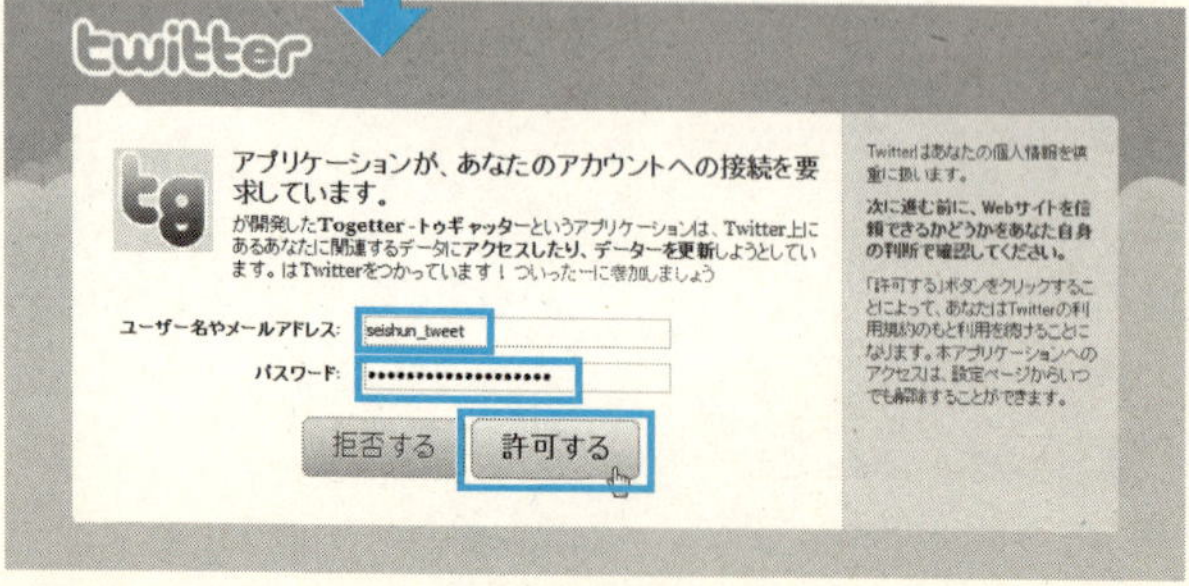
twitter
アプリケーションが、あなたのアカウントへの接続を要求しています。
が開発したTogetter - トゥギャッターというアプリケーションは、Twitter上にあるあなたに関連するデータにアクセスしたり、データーを更新しようとしています。はTwitterをつかっています！ ついったーに参加しましょう
ユーザー名やメールアドレス:
seishun_tweet
パスワード:
拒否する
許可する
Twitterはあなたの個人情報を慎重に扱います。
次に進む前に、Webサイトを信頼できるかどうかをあなた自身の判断で確認してください。
「許可する」ボタンをクリックすることによって、あなたはTwitterの利用規約のもと利用を続けることになります。本アプリケーションへのアクセスは、設定ページからいつでも解除することができます。

ツイッターのユーザー名とパスワードを入力し、「許可する」をクリックする

Togetterの画面最上段の「リスト作成」をクリックする

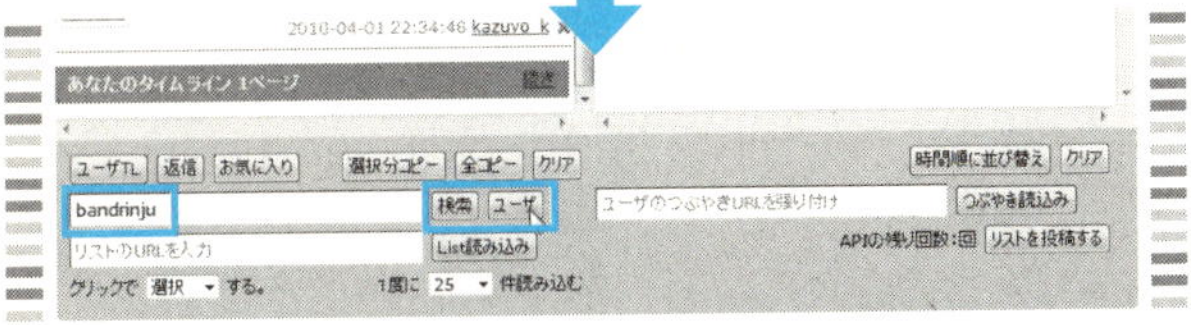

つぶやきまとめ画面最下段で、まとめページに抽出したいつぶやきを検索する。自分のタイムライン、返信、お気に入りから探すなら検索窓上の各ボタンをクリック。特定の単語を含むつぶやきや、特定ユーザーのつぶやきを抽出するなら検索窓に単語やユーザー名を入力。単語検索なら「検索」を、ユーザー検索なら「ユーザー」をクリック。下段の検索窓では、ツイッター上のリストのURLから、該当リストを呼び出せる

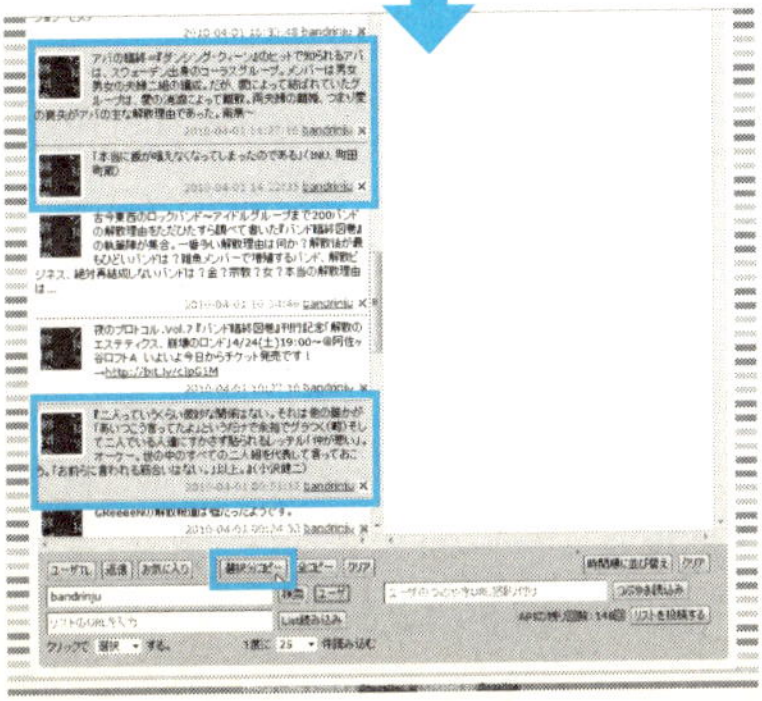

前の手順で指定した検索条件に合致したつぶやきが画面左に一覧表示される。つぶやきまとめページに掲載したいつぶやきを選択して、「選択分コピー」をクリック

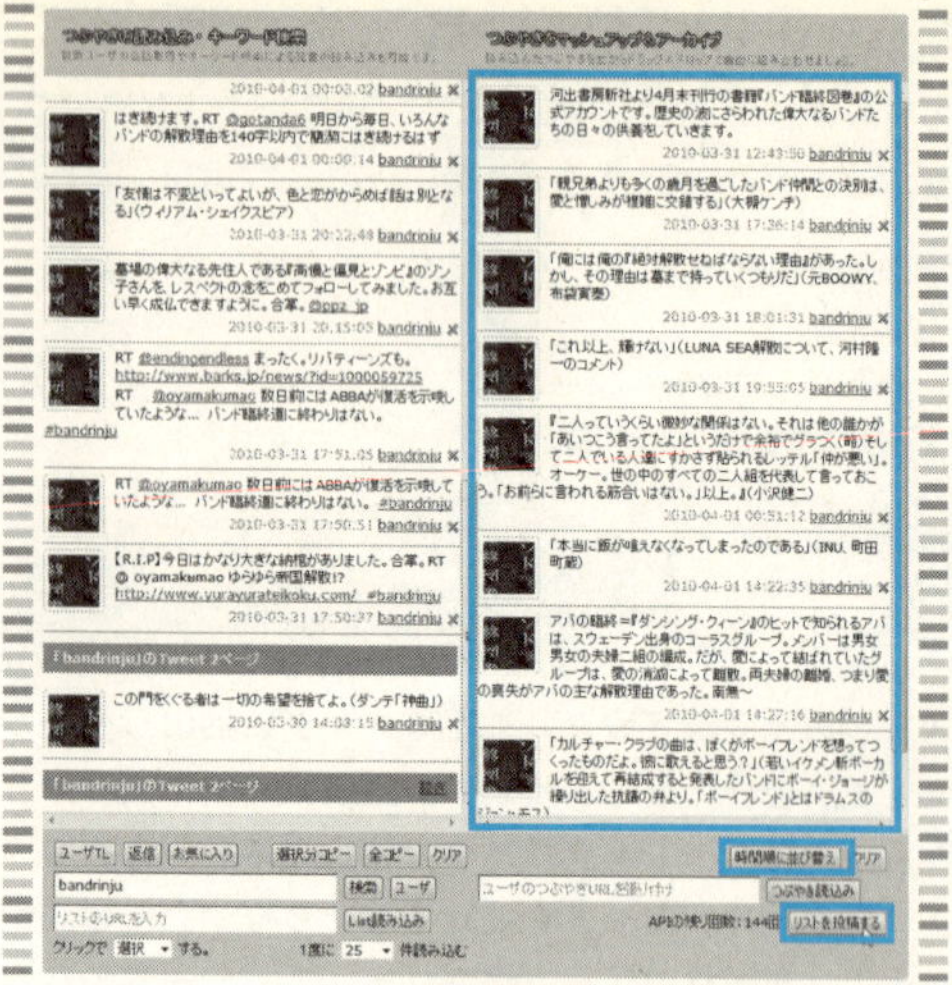
つぶやきの読み込み・キーワード検索
2010-04-01 00:03.02 bandrinju
はき続けます。RT @gotanda6 明日から毎日、いろんなバンドの解散理由を140字以内で簡潔にはき続けるはず
2010-04-01 00:00.14 bandrinju
「友情は不変といってよいが、色と恋がからめば話は別となる」（ウィリアム・シェイクスピア）
2010-03-31 20:22.48 bandrinju
墓場の偉大なる先住人である『高慢と偏見とゾンビ』のゾン子さんを、レスペクトの念をこめてフォローしてみました。お互い早く成仏できますように。合掌。@ppz_jp
2010-03-31 20:15:05 bandrinju
RT @endingendless まったく。リバティーンズも。http://www.barks.jp/news/?id=1000059725
RT @oyamakumao 数日前には ABBAが復活を示唆していたような… バンド臨終道に終わりはない。#bandrinju
2010-03-31 17:51.05 bandrinju
RT @oyamakumao 数日前には ABBAが復活を示唆していたような… バンド臨終道に終わりはない。#bandrinju
2010-03-31 17:50.51 bandrinju
【R.I.P】今日はかなり大きな訃報がありました。合掌。RT @ oyamakumao ゆらゆら帝国解散!?
http://www.yurayurateikoku.com/ #bandrinju
2010-03-31 17:50:37 bandrinju
この門をくぐる者は一切の希望を捨てよ。（ダンテ「神曲」）
2010-03-30 14:03:15 bandrinju
河出書房新社より4月末刊行の書籍『バンド臨終図巻』の公式アカウントです。歴史の渦にさらわれた偉大なるバンドたちの日々の供養をしていきます。
2010-03-31 12:43:50 bandrinju
「親兄弟よりも多くの歳月を過ごしたバンド仲間との決別は、愛と憎しみが複雑に交錯する」（大槻ケンヂ）
2010-03-31 17:26:14 bandrinju
「俺には俺の『絶対解散せねばならない理由』があった。しかし、その理由は墓まで持っていくつもりだ」（元BOOWY、布袋寅泰）
2010-03-31 18:01:31 bandrinju
「これ以上、稼げない」（LUNA SEA解散について、河村隆一のコメント）
2010-03-31 19:55:05 bandrinju
『二人っていうくらい微妙な関係はない。それは他の誰かが「あいつこう言ってたよ」というだけで余裕でグラつく（苦）そして二人でいる人達にすかさず貼られるレッテル「仲が悪い」。オーケー。世の中のすべての二人組を代表して言っておこう。「お前らに言われる筋合いはない。」以上。』（小沢健二）
2010-04-01 00:51:12 bandrinju
「本当に飯が喰えなくなってしまったのである」（INU、町田町蔵）
2010-04-01 14:22:35 bandrinju
アバの臨終＝『ダンシング・クィーン』のヒットで知られるアバは、スウェーデン出身のコーラスグループ。メンバーは男女男女の夫婦二組の編成。だが、愛によって結ばれていたグループは、愛の消滅によって離散。両夫婦の離婚、つまり愛の喪失がアバの主な解散理由であった。南無～
2010-04-01 14:27:16 bandrinju
「カルチャー・クラブの曲は、ぼくがボーイフレンドを想ってつくったものだよ。俺に歌えると思う？」（若いイケメン新ボーカルを迎えて再結成すると発表したバンドにボーイ・ジョージが繰り出した抗議の弁より。「ボーイフレンド」とはドラムスの
ユーザTL
返信
お気に入り
選択分コピー
全コピー
クリア
時間順に並び替え
クリア
bandrinju
検索
ユーザ
つぶやき読込み
List読み込み
リストを投稿する
クリックで 選択 する。
1度に 25 件読み込む

画面右に選択したつぶやきが一覧表示される。各つぶやきをドラッグ＆ドロップしたり、「時間順に並び替え」をクリックして、まとめページに表示したい順につぶやきを並べ替え、「リストを投稿する」をクリック

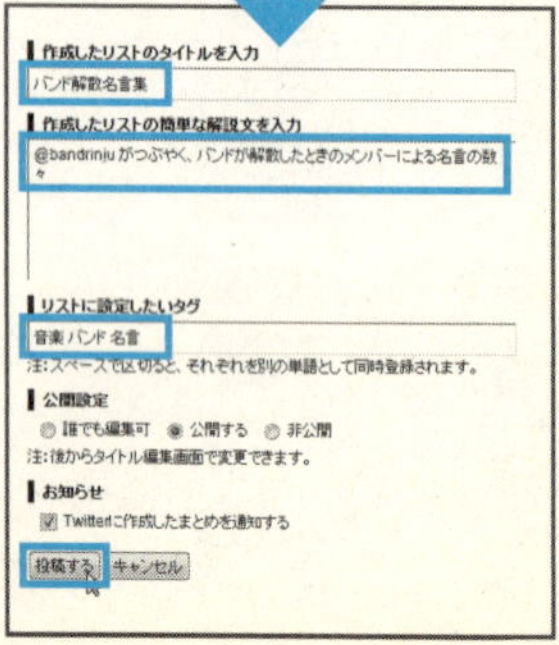
作成したリストのタイトルを入力
バンド解散名言集
作成したリストの簡単な解説文を入力
@bandrinju がつぶやく、バンドが解散したときのメンバーによる名言の数々
リストに設定したいタグ
音楽 バンド 名言
注：スペースで区切ると、それぞれを別の単語として同時登録されます。
公開設定
誰でも編集可
公開する
非公開
注：後からタイトル編集画面で変更できます。
お知らせ
Twitterに作成したまとめを通知する
投稿する
キャンセル

作成するつぶやきまとめページのタイトルと、簡単な説明文、検索キーワードとなるタグを入力して、「投稿する」をクリックする

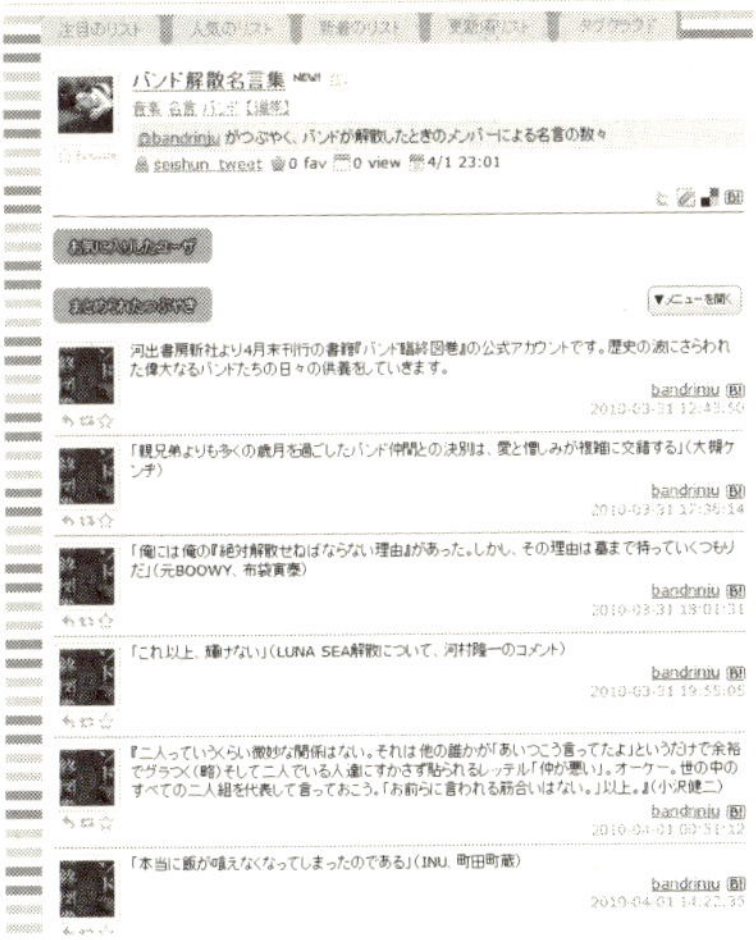
バンド解散名言集
@bandrinju がつぶやく、バンドが解散したときのメンバーによる名言の数々
seishun_tweet 0 fav 0 view 4/1 23:01
河出書房新社より4月末刊行の書籍『バンド臨終図巻』の公式アカウントです。歴史の波にさらわれた偉大なるバンドたちの日々の供養をしていきます。
bandrinju
「親兄弟よりも多くの歳月を過ごしたバンド仲間との決別は、愛と憎しみが複雑に交錯する」(大槻ケンヂ)
bandrinju
「俺には俺の『絶対解散せねばならない理由』があった。しかし、その理由は墓まで持っていくつもりだ」(元BOOWY、布袋寅泰)
bandrinju
「これ以上、踊れない」(LUNA SEA解散について、河村隆一のコメント)
bandrinju
『二人っていうくらい微妙な関係はない。それは他の誰かが「あいつこう言ってたよ」というだけで余裕でグラつく(略)そして二人でいる人達にすかさず貼られるレッテル「仲が悪い」。オーケー。世の中のすべての二人組を代表して言っておこう。「お前らに言われる筋合いはない。」以上。』(小沢健二)
bandrinju
「本当に飯が喰えなくなってしまったのである」(INU、町田町蔵)
bandrinju

好きなつぶやきを抽出したまとめページが生成された

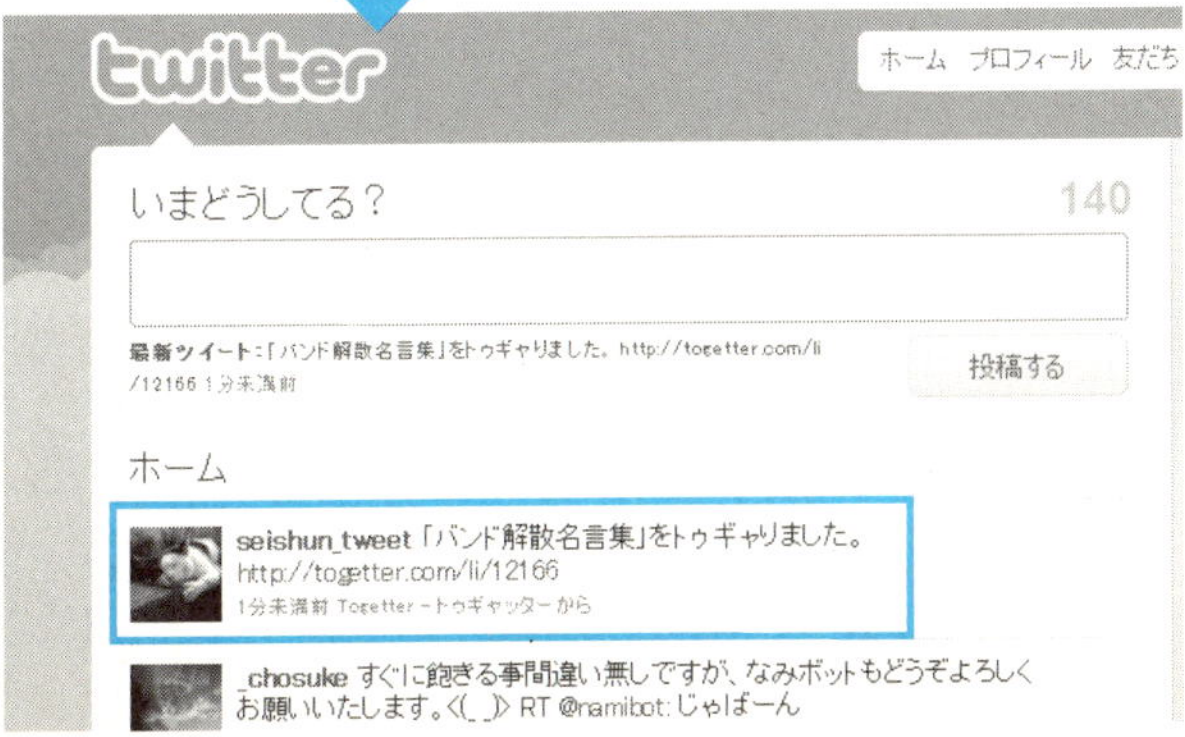
twitter
ホーム プロフィール 友だち
いまどうしてる？
140
最新ツイート:「バンド解散名言集」をトゥギャりました。http://togetter.com/li/12166 1分未満前
投稿する
ホーム
seishun_tweet 「バンド解散名言集」をトゥギャりました。
http://togetter.com/li/12166
1分未満前 Togetter－トゥギャッターから
chosuke すぐに飽きる事間違い無しですが、なみボットもどうぞよろしくお願いいたします。<(_)> RT @namibot: じゃぱーん

多くの人に見てもらえるように、ツイッター上にまとめページのURLが自動的につぶやかれる

48 ツイッターユーザーが作るコミュニティに参加する

「ついっこ」(http://twicco.jp/) を使うと、**特定のテーマについて複数の人が語り合うための専用アカウント**を作成できる。ハッシュタグ（P48）では、話したいテーマに関するタグを検索したり、自分で設定したタグを多くの人に知ってもらったりする必要があるが、それより手軽にコミュニティに参加できる。

ついっこのサイトには、これまでに作成されたアカウントがカテゴリ別に分類されており、「路線・沿線」には各路線の利用者が情報交換するアカウントが、「アニメ」や「映画」カテゴリには作品や俳優のファンが語り合うアカウントが登録されている。目当てのものをフォローして「@＜アカウント名＞」を付けてつぶやくと、同じアカウントをフォローしている全員に自分のつぶやきを届けられる。アカウントを作ることも可能だ。

ただし、自分のつぶやきが他のユーザーに届くまでに数時間かかることもある。テレビの感想など、今すぐ伝えたい情報はハッシュタグ、ゆっくり語りたい内容はついっこと使い分けよう。

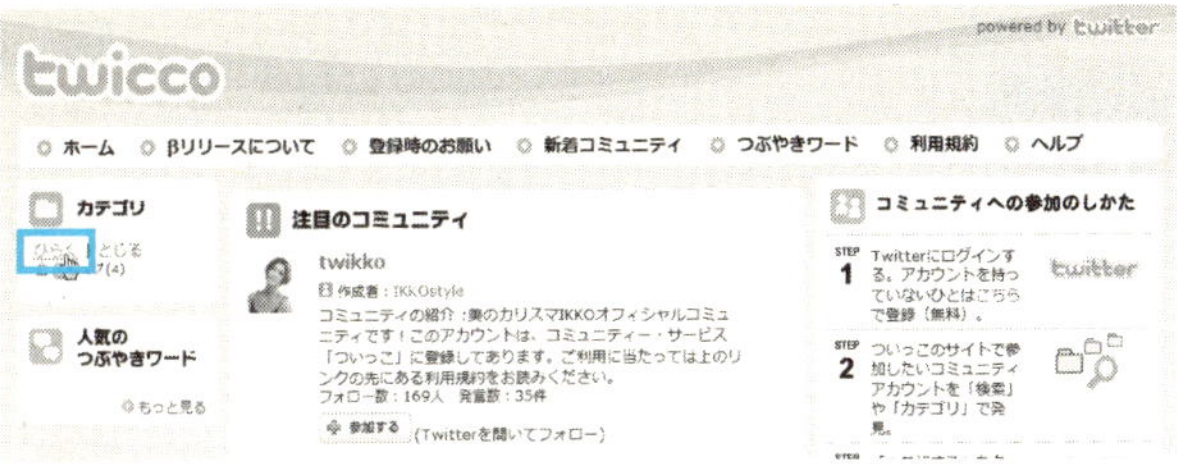

グーグルなどから「ついっこ」で検索するか、前ページのURLを入力して「ついっこ」にアクセス。画面左のカテゴリ一覧を「開く」

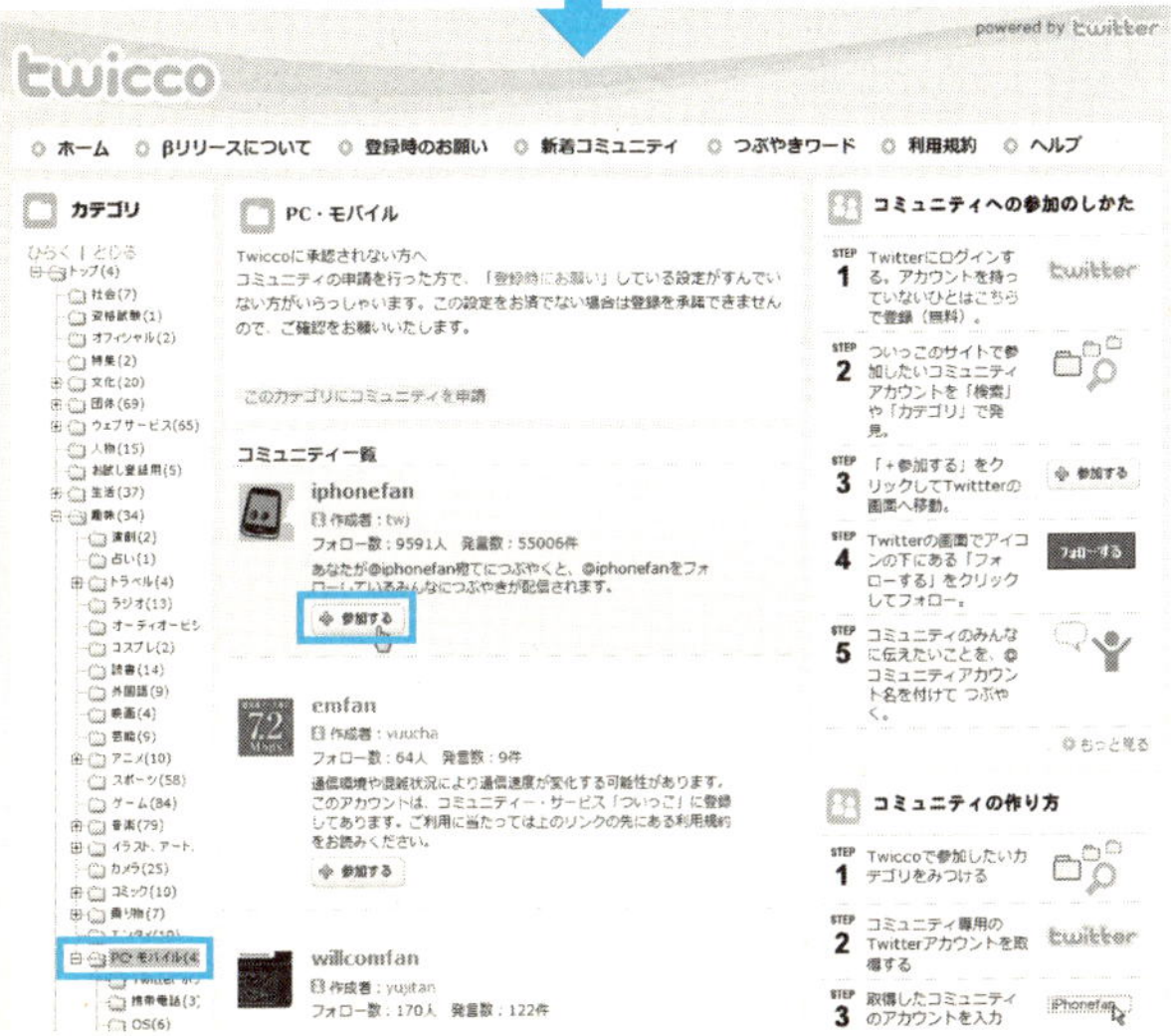

カテゴリ一覧をクリックして、登録されているコミュニティ用アカウントをチェック。参加したいものを見つけたら「参加する」をクリックする

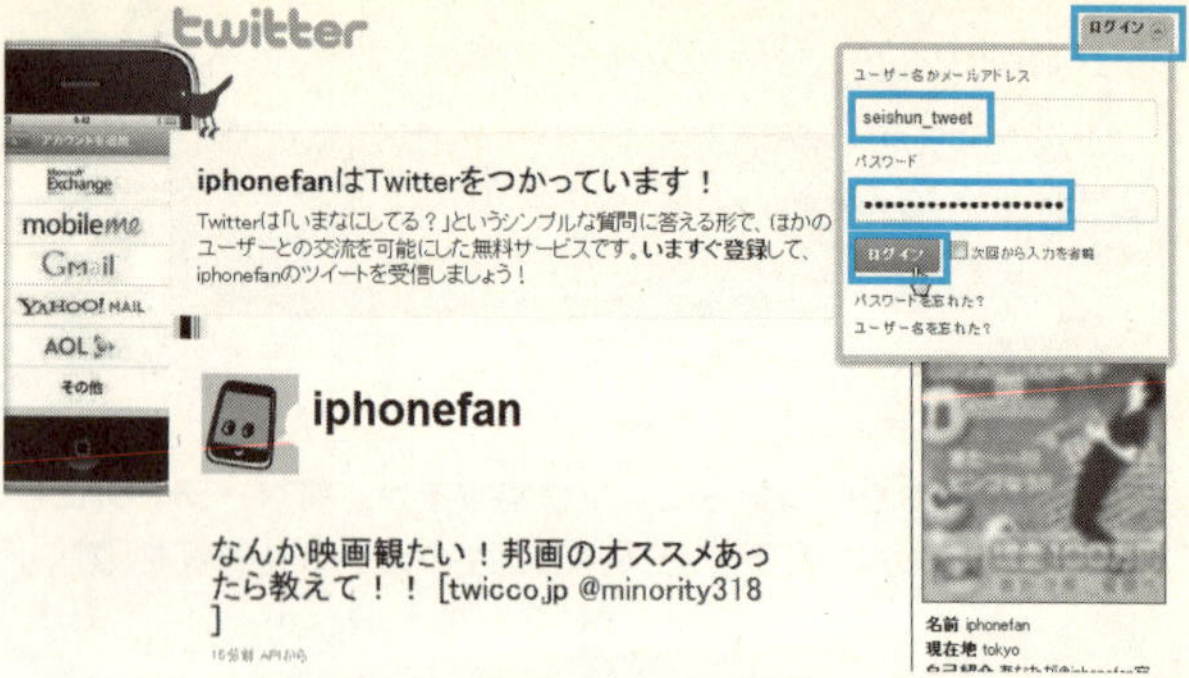

そのコミュニティ用アカウントのタイム欄にアクセスしたら、「ログイン」を開いてユーザー名とパスワードを入力して「ログイン」をクリック

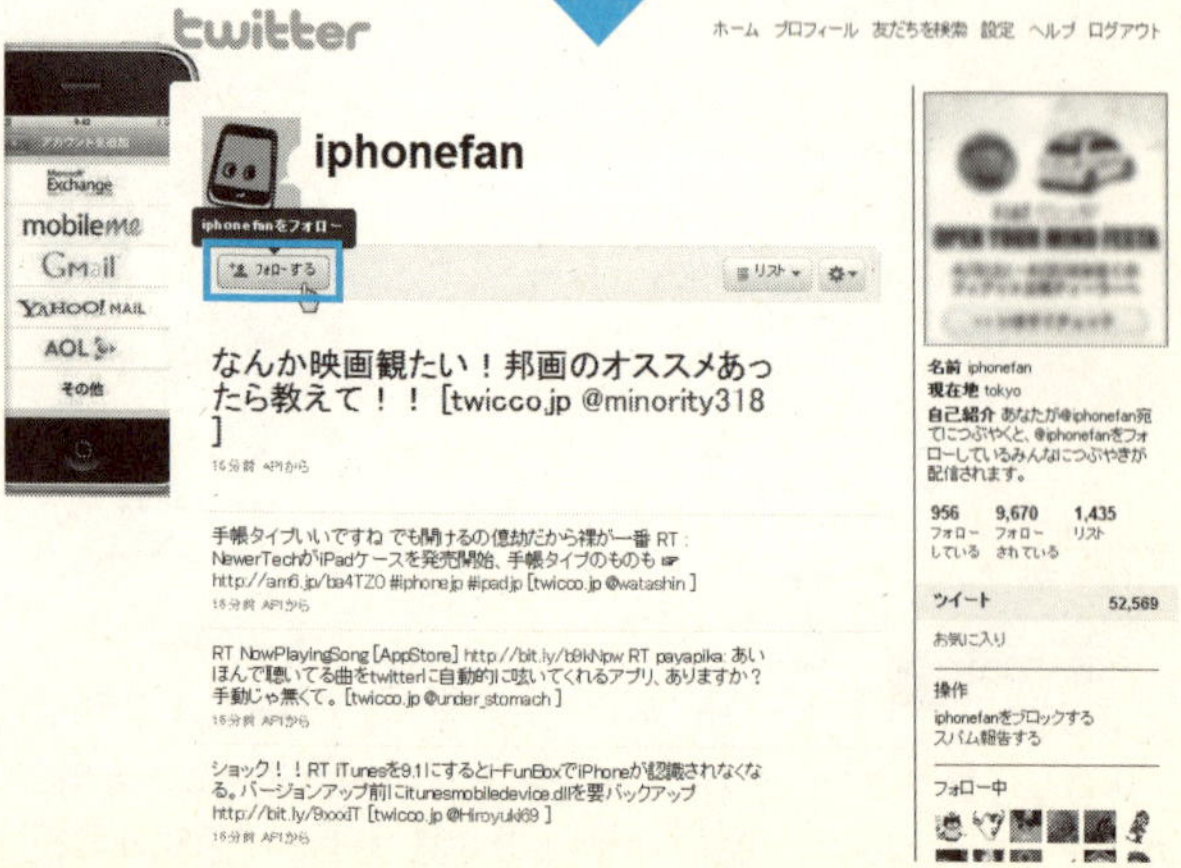

コミュニティ用アカウントをフォローする

ホーム プロフィール 友だち
iphonefanに返事する
83
@iphonefan オススメのiPhoneケースってなんかないですか？ シリコンカバーはどうにも味気なくて……。
返信
最新ツイート：Come watch videos and live shows on Ustream.Tv
http://www.ustream.tv/
ホーム
solar1964 そうか、きょうは清志郎の誕生日だったんだ。
solar1964 そのアドバイス、他の方からも頂きました。解決。でも、デフォ

コミュニティ用アカウントのユーザーに聞いてもらいたいことがらを「@<アカウント名>」を付けてつぶやく

ホーム プロフィール
iphonefan
フォロー中
リスト
オススメのiPhoneケースってなんかないですか？ シリコンカバーはどうにも味気なくて……。[twicco.jp @seishun_tweet]
約2時間前 APIから

他のコミュニティアカウントユーザーのタイムラインに「[twicco.jp @<つぶやいたユーザー名>]」が付いた状態で、前手順でつぶやいた内容が表示される

49 いま起こっていることをネットで映像中継する

ツイッターと並んで、07年頃から注目を集めているのが「USTREAM」(http://www.ustream.tv/)。パソコンに接続したカメラとマイク、またはiPhoneで、**全世界に映像を生中継できる**サービスだ。個人ユーザーに加え、ミュージシャンがライブの模様を中継したり、芸能人が独自の番組を配信するなど、その活用法は幅広い。

ツイッターとの相性もよい。ユーザー登録時にツイッターのユーザー名とパスワードを指定すると、映像配信開始と同時に配信先のURLが自動的にツイッター上でつぶやかれる。ツイッター上で話題を集め、夜中に2000人もの視聴者を集めた中継も存在する。タイムライン上で、「ustre.am」「ustream.tv」というURLを含むつぶやきを見つけたら、クリックしてみよう。

配信するなら、専用iPhoneアプリを使うのがオススメ。写真を撮るように、**ボタンを押すだけで映像と音声を中継できる**。外出先でも使えるので、飲み会の様子や街の風景を中継しても面白い。

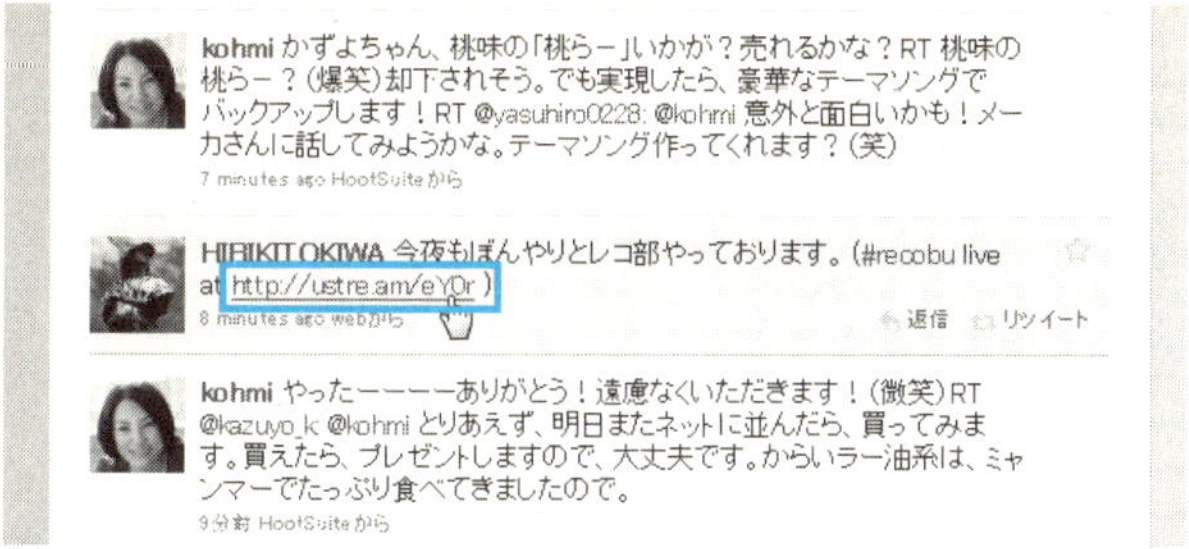
kohmi かずよちゃん、桃味の「桃らー」いかが？売れるかな？RT 桃味の桃らー？(爆笑)却下されそう。でも実現したら、豪華なテーマソングでバックアップします！RT @yasuhiro0228: @kohmi 意外と面白いかも！メーカさんに話してみようかな。テーマソング作ってくれます？(笑)
7 minutes ago HootSuite から
HIBIKIT OKIWA 今夜もぼんやりとレコ部やっております。(#recobu live at http://ustre.am/eY0r)
8 minutes ago webから
返信
リツイート
kohmi やったーーーーありがとう！遠慮なくいただきます！(微笑)RT @kazuyo_k @kohmi とりあえず、明日またネットに並んだら、買ってみます。買えたら、プレゼントしますので、大丈夫です。からいラー油系は、ミャンマーでたっぷり食べてきましたので。
9分前 HootSuite から

タイムライン上で見かけたつぶやきに書かれたURL「ustr.am」「ustream.tv」をクリックする

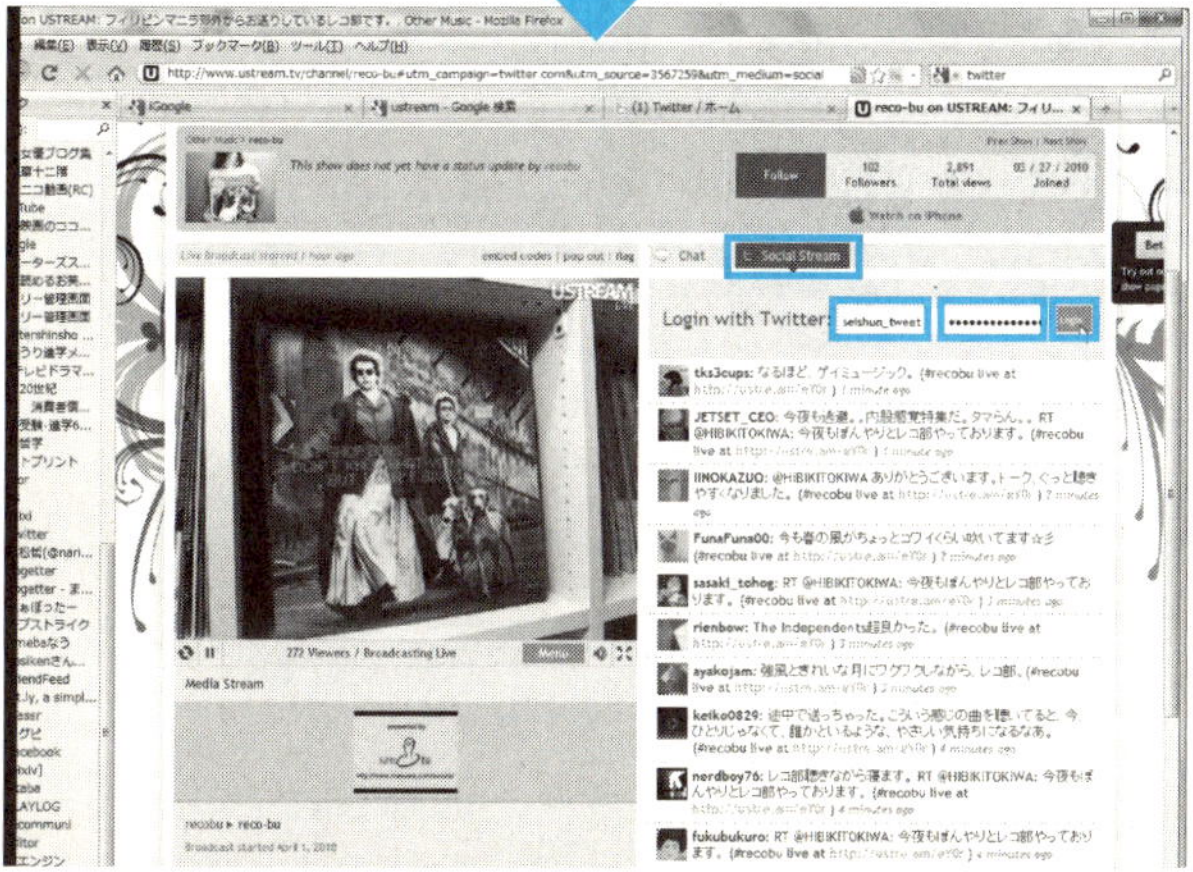
Follow
Chat
Social Stream
Login with Twitter
Media Stream

USTREAMの映像配信ページにジャンプして、映像と音声が流れ出す。「Social Stream」をクリックしてツイッターのユーザー名とパスワードを入力して「Login」をクリックすると、このページからツイッター上に映像の感想をつぶやける

Other Music > reco-bu
This show does not yet have a status update by recobu
Prev Show | Next Show
Follow
102 Followers
2,891 Total views
03 / 27 / 2010 Joined
Watch on iPhone
Live Broadcast started 1 hour ago
embed codes | pop out | flag
USTREAM
Chat
Social Stream
スムースなトラックがこの時間帯に似合うわ
@seishun_tweet | log out
79
little_box: 音量調整ありがとうございます (#recobu live at http://ustre.am/eY0r) less than 20 seconds ago
puni_punico: ぺっとしょっぷぼーいず！ (#recobu live at

つぶやきを入力して「SEND」をクリック

Other Music > reco-bu
This show does not yet have a status update by recobu
Prev Show | Next Show
Follow
102 Followers
2,891 Total views
03 / 27 / 2010 Joined
Watch on iPhone
Live Broadcast started 1 hour ago
embed codes | pop out | flag
USTREAM
Chat
Social Stream
@seishun_tweet | log out
99
OkiMamiya: ぎゃー PET SHOP BOYS！！まったり油断して聴いてたらきたー(^^;) これだから部長スキですw (#recobu live at http://ustre.am/eY0r) less than 20 seconds ago
jazteee: いいなレコ部。昔ヴァイナルでやってたphiladelpha freedom wo (#recobu live at http://ustre.am/eY0r) half a minute ago
seishun_tweet: スムースなトラックがこの時間帯に似合うわ (#recobu live at http://ustre.am/eY0r) half a minute ago
little_box: 音量調整ありがとうございます (#recobu live at

USTREAMの中継画面上のコメント欄に、入力したつぶやきが反映された

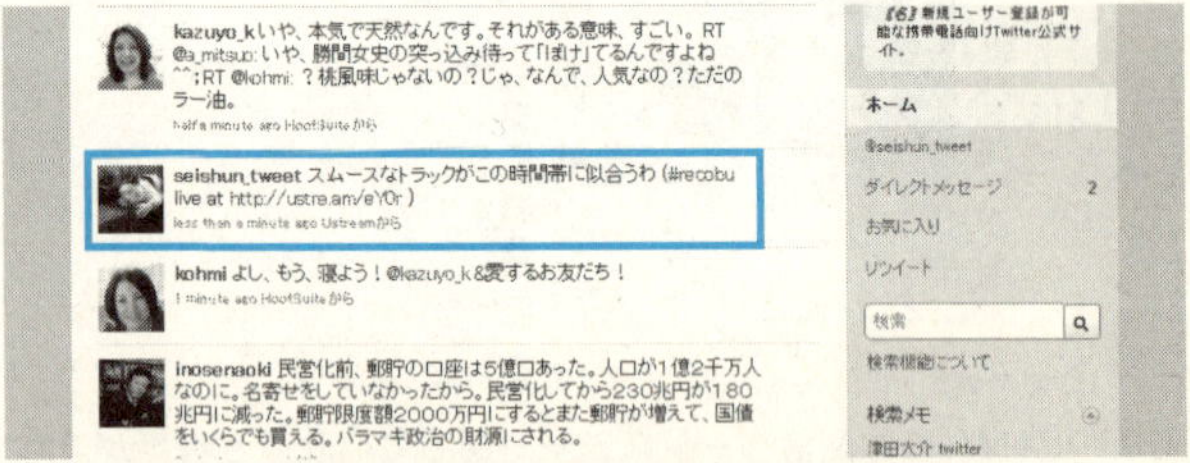
kazuyo_k いや、本気で天然なんです。それがある意味、すごい。RT @a_mitsuo: いや、勝間女史の突っ込み待って「ぼけ」てるんですよね ^^; RT @kohmi: ？桃風味じゃないの？じゃ、なんで、人気なの？ただのラー油。
half a minute ago HootSuiteから
seishun_tweet スムースなトラックがこの時間帯に似合うわ (#recobu live at http://ustre.am/eY0r)
less than a minute ago Ustreamから
kohmi よし、もう、寝よう！@kazuyo_k&愛するお友だち！
1 minute ago HootSuiteから
inosenaoki 民営化前、郵貯の口座は5億口あった。人口が1億2千万人なのに。名寄せをしていなかったから。民営化してから230兆円が180兆円に減った。郵貯限度額2000万円にするとまた郵貯が増えて、国債をいくらでも買える。バラマキ政治の財源にされる。
ホーム
@seishun_tweet
ダイレクトメッセージ 2
お気に入り
リツイート
検索
検索機能について
検索メモ
津田大介 twitter

ツイッター上にも同様のつぶやきが投稿される。中継ページのURLもつぶやかれるので、フォロワーにUSTREAM映像をオススメできる

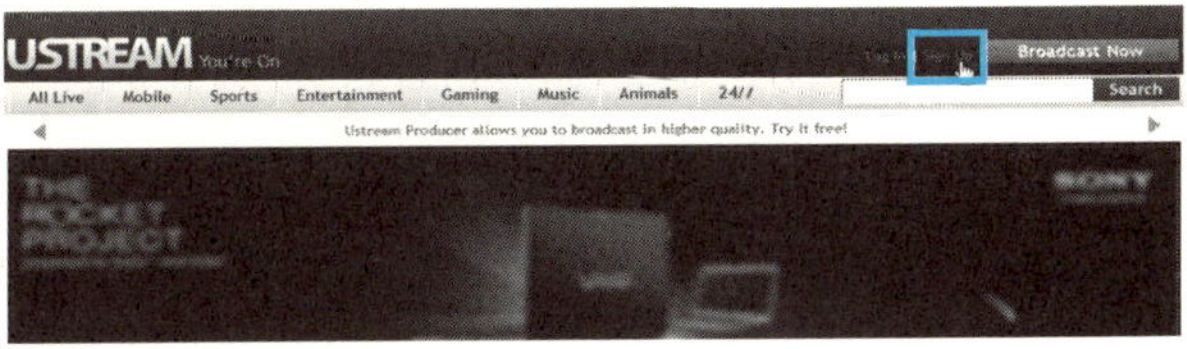

映像を配信してみたいなら、グーグルなどの検索サイトから「USTREAM」で検索するか、P162のURLを入力して「USTREAM」にアクセス。画面最上段の「Sign Up」をクリックする

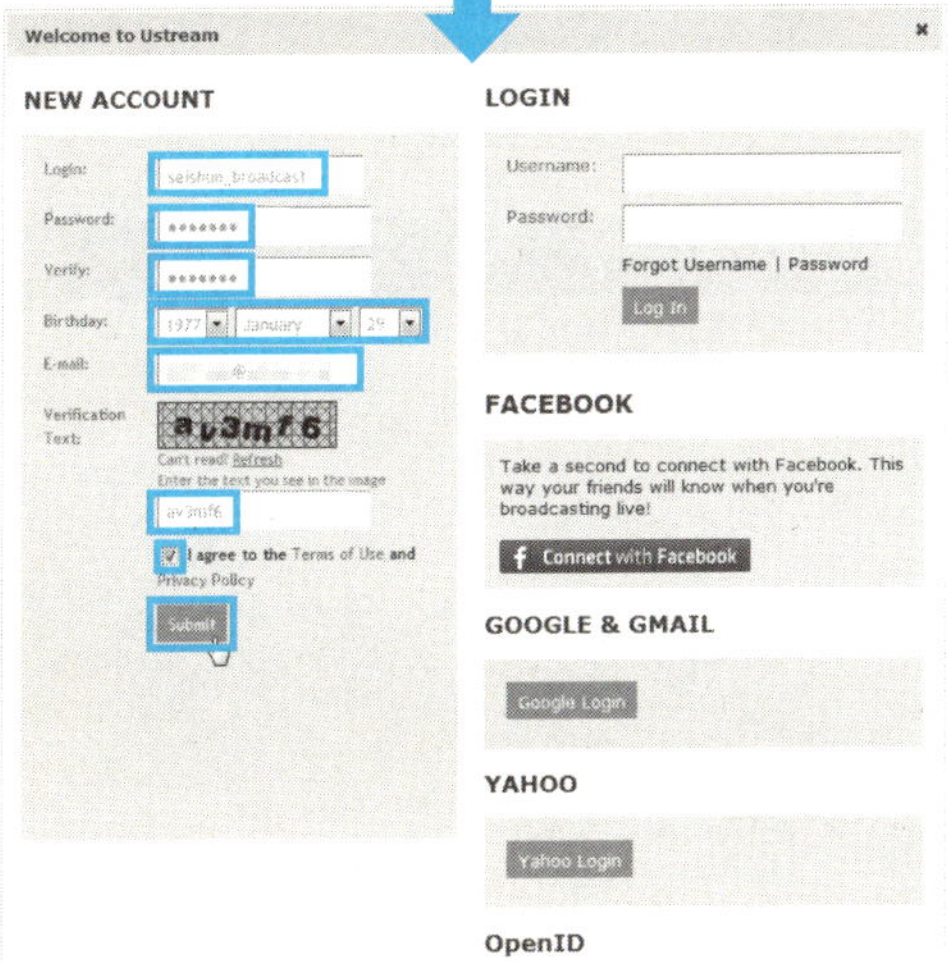

「Login」にUSTREAMで利用するユーザー名、「Password」「Verify」に任意のパスワード、「Birthday」に生年月日、「E-mail」に連絡用メールアドレスを入力。「Verification Text」に網掛け部分と同じ文字列を入力し、「I agree to the Teams of Use and Privacy Policy」にチェックを入れて「Submit」をクリック

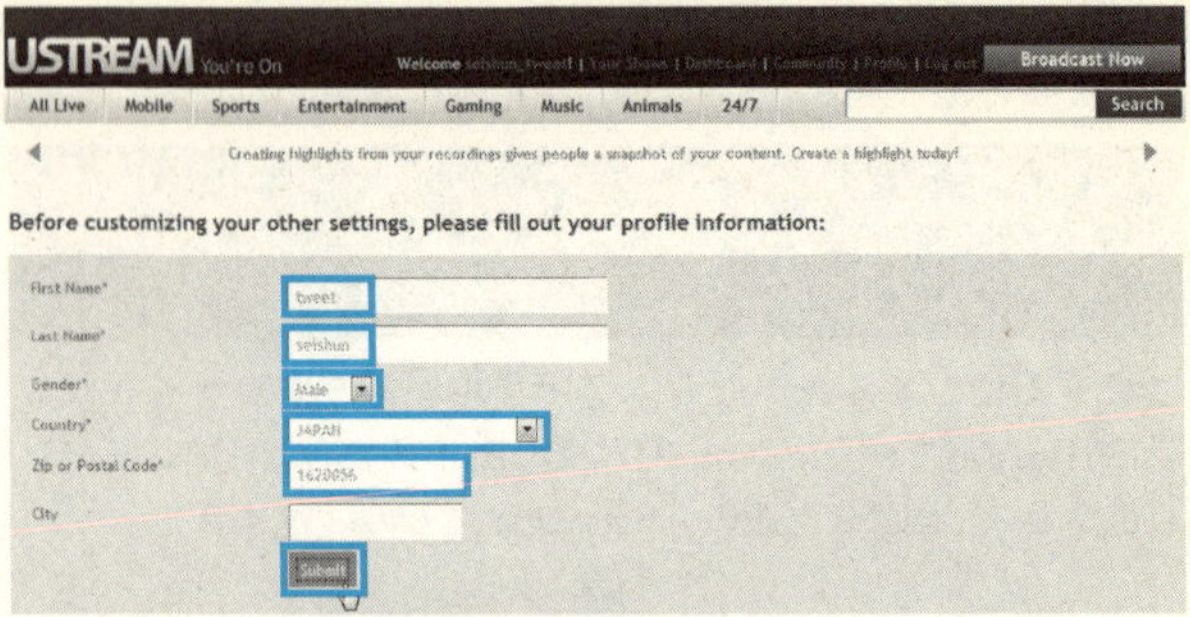

自分の氏名と性別、居住国、郵便番号を入力して「Submit」をクリック

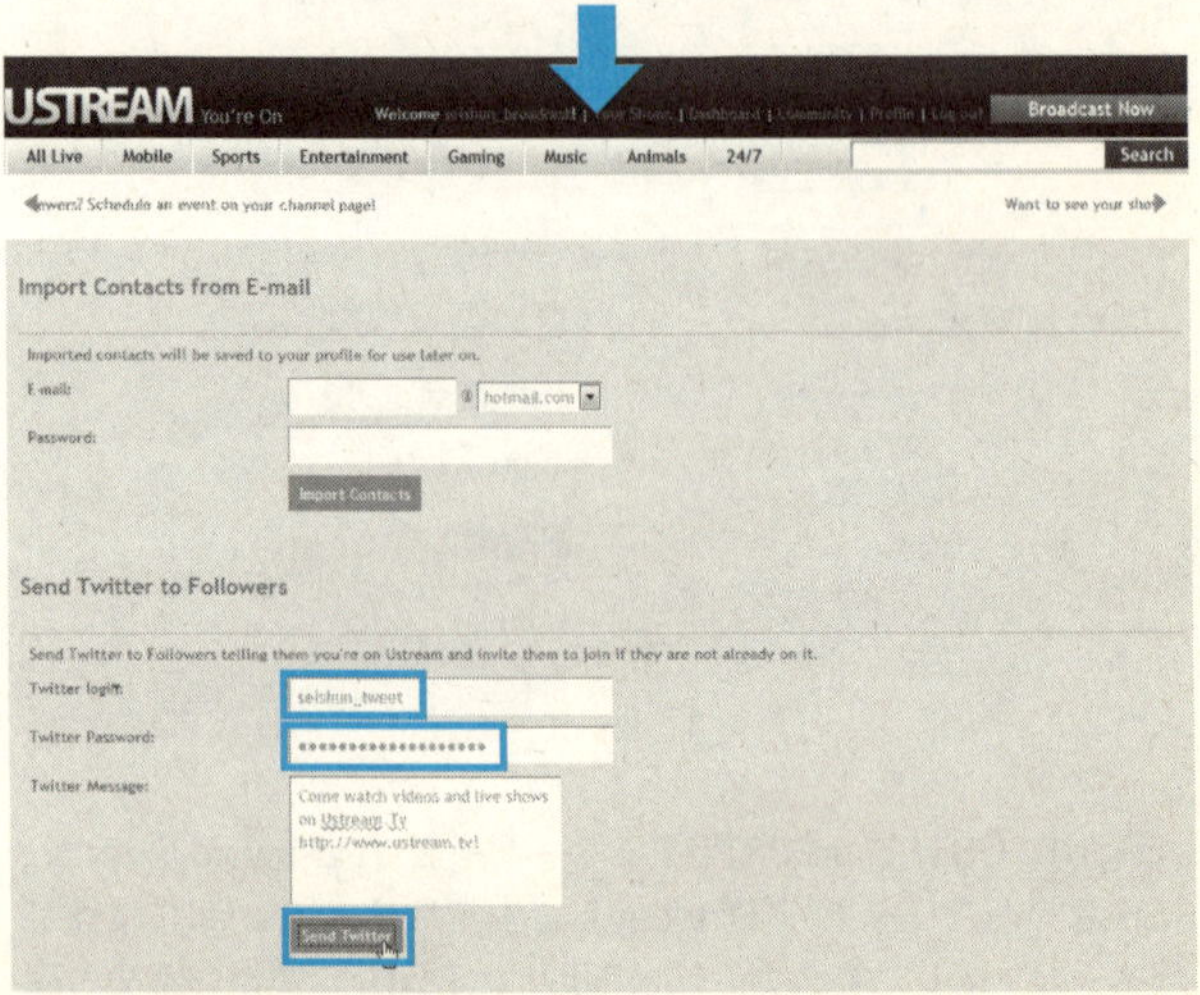

「Send Twitter to Followers」にツイッターのユーザー名とパスワードを登録して、「Send Twitter」をクリックする

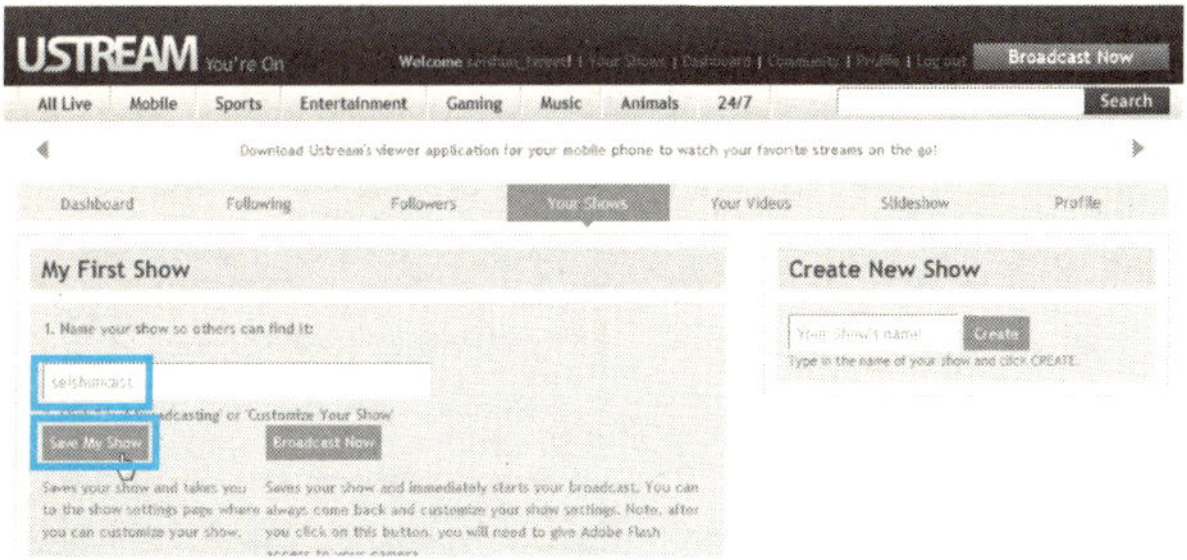

好きな中継ページ名を入力して「Save My Show」をクリックする

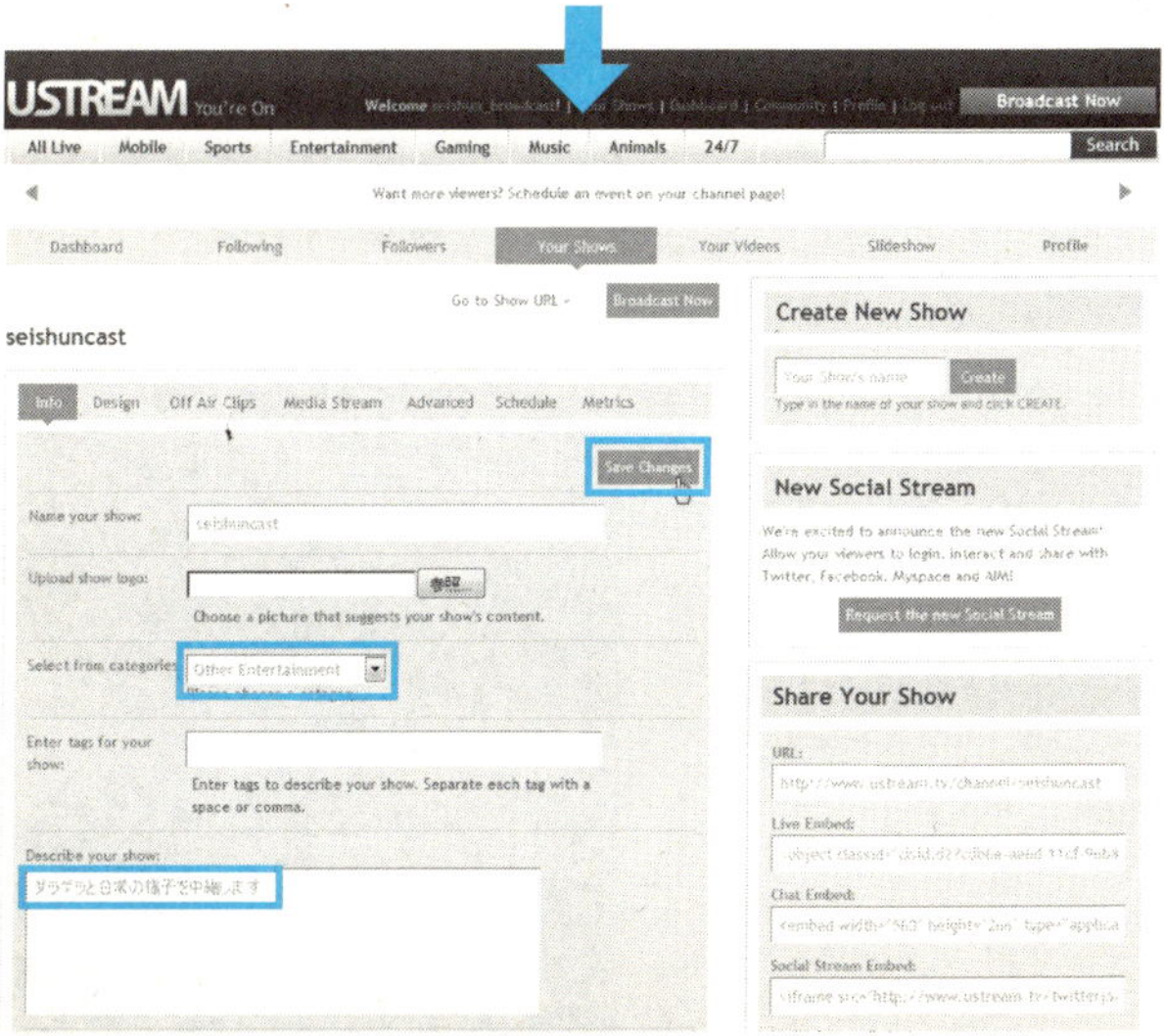

「Select from categories」で適当な映像のジャンルを選択し、「Describe your show」に配信する映像の傾向や説明文を入力。「Save Changes」をクリック

P127からの手順に従って、「USTREAM」というiPhoneアプリをインストール。iPhoneから起動し、前ページまでに設定しておいたUSTREAM用のユーザー名とパスワードを入力して、「Login」をタップ

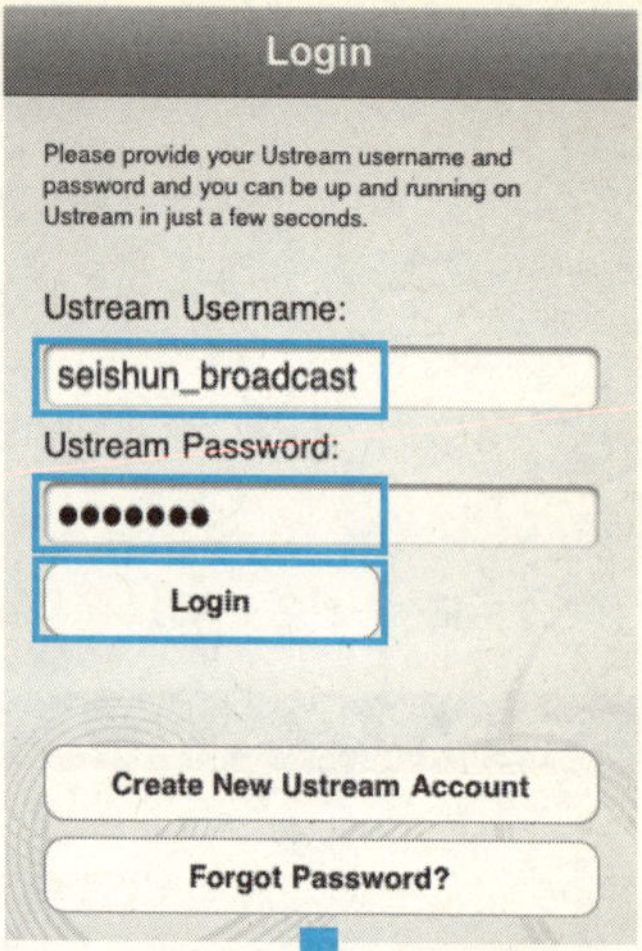

「Successfully connected to server.」という表示が出たらUSTREAMへの接続は成功。「OPTIONS」をタップする

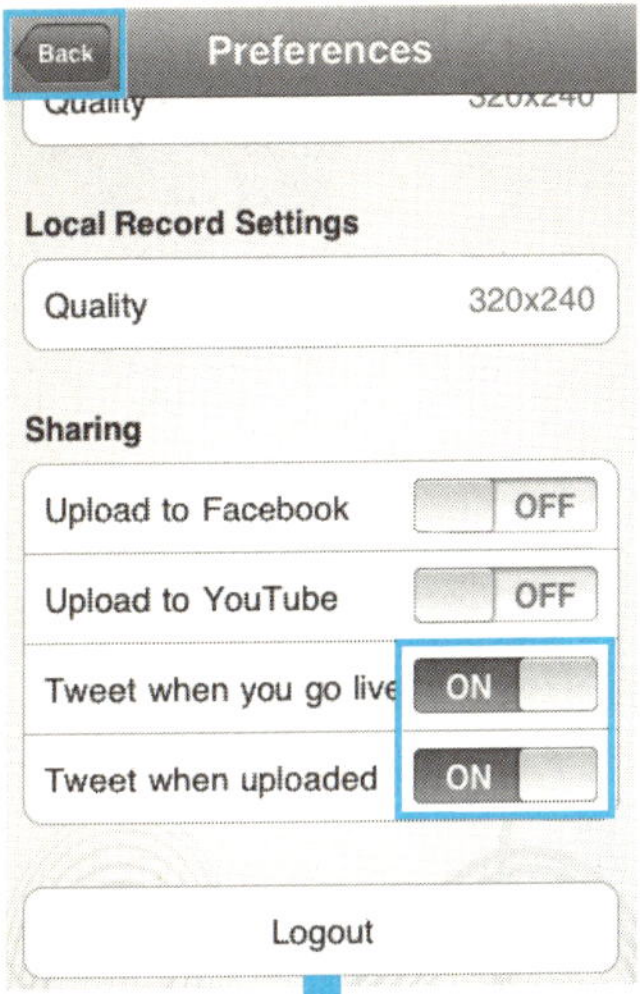

「Tweet when you go live」を「ON」にすると、映像中継の開始直後にツイッターに中継ページのURLがつぶやかれる。「Tweet when uploaded」を「ON」にすると、中継終了後、映像をUSTREAMに保存した際、その保存場所のURLがつぶやかれる。両方をONにしたら「Back」をタップ

画面右下のボタンをタップして、写真のように「STOP」を表示させると、iPhoneのカメラで撮影した映像のUSTREAM中継が始まる。音声もマイクで拾われる。「Tweet was successfully sent out」と表示されたら、ツイッターへのつぶやきも完了

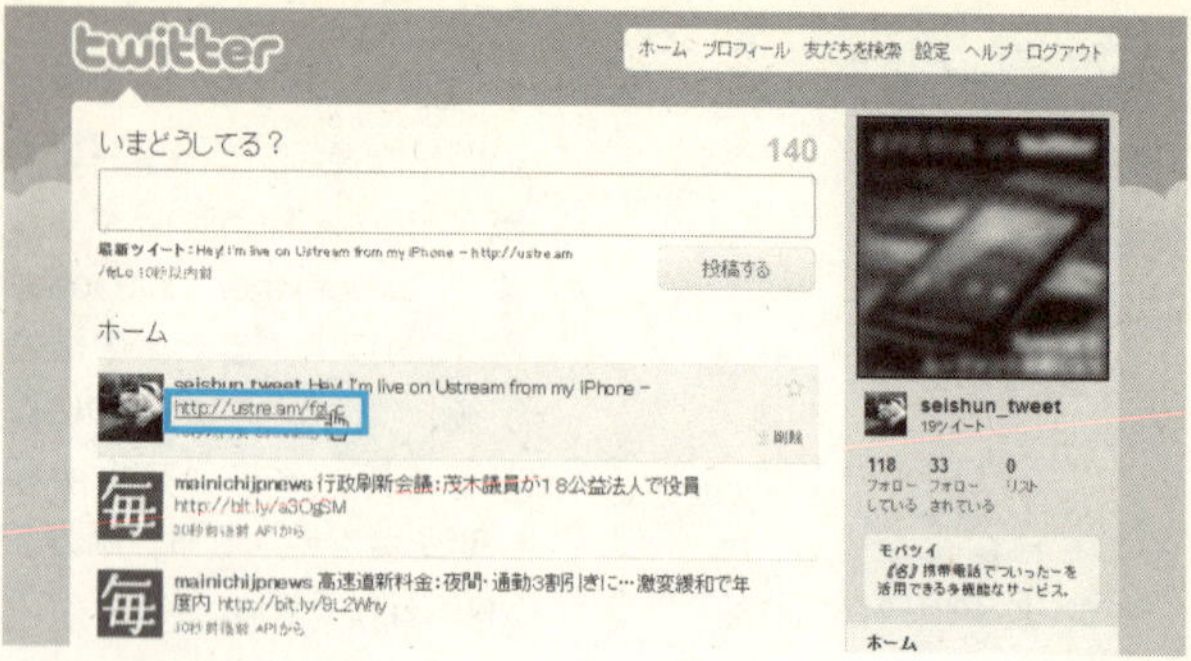

ツイッターのタイムライン上に、USTREAMの中継ページのURLが自分名義でつぶやかれる。URLをクリックすると……

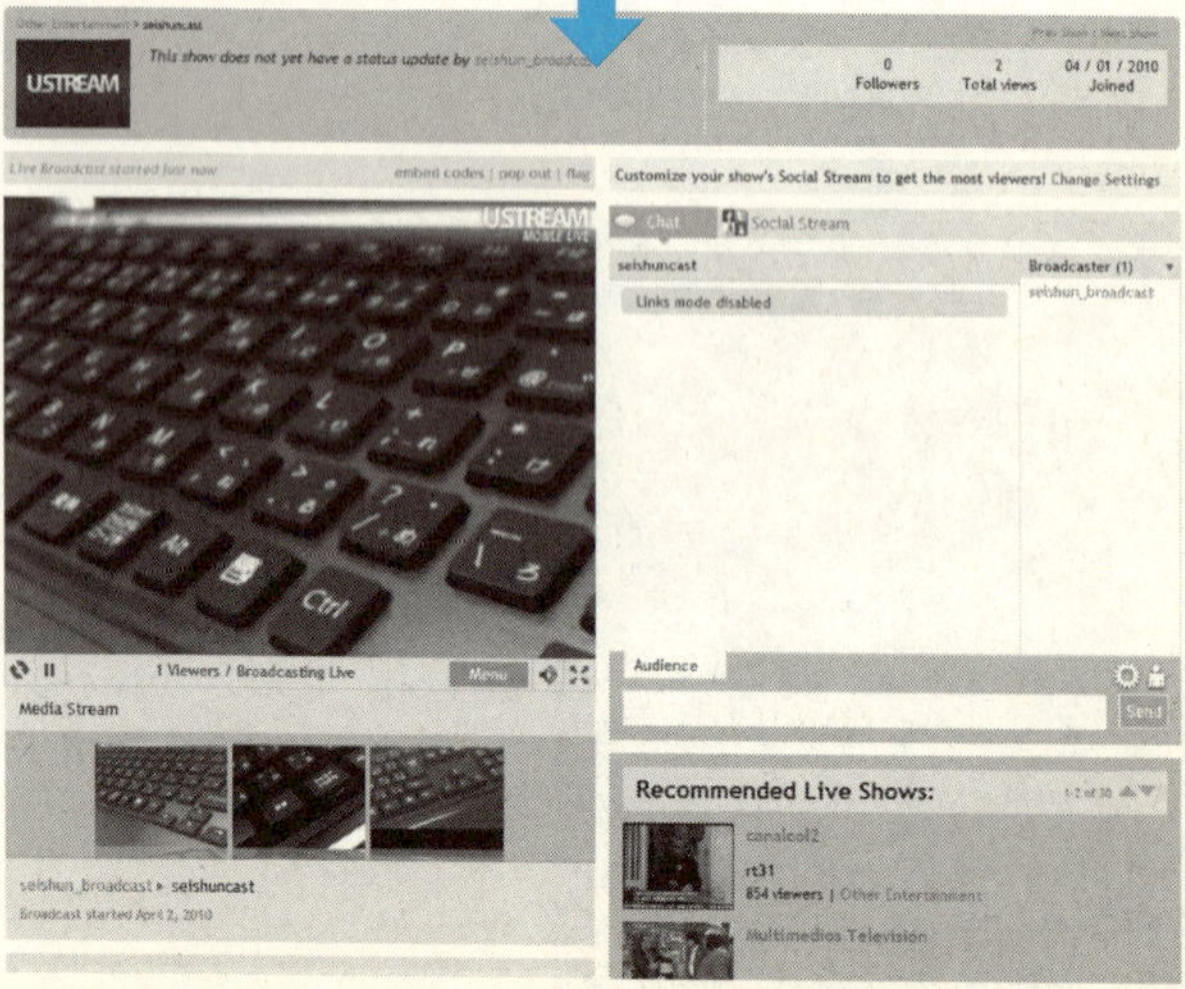

自分が中継しているUSTREAMのページにジャンプする

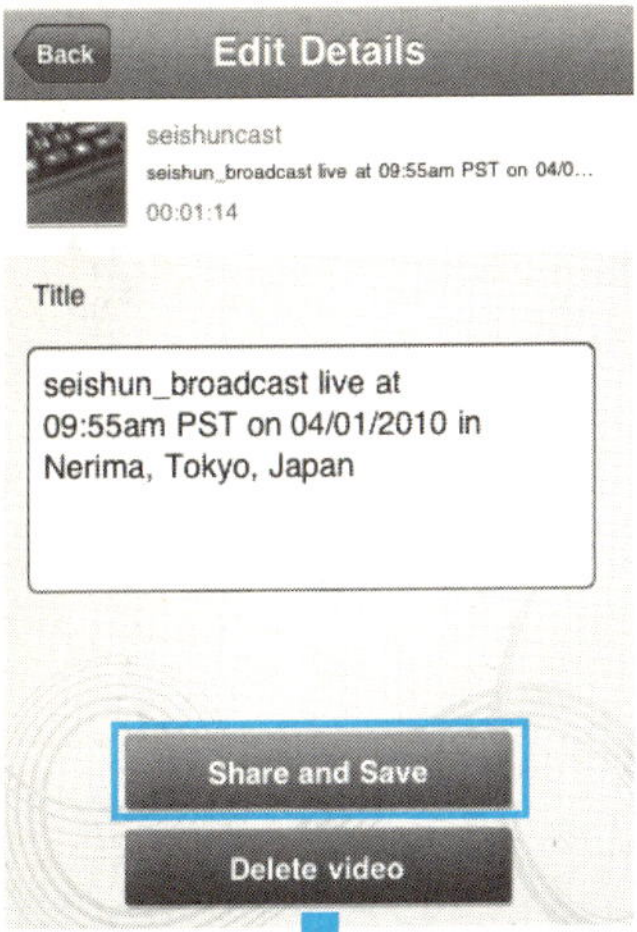

前ページのiPhoneの中継画面右下にある「STOP」をタップすると、中継終了。中継を録画した動画を再配信するかどうかを尋ねられる。配信するなら「Share and Save」をタップ

「USTREAM」と「Twitter」にチェックが入っていることを確認し、「Share」をタップ。USTREAM上で再配信動画が公開され、その公開ページのURLがツイッター上につぶやかれる

50 居場所を自動的につぶやいてくれるサービス

ツイッターの最も一般的な使い方のひとつに、「新宿駅なう」「ハチ公前にいます」など、携帯電話やiPhoneで自分の居場所を報告するというものがある。とはいえ、**住所やランドマークを入力するのは意外に面倒なもの**。

そこで利用したいのが「foursquare」(http://foursquare.com/)というサービスだ。これは、iPhoneなどのGPS機能を使って、ユーザーの現在位置を捕捉するもの。その情報をfoursquareのサイトやツイッターに通知してくれる。

パソコンのブラウザからユーザー登録し、ツイッターとの連携機能を有効にしたら、iPhoneアプリをインストール。外出先でiPhoneからアプリを起動すると、現在地付近のランドマークが一覧表示されるので、**自分の居場所を選択すれば、自動でツイッター上にその場所をつぶやくことができる**。

また、訪問地の数やひとつの場所を訪れた数などを他のユーザーと競うゲーム機能も搭載。ぜひ使ってよう。

グーグルなどから「foursquare」で検索するか、前ページのURLをブラウザのアドレス欄に入力して「foursquare」にアクセス。「JOIN NOW」をクリックする

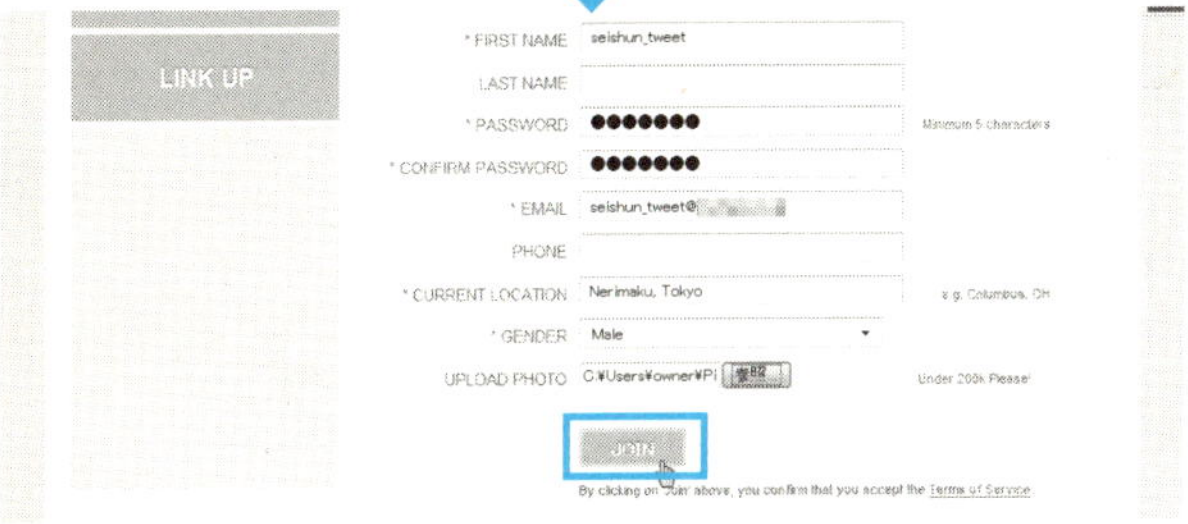

「FIRST NAME」に任意のユーザー名、「PASSWORD」「CONFIRM PASSWORD」に任意のパスワード、「EMAIL」にはメールアドレス、「CURRENT LOCATION」には自宅やオフィスなど、よく居る場所の住所を入力。「GENDER」から性別を選択し、「UPLOAD PHOTO」の「参照」からアイコン用の写真を投稿して「JOIN」をクリック

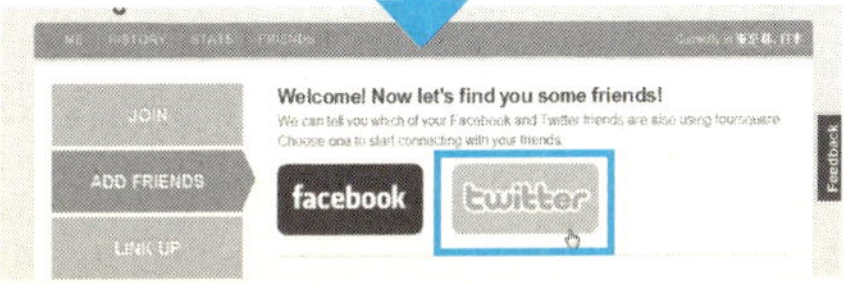

「Twitter」をクリックすると、ツイッターとの連携機能が有効になる

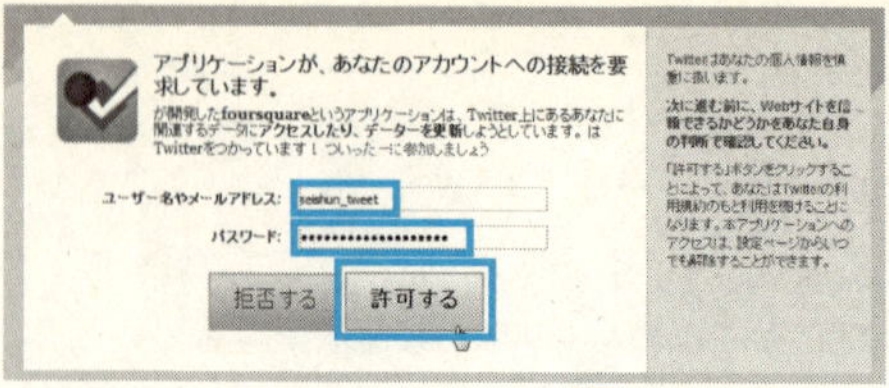

ツイッターのユーザー名とパスワードを入力して「許可する」をクリック

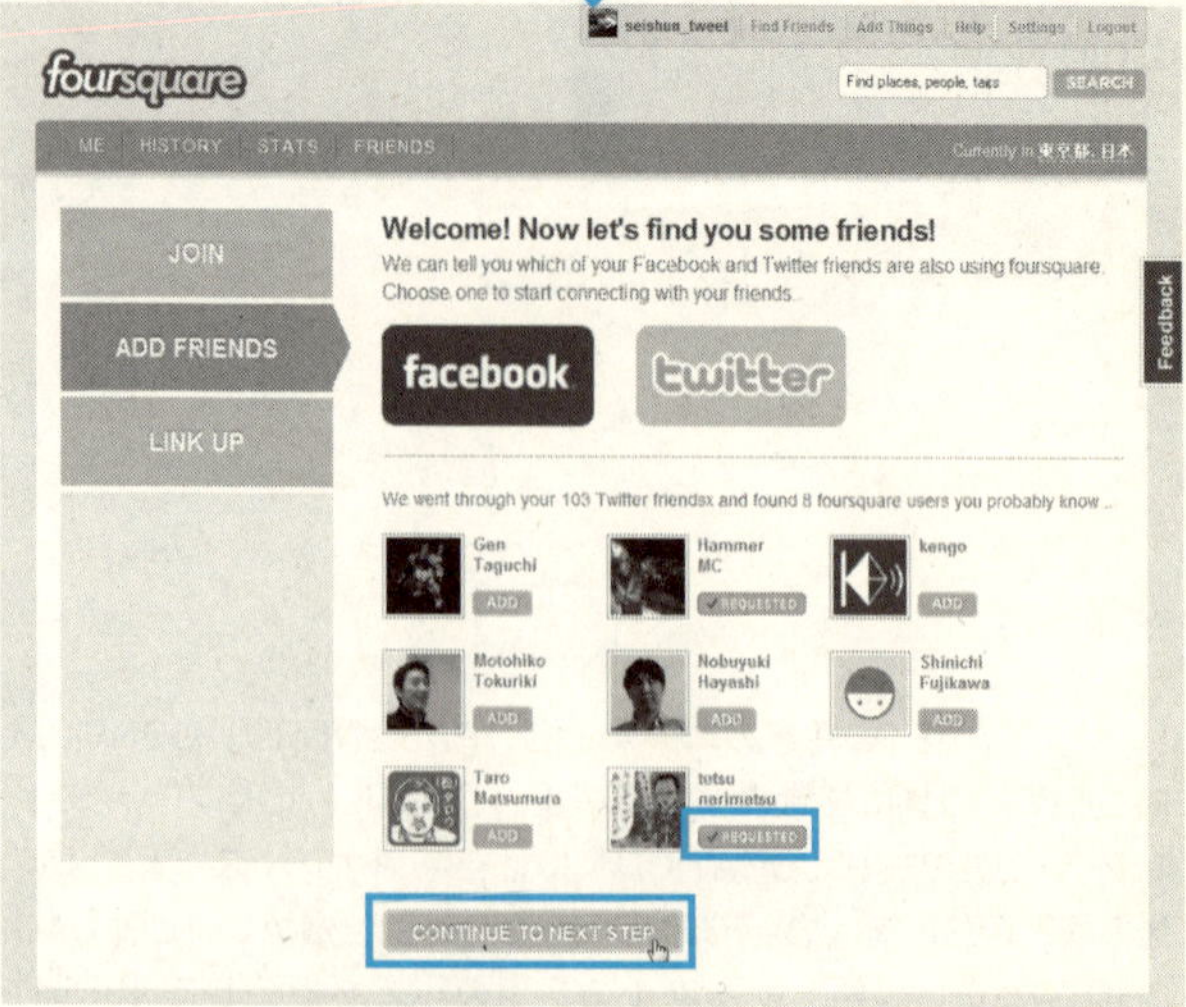

ツイッターでフォローしているユーザーのうち、foursquareを利用している人が一覧表示される。「ADD」をクリックすると、その人にfoursquareでの友だち登録リクエストメールが送信される。承認されれば、お互いの居場所をfoursquare上で通知し合えるようになる。リクエスト送信が終わったら、「CONTINUE TO NEXT STEP」をクリック

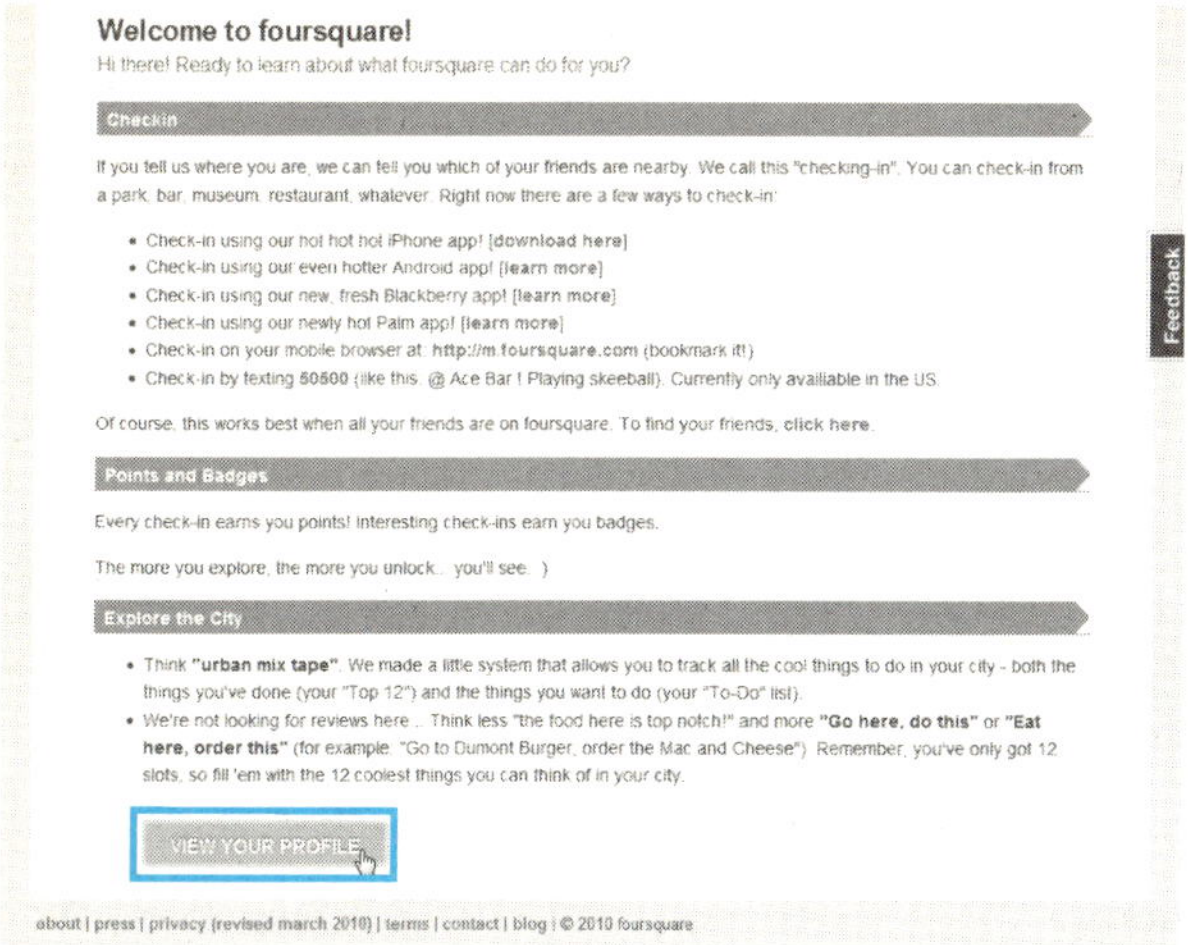
Welcome to foursquare!
Hi there! Ready to learn about what foursquare can do for you?
Checkin
If you tell us where you are, we can tell you which of your friends are nearby. We call this "checking-in". You can check-in from a park, bar, museum, restaurant, whatever. Right now there are a few ways to check-in:
• Check-in using our hot hot hot iPhone app! [download here]
• Check-in using our even hotter Android app! [learn more]
• Check-in using our new, fresh Blackberry app! [learn more]
• Check-in using our newly hot Palm app! [learn more]
• Check-in on your mobile browser at: http://m.foursquare.com (bookmark it!)
• Check-in by texting 50500 (like this: @ Ace Bar ! Playing skeeball). Currently only available in the US.
Of course, this works best when all your friends are on foursquare. To find your friends, click here.
Points and Badges
Every check-in earns you points! Interesting check-ins earn you badges.
The more you explore, the more you unlock... you'll see. :)
Explore the City
• Think "urban mix tape". We made a little system that allows you to track all the cool things to do in your city - both the things you've done (your "Top 12") and the things you want to do (your "To-Do" list).
• We're not looking for reviews here... Think less "the food here is top notch!" and more "Go here, do this" or "Eat here, order this" (for example: "Go to Dumont Burger, order the Mac and Cheese"). Remember, you've only got 12 slots, so fill 'em with the 12 coolest things you can think of in your city.
VIEW YOUR PROFILE
about | press | privacy (revised march 2010) | terms | contact | blog | © 2010 foursquare
Feedback

foursquareの使い方ページが表示されたら、「VIEW YOUR PROFILE」をクリック

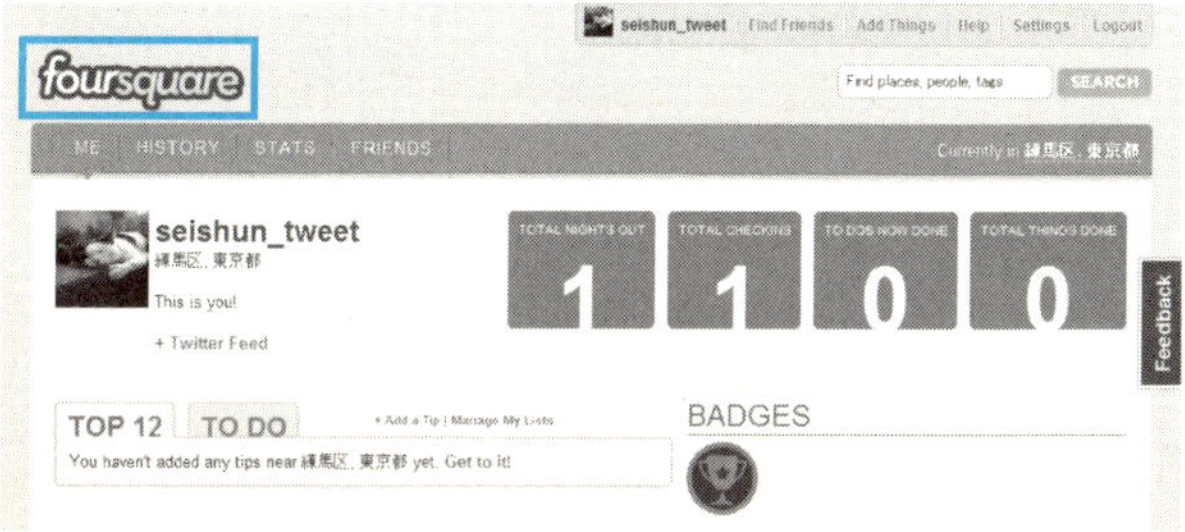
seishun_tweet Find Friends Add Things Help Settings Logout
foursquare
Find places, people, tags
SEARCH
ME HISTORY STATS FRIENDS
Currently in 練馬区, 東京都
seishun_tweet
練馬区, 東京都
This is you!
+ Twitter Feed
TOTAL NIGHTS OUT
1
TOTAL CHECKINS
1
TO DOS NOW DONE
0
TOTAL THINGS DONE
0
Feedback
TOP 12
TO DO
BADGES
You haven't added any tips near 練馬区, 東京都 yet. Get to it!

投稿した訪問地一覧や友だち一覧を確認できるプロフィールページ。「foursquare」のロゴマークをクリック

seishun_tweet
Find Friends
Add Things
Help
Settings
Logout
foursquare
Find places, people, tags
SEARCH
ME
HISTORY
STATS
FRIENDS
Welcome to foursquare!
We're all about helping you find new ways to explore the city.
We'll help you meet up with your friends and let you earn points and unlock badges for discovering new places, doing new things and meeting new people. [Learn more!]
If you own a bar or restaurant, foursquare can help you find new ways to connect with your customers. If you're a developer, check out the foursquare API.
ps: Follow us on Twitter and Tumblr for the latest updates!
Feedback
App Store
android
BlackBerry App World
Newly Crowned Mayors near 板橋区, 東京都!

foursquareのトップページにアクセスしたら、「App Store」をクリック。iTunesが起動し、iPhoneアプリ版foursquareのダウンロードページが表示されるので、iPhoneにインストール

SoftBank
12:19
100%
foursquare
CHECK-IN
FIND YOUR FRIENDS
UNLOCK YOUR CITY
JOIN NOW
LOG IN

iPhoneアプリ版foursquareを起動して、「LOG IN」をタップする

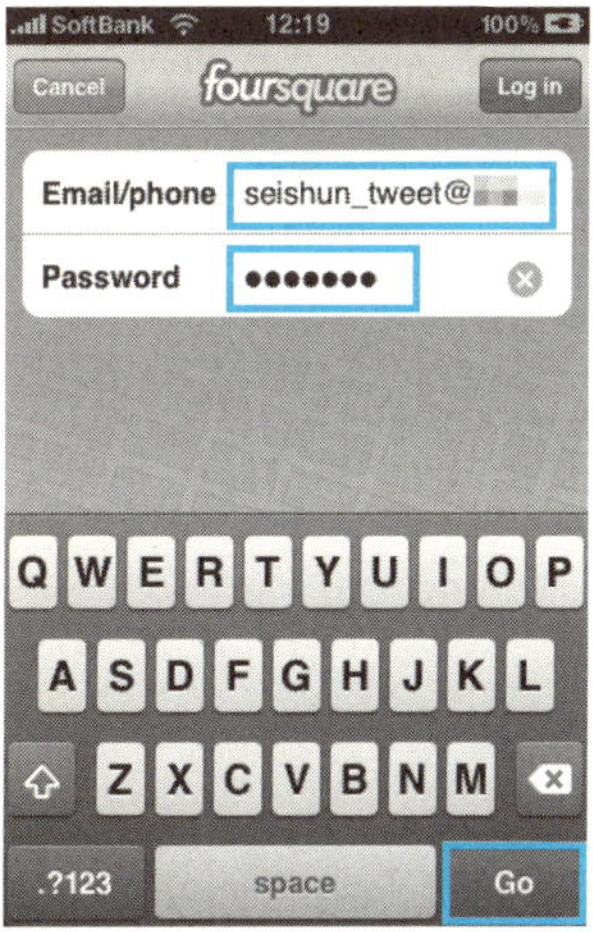

初回起動時は、foursquareに登録したメールアドレスとパスワードを入力して「Go」をタップ。２回目の起動以降は、この情報の入力は必要ない

「Places」をタップすると、現在地付近のランドマークや店舗が自動的に検索されるので、一覧から自分が今居る場所をタップする

「CHECK-IN HERE」をタップ。なお、画面中央に表示されているユーザーは、その場所に一番多く訪れているfoursquareユーザー

今居る場所は自動的につぶやかれるので、そのほかにつぶやきたいことを入力して「CHECK-IN HERE」をタップする

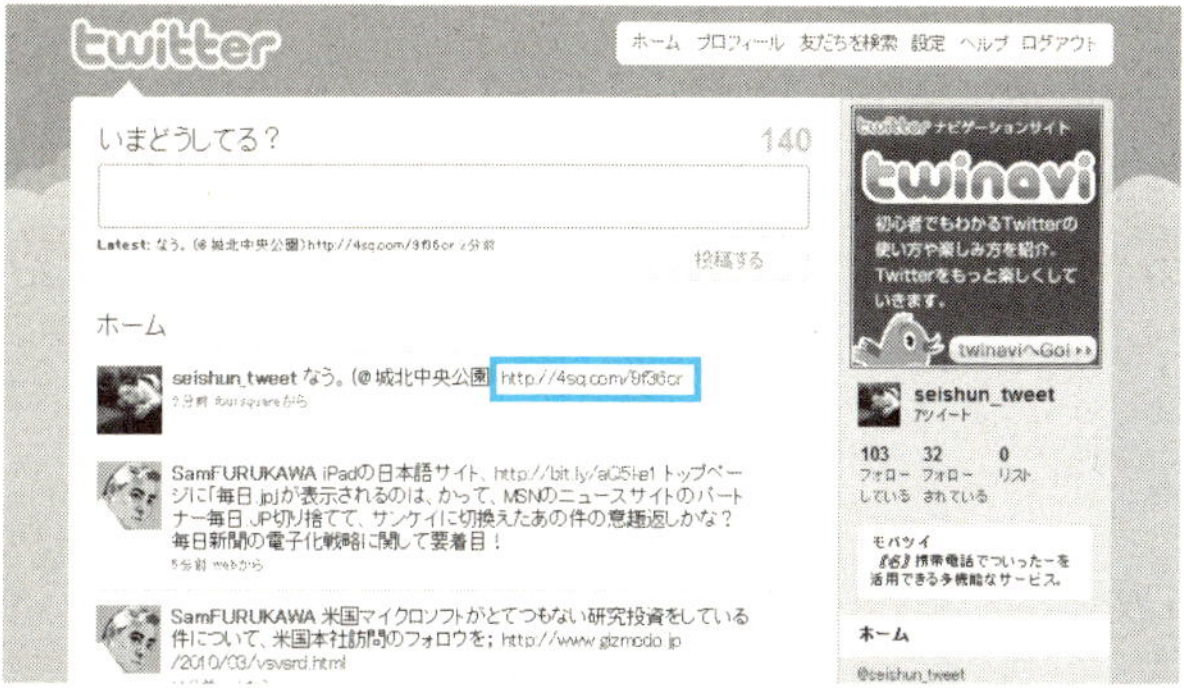

ツイッター上に現在の居場所がつぶやかれた。場所のあとに記載されたURLをクリックすると……

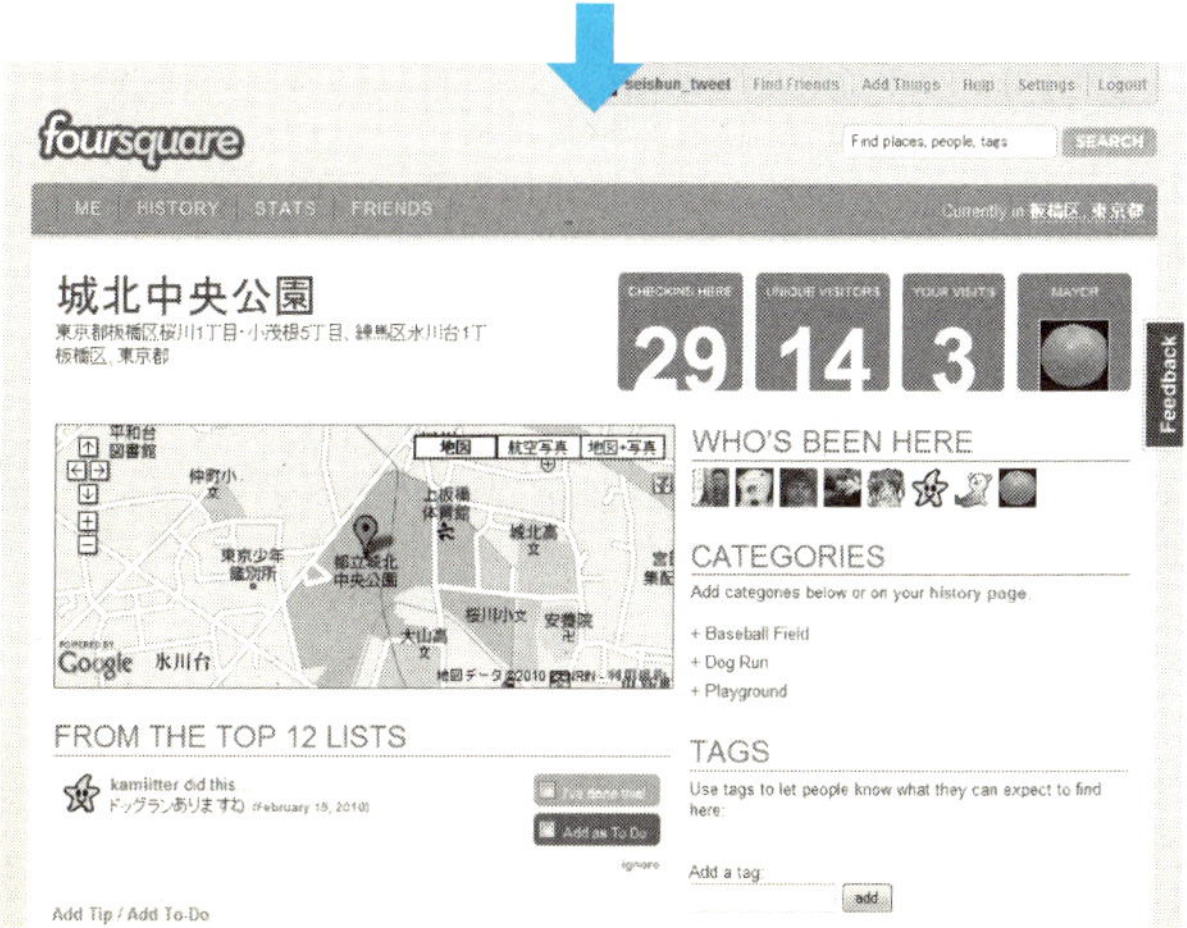

foursquareのページが開き、住所や地図、その場所を訪れたことのあるユーザーなどが表示される

51 フォローしておきたい有名人一覧

これまでも説明してきた通り、ツイッターには企業や官公庁・地方自治体、テレビ局、新聞社などの団体のほか、政治家や芸能人、ミュージシャンなど、さまざまな著名人が参加している。官公庁や企業が広報媒体・告知メディアとして、報道機関が最新ニュースを伝えるメディアとして活用。一方、芸能人やミュージシャンはもちろん、政治家も含め、有名人の活用法は意外とカジュアル。ほかのユーザー同様、今まさに起きていることや思っていることをざっくばらんにつぶやく人は多い。

特に俳優の田辺誠一氏やミュージシャン・広瀬香美氏のように、そのつぶやきの面白さが話題になり、現実社会はもちろん、ツイッター上でも抜群の人気を誇っているヘビーユーザーもいる。

以下、主な有名人のアカウントを紹介していく。ただし、**リストにあるのは本書注目の一部ユーザーのみ**。ほかにもツイッターを使いこなす有名人は多数存在するし、今後、さらにさまざまな人が参加するはず。動向に注目しよう。

名前	ユーザー名	タイムラインのURL
■俳優・タレント		
田辺誠一	tanabe1969	http://twitter.com/tanabe1969
いとうせいこう	seikoito	http://twitter.com/seikoito
加護亜依	lovbus	http://twitter.com/lovbus
IKKO	LOVE_IKKO	http://twitter.com/LOVE_IKKO
稲川淳二	Junji_Inagawa	http://twitter.com/Junji_Inagawa
IMALU	imalu_official	http://twitter.com/imalu_official
金子貴俊	taka_papa	http://twitter.com/taka_papa
鈴木杏	Anne_Suzuki	http://twitter.com/Anne_Suzuki
篠原ともえ	tomoeshinohara	http://twitter.com/tomoeshinohara
鈴木一真	kenenn2003	http://twitter.com/kenenn2003
千秋	cirol777	http://twitter.com/cirol777
川村ゆきえ	YukieKawamura	http://twitter.com/YukieKawamura
松尾貴史	Kitsch_Matsuo	http://twitter.com/Kitsch_Matsuo
原田知世	o3a3	http://twitter.com/o3a3
松嶋初音	HATSUNEX	http://twitter.com/HATSUNEX
鶴田真由	MayuTsuruta	http://twitter.com/MayuTsuruta
いとうまい子	maimai818	http://twitter.com/maimai818
藤井リナ	lenafujii	http://twitter.com/lenafujii
福田萌	fukudamoe	http://twitter.com/fukudamoe
■コメディアン		
浅草キッド・水道橋博士	shakase	http://twitter.com/shakase
有吉弘行	ariyoshihiroiki	http://twitter.com/ariyoshihiroiki
伊集院光	HikaruIjuin	http://twitter.com/HikaruIjuin
アンジャッシュ・渡部建	watabe1972	http://twitter.com/watabe1972
つぶやきシロー	shiro_tsubuyaki	http://twitter.com/shiro_tsubuyaki

ケンドーコバヤシ	kenkobato	http://twitter.com/kenkobato
オリエンタルラジオ・中田敦彦	picolkun	http://twitter.com/picolkun
オリエンタルラジオ・藤森慎吾	chara317megane	http://twitter.com/chara317megane
バカリズム	BAKARHYTHM	http://twitter.com/BAKARHYTHM
エレキコミック・やついいちろう	Yatsuiichiro	http://twitter.com/Yatsuiichiro
猫ひろし	cathiroshi	http://twitter.com/cathiroshi
麒麟・田村裕	hiroshi93	http://twitter.com/hiroshi93
世界のナベアツ	shiganowatanabe	http://twitter.com/shiganowatanabe
立川談笑	danshou	http://twitter.com/danshou
南海キャンディーズ・山里亮太	YAMA414	http://twitter.com/YAMA414
博多華丸・大吉・博多大吉	komandofochiken	http://twitter.com/komandofochiken
ライセンス・藤原一裕	licensefjwrkzhr	http://twitter.com/licensefjwrkzhr
ロザン・宇治原史規	surpriseuzihara	http://twitter.com/surpriseuzihara

■ミュージシャン

坂本龍一	skmt09	http://twitter.com/skmt09
高橋幸宏	room66plus	http://twitter.com/room66plus
広瀬香美	kohmi	http://twitter.com/kohmi
サニーデイ・サービス・曽我部恵一	keiichisokabe	http://twitter.com/keiichisokabe
ホフディラン・小宮山雄飛	yuhikomiyama	http://twitter.com/yuhikomiyama
口ロロ・いとうせいこう	seikoito	http://twitter.com/seikoito
口ロロ・三浦康嗣	koshimiura	http://twitter.com/koshimiura
口ロロ・村田シゲ	ughhellabikini	http://twitter.com/ughhellabikini
ノーナ・リーヴス・西寺郷太	Gota_NonaReeves	http://twitter.com/Gota_NonaReeves
クラムボン・ミト	micromicrophone	http://twitter.com/micromicrophone
TOKYO No.1 SOUL SET・BIKKE	BIKKE_NO1	http://twitter.com/BIKKE_NO1
TOKYO No.1 SOUL SET・渡辺俊美	zootset	http://twitter.com/zootset
戸田誠二	t0da	http://twitter.com/t0da

平沢進	hirasawa	http://twitter.com/hirasawa
フルカワミキ	furukawamiki	http://twitter.com/furukawamiki
谷山浩子	taniyama_	http://twitter.com/taniyama_
ソウル・フラワー・ユニオン	soulflowerunion	http://twitter.com/soulflowerunion
アジアン・カンフー・ジェネレーション・後藤正文	gotch_akg	http://twitter.com/gotch_akg
アジアン・カンフー・ジェネレーション・伊地知潔	kiyoshiakg	http://twitter.com/kiyoshiakg
BoA（英語）	BoA_USA	http://twitter.com/BoA_USA
Zeebra	zeebrathedaddy	http://twitter.com/zeebrathedaddy
RYO the SKYWALKER	RYOtheSKYWALKER	http://twitter.com/RYOtheSKYWALKER
大沢伸一	shinichiosawa	http://twitter.com/shinichiosawa
テイ・トウワ	towatei	http://twitter.com/towatei
FPM	tomoyukitanaka	http://twitter.com/tomoyukitanaka
筋肉少女帯・本城聡章	toshiakihonjo	http://twitter.com/toshiakihonjo
SCANDAL	scandal_band	http://twitter.com/scandal_band
AKB48・河西智美	tomoomichan	http://twitter.com/tomoomichan
w-inds.・橘慶太	winds_keita	http://twitter.com/winds_keita
w-inds.・緒方龍一	ryu_winds	http://twitter.com/ryu_winds
サンプラザ中野くん	spnk	http://twitter.com/spnk
東京スカパラダイスオーケストラ・川上つよし	Mooditter	http://twitter.com/Mooditter
Ken Band・横山健	KenYokoyama	http://twitter.com/KenYokoyama
加藤登紀子	TokikoKato	http://twitter.com/TokikoKato

■作家・マンガ家

阿部和重	sin_semillas	http://twitter.com/sin_semillas
角田光代	Kakutamitsuyo	http://twitter.com/Kakutamitsuyo
島田雅彦	SdaMhiko	http://twitter.com/SdaMhiko
桐野夏生	natsuokirino	http://twitter.com/natsuokirino
平野啓一郎	hiranok	http://twitter.com/hiranok

柳美里	yu_miri	http://twitter.com/yu_miri
辻仁成	TsujiHitonari	http://twitter.com/TsujiHitonari
円城塔	EnJoeToh	http://twitter.com/EnJoeToh
内藤みか	micanaitoh	http://twitter.com/micanaitoh
新城カズマ	SinjowKazma	http://twitter.com/SinjowKazma
団鬼六	Oniroku_Dan	http://twitter.com/Oniroku_Dan
江口寿史	Eguchinn	https://twitter.com/Eguchinn
吉田戦車	yojizen	http://twitter.com/yojizen
和田ラヂヲ	radiowada	http://twitter.com/radiowada
とり・みき	videobird	http://twitter.com/videobird
すがやみつる	msugaya	http://twitter.com/msugaya
しりあがり寿	shillyxkotobuki	http://twitter.com/shillyxkotobuki
日本橋ヨヲコ	yowoko	http://twitter.com/yowoko
島本和彦	simakazu	http://twitter.com/simakazu
畑健二郎	hatakenjiro	http://twitter.com/hatakenjiro
うすだ京介	k_usuta	http://twitter.com/k_usuta
ゆでたまご・嶋田隆司	yude_shimada	http://twitter.com/yude_shimada
椎名高志	Takashi_Shiina	http://twitter.com/Takashi_Shiina
ゆうきまさみ	masyuuki	http://twitter.com/masyuuki
いしかわじゅん	ishikawajun	http://twitter.com/ishikawajun
志村貴子	takakoshimura	http://twitter.com/takakoshimura

■政治家・国会議員

鳩山由紀夫	hatoyamayukio	http://twitter.com/hatoyamayukio
逢坂誠二	seiji_ohsaka	http://twitter.com/seiji_ohsaka
浅尾慶一郎	asao_keiichiro	http://twitter.com/asao_keiichiro
大村秀章	ohmura_hideaki	http://twitter.com/ohmura_hideaki
小池百合子	ecoyuri	http://twitter.com/ecoyuri

河野太郎	konotarogomame	http://twitter.com/konotarogomame
橋本岳	ga9_h	http://twitter.com/ga9_h
原口一博	kharaguchi	http://twitter.com/kharaguchi
小池晃	koike_akira	http://twitter.com/koike_akira
世耕弘成	SekoHiroshige	http://twitter.com/SekoHiroshige
福島みずほ	mizuhofukushima	http://twitter.com/mizuhofukushima
藤末健三	fujisue	http://twitter.com/fujisue
蓮舫	renho_sha	http://twitter.com/renho_sha
山本一太	ichita_y	http://twitter.com/ichita_y
松浦大悟	GOGOdai5	http://twitter.com/GOGOdai5
佐藤ゆかり	SatoYukari	http://twitter.com/SatoYukari

■文化人・クリエイター

堀江貴文	takapon_jp	http://twitter.com/takapon_jp
勝間和代	kazuyo_k	http://twitter.com/kazuyo_k
岡田斗司夫	ToshioOkada	http://twitter.com/ToshioOkada
東浩紀	hazuma	http://twitter.com/hazuma
豊崎由美	toyozakishatyou	http://twitter.com/toyozakishatyou
大森望	nzm	http://twitter.com/nzm
福田和也	TONKATUOOJI	http://twitter.com/TONKATUOOJI
鴻上尚史	KOKAMIShoji	http://twitter.com/KOKAMIShoji
小島秀夫	Kojima_Hideo	http://twitter.com/Kojima_Hideo
NIGO	nigoldeneye	http://twitter.com/nigoldeneye
村上隆	takashipom	http://twitter.com/takashipom
土屋敏男	TSUTIYA_ON_LINE	http://twitter.com/TSUTIYA_ON_LINE
おちまさと	ochi_masato	http://twitter.com/ochi__masato
紀里谷和明	kazuaki_kiriya	http://twitter.com/kazuaki_kiriya

おわりに

本書に書かれていることを実践していけば、どんな初心者でも、ツイッターの世界に自然となじんでいくことができるはずだ。

そのうえで誤解してもらいたくないのは、本書は「ツイッターはこの通りに使え！」という趣旨のものではないということだ。ツイッターという広大な海に放り出されたとき、まずは最低限水に浮かんで呼吸する方法を覚えるためのものでしかないともいえる。そのうえで、その後はクロールで泳ぐのか、平泳ぎで泳ぐのかは個人の自由。それは各ユーザーがツイッターを使っていく中で探してもらいたい。

ツイッターは、いまやメールや携帯電話、もっといえば水道やガスのような「インフラ」になりつつある。誰もが自由に使えるインフラに、使い方の「正解」はない。

自分の中でツイッターが理解できたら、フォロワーをゼロまで減らしてひたすら言いたいことだけつぶやくというのもいいし、逆に自分では一切つぶやかず、何千人もフォローしてひたすら他人の思考の渦に身をゆだねるというのも楽しみ方の一つ。

そうやって使いこなすことができれば、あなたにもう一つの世界が広がるだろう。

青春文庫

30分で達人になる
ツイッター

2010年5月5日　第1刷

著　者　津《つ》田《だ》大《だい》介《すけ》

発行者　小澤源太郎

責任編集　株式会社プライム涌光

発行所　株式会社青春出版社

〒162-0056　東京都新宿区若松町 12-1
電話 03-3203-2850（編集部）
03-3207-1916（営業部）
振替番号　00190-7-98602

印刷／大日本印刷
製本／フォーネット社
ISBN 978-4-413-09462-7

青春出版社の「仕事で使える」
パソコン関連書籍

仕事で使える！
クラウド超入門

戸田 覚［著］

848円 ISBN978-4-413-04272-7

頭のいいiPhone
「超」仕事術

山路達也 田中拓也［著］

990円 ISBN978-4-413-03741-9

仕事で使える！
Twitter超入門

小川 浩［著］

760円 ISBN978-4-413-04250-5

※上記は本体価格です。（消費税が別途加算されます）
※書名コード（ISBN）は、書店へのご注文にご利用ください。書店にない場合、電話または
　Fax（書名・冊数・氏名・住所・電話番号を明記）でもご注文いただけます（代金引替宅急便）。

　商品到着時に定価＋手数料をお支払いください。〔直販係　電話03-3203-5121　Fax03-3207-0982〕
※青春出版社のホームページでも、オンラインで書籍をお買い求めいただけます。ぜひご利用ください。
　〔http://www.seishun.co.jp/〕